TURING 图灵新知

改变世界的17个方程

[英]
伊恩·斯图尔特 著

劳佳 译

人民邮电出版社
北京

图书在版编目（CIP）数据

改变世界的17个方程 / (英) 伊恩·斯图尔特著；劳佳译. -- 北京：人民邮电出版社, 2023.3

（图灵新知）

ISBN 978-7-115-60897-0

Ⅰ. ①改… Ⅱ. ①伊… ②劳… Ⅲ. ①方程—普及读物 Ⅳ. ①O122.2-49

中国国家版本馆CIP数据核字(2023)第003579号

内 容 提 要

方程是世界的基本法则，改变了人类的命运，从波动方程、麦克斯韦方程组，到用于预测金融市场的布莱克-斯科尔斯方程，方程在生活中无处不在。毕达哥拉斯定理如何催生全球卫星定位系统？对数如何在建筑学中发挥应用？虚数为何对数码相机的发展至关重要？薛定谔的猫到底发生了什么？……

本书选取 17 个对人类社会产生重要影响的方程，以生动有趣的笔触讲述了它们背后的历史故事，以及它们如何推动了人类文明的发展，并从数学的角度对地球万物进行了独创性的探索与阐释。本书适合对数学、物理、统计学、混沌理论等感兴趣的读者阅读。

◆ 著　　　[英] 伊恩·斯图尔特
译　　　劳　佳
责任编辑　戴　童
责任印制　彭志环

◆ 人民邮电出版社出版发行　　北京市丰台区成寿寺路11号
邮编　100164　　电子邮件　315@ptpress.com.cn
网址　https://www.ptpress.com.cn
三河市中晟雅豪印务有限公司印刷

◆ 开本：880×1230　1/32
印张：12.875　　　2023年3月第1版
字数：294千字　　　2024年12月河北第9次印刷

著作权合同登记号　图字：01-2018-8716号

定价：89.80元

读者服务热线：(010) 84084456-6009　印装质量热线：(010) 81055316

反盗版热线：(010) 81055315

广告经营许可证：京东市监广登字20170147号

版权声明

……为了避免烦琐地重复“等于”这个词，我将使用一对平行线，或是长度相同的双线，就像我在工作中经常使用的那样：═══，因为没有两件事物能比这更加相等了。

——罗伯特·雷科德，《砺智石》，1557

译者弁言

科普名家伊恩·斯图尔特教授的这本《改变世界的17个方程》面世已有十年了。十年来，网上介绍这17个方程的文章不胜枚举，篇篇都把这些方程罗列一番，似乎能让你在几分钟之内把握这本书的精髓——我在有幸接过这本书的翻译任务之前，也曾读过几篇这样的文章。然而只有在译毕搁笔后，才感叹培根《论读书》所言非虚："书亦可请人代读，取其所作摘要，但只限题材较次或价值不高者，否则书经提炼犹如水经蒸馏，淡而无味矣。"（王佐良译）

这17个方程本身显然并不是作者的创见，甚至连对这些方程的挑选，其实也并没有那么重要——毕竟数学史上璀璨的成就浩如烟海，是否有其他方程的美感或重要性更胜一筹，恐怕也会有些"一吕二赵三典韦"般的争议。但本书真正的价值和引人入胜处，恰恰在这些方程本身之外。不论哪一个方程，作者都追根溯源，讲述方程发现背后的来龙去脉，然后再穿过历史的长河，由此及彼，阐释这些方程如何一步步启发了其他的发现，如何深刻地影响了数学、物理、工程、技术发展的进程，在当下的生活又能看到怎样的缩影。每篇篇幅虽不长，却旁求博考，贯通古今，不得不让人佩服作者的眼界和用心。在如今这个充斥着短视频和碎片化（伪）学习的快餐时代，将本书浓缩成一页方程清单的诱惑是如此之大，但这可就真的辜负了作者的一片苦心，完全是舍本逐末了。

本书初稿译成后，我趁回国探亲的机会，请家父华东师范大学退休教师劳五一通读了文稿，并一起探讨了文中若干物理问题。多年来难得再和父亲共事，这段经历让我仿佛回到了学生时代。斯图尔特教授耐心解答了我提出的许多疑问，虚怀若谷地修正瑕疵，并欣然撰写了中文版序。图灵的戴童老师和赵晓蕊老师仔细审读和修订了译文，补苴罅漏，令文字更为增色，并破例容许我自行为本书使用 LaTeX 排版，在此一并致谢。虽经努力，本书依然难免存在疏漏和错误，还请读者不吝指正。

劳　佳

2022 年 11 月于美国加利福尼亚州

中文版序

《改变世界的17个方程》这本书源于我的英国出版商Profile Books和一家将我的一些书翻译成荷兰语的公司在书展上的一次偶然相遇。荷兰出版商想知道我的英国出版商有没有这样一本书，专门讲数学方程以及它们为何如此重要。我的英国出版商来问我，我说我知道一些书谈到了方程的数学之美，但并没有讲它们在我们的日常生活中有什么用。

在西方世界，科普出版的传统智慧可以归结为一句话，是已故的斯蒂芬·霍金的出版商在他写《时间简史》时说的："每多一个方程都会让销量减半。"最后，他只写进书里一个方程，即爱因斯坦著名的$E = mc^2$。这个方程将物质中的能量（E）与其质量（m）和光速（c）联系了起来。既然c非常大，那它的平方c^2（顺便说一下，就是c乘以它自己）就要更大。因此，这个方程告诉我们，少量的物质就包含大量的能量。霍金觉得这是一个普通大众熟悉的方程式——也许是唯一熟悉的方程式——于是就冒险把它写进了书里。他的书成了国际畅销书，全球销量超过2500万册。所以说，要么是霍金的出版商错了，要么是如果他把这个方程去掉，这本书就能卖5000万册。

无论哪一个答案是正确的，毫无疑问，许多人认为数学方程令人生畏。这很遗憾，因为这让他们远离了一个对地球上的每个人都至关重要的学科：数学。这就是为什么这家荷兰出版商想知道是否有人正面解决了这个问题：写一本书，其中不仅充满了方程——这很容易，而且讲的就是方程——这就要难一点儿了。

这是一个我的英国出版商和我都无法抗拒的挑战，于是我们签了合同，他们要求我写一本书，介绍一些最重要的方程，讲述它们的历史，要把发现它们的人讲得活灵活现，还要展示这些人的成果已经为人类做了什么，现在还在做什么。我们想让方程变得友好，但并不想绕开人们觉得它们困难的原因。因此，我们决定根据方程的重要性，再考虑到多样性，选择合理数量的方程，并为每个方程写一章。为免让方程显得令人畏惧，每一章都会以一张图开始，解释所有符号并简介方程的含义。

为什么是17个呢？好吧，作为一名作家，我面临的大问题很快就出现了：不是找不到足够的方程来写，而是要将方程缩减到合理的数量。它可以是一个整数，比如20个，但这本书的篇幅就太长了。如果是15个的话又太短了。17、18个看起来刚刚好。当然，“17”在某种程度上更加神秘，这就是为什么人们一直问我：“为什么是17个？”

我不得不稍微取一点儿巧——我用爱因斯坦的著名方程来引入整个狭义和广义相对论，这个领域还有很多其他的方程。即便如此，许多同样重要的方程也不得不被舍去了。因此，如果你心爱的方程不在书中，很可能就是这个原因。

书名声称这些方程改变了世界。我对这一点确信无疑。每一个方程都代表了数学或科学的进步，而这些进步真真切切地改变了世界。例如，麦克斯韦的电磁方程组通过简单的计算直接预测了无线电波的存在，这带来了广播、电视、雷达和所有的现代通信。想象一下，一个没有收音机的世界会是什么样！

我很高兴我的书现在有了中文版。世界上许多最伟大的数学发现都是在中国取得的，从公元前1600年左右的商朝一直到今天。中国常常领先于西方世界，例如在常数π的计算上。现代中国飞速发展，科学和数学实力雄厚得惊人。

今天，数学是一门真正的国际学科，甚至可以说它变得比过去更加重要。方程确实改变了世界，而且通常让它变得更好。我希望你喜欢阅读支持这种观点的故事。如果你们有人对方程中出现的大量奇怪符号感到恐惧或担忧，我希望它们都会转变为对方程的力量与美的愉快欣赏。方程是一首数学诗——言简意赅，但充满了意义。

伊恩·斯图尔特

2022年6月于英国考文垂

前　言

为什么要讲方程

方程是数学、科学和技术的命脉。没有方程，我们的世界就不会是今天这个样子了。不过，方程也是出了名地吓人：斯蒂芬·霍金的出版商告诉他，每多一个方程都会让《时间简史》的销量减半，不过之后他们又无视了自己的建议，允许他写进 $E=mc^2$——按说把这个式子砍掉能再多卖1000万本书（注：这是《时间简史》当时的销量）。我是站在霍金一边的。方程太重要了，没办法藏起来。但是他的出版商也不无道理：方程既正规又严肃，看起来很复杂，哪怕是我们这些喜欢方程的人，如果被它们狂轰滥炸也会倒胃口。

不过在这本书里，我可是有借口了。因为它讲的就是方程，所以我没法再回避了，就像是讲登山的书不能不提“山”这个字一样。我想要让你相信，从绘制地图到卫星导航，从音乐到电视，从发现美洲到探索木星的卫星，方程在创造今天的世界的过程中发挥了至关重要的作用。幸好，你用不着成为火箭科学家，就能欣赏一个重要的好方程中的诗意和美。

数学中有两种方程，它们乍看上去没什么不同。一种呈现了各种数学量之间的关系，我们的任务就是证明方程成立。另一种提供了关于某种未知量的信息，数学家的任务是求解它——求出未知数。这二者并不是泾渭分明的，因为有时一个方程可以有两种用法，但这个原则还是有用的。两种方程都会在本书中出现。

纯数学中的方程通常属于第一种。它们揭示了深刻而美丽的模式和规律。它们之所以成立，是因为根据我们对数学逻辑结构的基本假设，不可能得出另一种结果。毕达哥拉斯定理（也称勾股定理）就是一个例子，它是一个用几何语言表达的方程。如果你接受欧几里得关于几何的基本假设，那么毕达哥拉斯定理必然成立。

应用数学和数学物理中的方程多是第二种。它们蕴含了有关真实世界的信息；它们表达了宇宙中的性质，而这些性质理论上来说完全可能是另一个样子。牛顿的万有引力定律就是一个很好的例子。它告诉我们两个物体之间的吸引力如何取决于它们的质量和距离。求解由此得到的方程，我们就能知道行星如何围绕太阳运行，或者如何设计空间探测器的轨迹。但牛顿定律并不是数学定理，它的成立是出于物理上的原因——它符合观测结果。万有引力定律完全可以是另外一个样子。事实上也确实如此：爱因斯坦的广义相对论能够更好地拟合某些观测结果，它对牛顿定律做了改进，而没有搞砸我们已知牛顿定律擅长的部分。

人类历史的进程一次又一次被一个方程扭转。方程中隐藏着力量，它们揭示了自然的内在秘密。然而历史学家传统上并不以此来分析文明的兴衰。国王、王后、战争和自然灾害在历史书中比比皆是，但方程却很罕见。这不公平。在英国维多利亚时代，迈克尔·法拉第在伦敦的英国皇家研究院向观众展示了磁与电之间的联系。据称，时任首相威廉·格拉德斯通问这是否会带来任何有用的结果。据说（实际证据寥寥，但干吗要毁了一个好故事呢?）法拉第回答说：“是的，先生。有一天你会对它征税。”如果他真这么说过，那他说得一点儿不错。詹姆斯·

克拉克·麦克斯韦将关于磁和电的早期实验观察和经验定律写成了电磁方程组。这带来了无数成果，包括无线电、雷达和电视。

方程的力量来自一个简单的事实。它告诉我们两个计算看似不同，答案却一样。关键的符号就是等号：=。大多数数学符号的起源要么湮没在远古的迷雾中，要么就是最近才发明的，来源确凿无疑。等号则不同寻常。它可以追溯到450多年前，但我们不仅知道是谁发明了它，甚至知道为什么发明了它。它是罗伯特·雷科德在1557年发明的，写在《砺智石》（*The Whetstone of Witte*）中。他用两条平行线（他用的是一个已经过时的单词——gemowe，意为“双胞胎”）来避免啰唆地重复“等于”。他之所以选择这个符号，是因为“没有两件事物能比这更加相等了”。雷科德选得不错。人们使用他的符号已经有450年了。

方程的力量，在于建立了人类思想的集体创造——数学，与外在的物理现实之间困难的思维对应。方程为外部世界的深刻模式建立了模型。学会重视方程，并读出它们讲述的故事，我们就可以发现周遭世界的关键特征。原则上来说，或许还有其他方法可以实现相同的结果。很多人喜欢词句，不喜欢符号；语言也赋予我们力量来处理周围的环境。但科学和技术得出的结论是，词句太不精确，而且太有限，无法提供有效途径来从更深层次了解现实。它们染上了太多人性层面的假设。仅靠词句无法提供最本质的见解。

但方程可以。数千年来，它们一直是人类文明的重要推手。纵观历史，方程一直在暗中操纵着社会。它们当然是隐藏在幕后，但它们的影响切实存在，无论你是否注意到它们。这是一个关于人类进步的故事，我将用17个方程来讲述。

目 录

河马上的婆娘

毕达哥拉斯定理

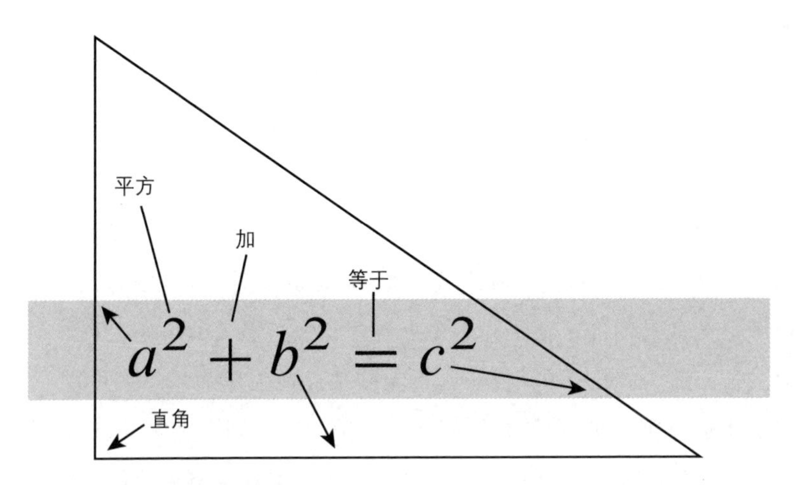

它告诉我们什么?

直角三角形的三个边之间有什么关系。

为什么重要?

它提供了几何和代数之间的重要联系，使我们能够根据坐标计算距离。它也催生出了三角学。

它带来了什么?

测绘、导航，以及较近代出现的狭义和广义相对论——现有最好的关于空间、时间和重力的理论。

随便找个学生，让他举出一位著名的数学家——如果他能想到的话，他往往会选择毕达哥拉斯。如果不是，也许他想到的是阿基米德。哪怕是杰出的艾萨克·牛顿，在两位古代世界的巨星面前也只能叨陪末座了。阿基米德是一位思想巨人，毕达哥拉斯或许算不上，但人们往往低估了他的贡献，他值得更多赞誉——不在于他做出了什么，而在于他推动了什么。

在公元前570年左右，毕达哥拉斯出生在爱琴海东部的希腊萨摩斯岛。他是一位哲学家和几何学家。我们对他的生活所知甚少，而且信息都来自很久之后的记述，其历史准确性存疑，但关键事件很可能是对的。公元前530年左右，他搬到古希腊殖民地克罗顿（今意大利）。他在那里创立了一个哲学宗教团体——"毕达哥拉斯学派"，他们相信宇宙是基于数字的。时至今日，其创始人的名声就来自以他的名字命名的定理。这个定理已被教授了两千多年，还进入了流行文化。丹尼·凯（Danny Kaye）1958年主演的电影《戏班小丑》（*Merry Andrew*）有一首插曲，歌词开头是这么写的：

直角三角形
斜边的平方
等于
相邻两条边的
平方和

这首歌接下来唱到关于一句话里不要出现虚悬分词的双关语，还把爱因斯坦、牛顿和莱特兄弟与这个著名的定理联系在一起。前两个人惊呼："尤里卡!"——不，那是阿基米德说的。你可能会由此认定歌词的历史准确性不高，但好莱坞就是这么回事。不过，我们将在第 13 章中看到，词作者（约翰尼 · 默塞尔）对爱因斯坦的看法非常到位，也许他自己都没有意识到。

关于毕达哥拉斯定理有一个非常流行的笑话，是一个关于"河马上的婆娘"（squaw on the hippopotamus）的糟糕的"谐音梗"。这个笑话在网上随处可见，但是真正的源头就不太可考了。[1] 还有关于毕达哥拉斯的漫画、T 恤和希腊邮票，如图 1.1 所示。

图 1.1　展现了毕达哥拉斯定理的希腊邮票

尽管说了这么多，我们并不知道毕达哥拉斯是否真的证明了他的定理。事实上，我们根本不知道这是否是他的定理。它完全有可能是毕达哥拉斯的一个仆从，或某个古巴比伦或苏美尔的抄写员发现的。但人们把它归功于毕达哥拉斯，他的名字就流传下来了。无论其起源如何，这个定理和它的结果对人类历史产生了巨大的影响。它们的的确确拓展了我们的世界。

古希腊人并没有将毕达哥拉斯定理表达为现代符号意义上的等式。那是随着代数的发展才出现的。在古代，该定理以口头和几何的方式表达。亚历山大里亚的欧几里得的著作记载了它最优雅的形式，这也是它的第一个文献证据。公元前250年左右，欧几里得写下了著名的《几何原本》——有史以来最具影响力的数学教科书，成为第一位现代数学家。欧几里得把几何学变成了逻辑：他明确地列出了自己的基本假设，并援引这些假设，为他的所有定理提供系统的证明。他建造了一座概念之塔，其基础是点、线和圆，而塔尖则恰好存在五种正多面体。

欧几里得几何"王冠上的明珠"就是我们现在所说的毕达哥拉斯定理：《几何原本》第一卷中的命题47。在托马斯·希思爵士（Sir Thomas Heath）的著名译本中，这个命题是这样写的："在直角三角形中，直角所对的边上的正方形等于夹直角的边上的两个正方形。"（In right-angle triangles the square on the side subtending the right angle is equal to the squares on the sides containing the right angle.）

好吧，没有河马。没有斜边。甚至都没有明确说"和"或"加"。只有一个滑稽的词"subtend"，它的意思基本上就是"对着"。然而，毕达哥拉斯定理清楚地表达了一个等式，因为它包含了一个重要的词：等于。

就高等数学而言，古希腊人使用的是直线和面积，而不是数字。所以毕达哥拉斯和他的古希腊后人将这个定理解释为面积相等："用直角三角形中最长边构造的正方形面积，是由另外两边构造的正方形面积的和。”最长的一条边就是著名的“斜边”(hypotenuse)，意思是“在下面拉伸”。如果你以恰当的方向画图，确实如此，如图 1.2（左）所示。

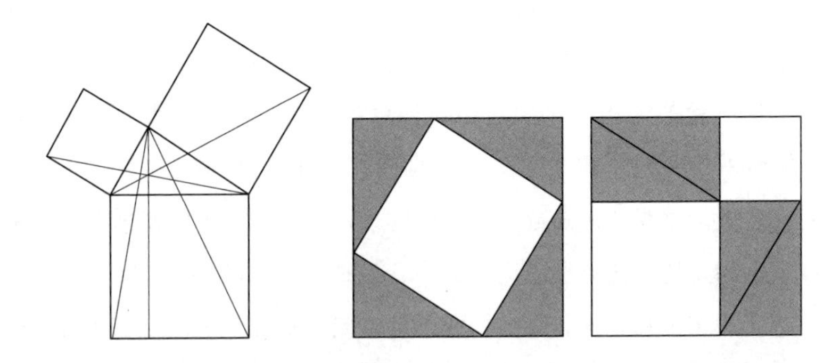

图 1.2　左：欧几里得证明毕达哥拉斯定理的构造线。中和右：定理的另一证明。外部正方形的面积相等，阴影三角形的面积也相等。因此，倾斜的白色正方形面积等于其他两个白色正方形面积之和

仅用了区区 2000 年，毕达哥拉斯定理就被重写为代数方程

$$a^2 + b^2 = c^2$$

其中 c 是斜边的长度，a 和 b 是另外两边的长度，上角标“2”代表“平方”。在代数上，一个数字的平方就是这个数字乘以其自身，并且我们都知道，任何正方形的面积都是其边长的平方。所以毕达哥拉斯方程(这是我给它起的名字)说的是和欧几里得的书中相同的事情——当然还有关于古人如何思考数字和面积等基本数学概念的各种心理学观点，我在这里就不细说了。

毕达哥拉斯方程有许多用途和意义。最直接的是，给定另外两边，它可以让你计算斜边的长度。例如，假设 $a = 3$，$b = 4$，那么 $c^2 = a^2 + b^2 = 3^2 + 4^2 = 9 + 16 = 25$。因此 $c = 5$，这就是著名的3-4-5三角形，在中小学数学中无处不在，是毕达哥拉斯三元组① ——满足毕达哥拉斯方程的一组三个整数中最简单的例子。除了对边长等比例缩放，如6-8-10之外，接下来最简单的是5-12-13三角形。这样的三元组有无穷多个，古希腊人知道如何构建它们。数论对这个问题迄今仍然保持着一定的兴趣，甚至在过去十年中还发现了新的特征。

除了利用 a 和 b 求 c 之外，你还可以间接计算，如果知道 b 和 c 就可以解方程求出 a。我们很快就会看到，你还能够回答更绕一点儿的问题。

这个定理为什么成立？欧几里得的证明相当复杂，它要在图上加上五条辅助线，如图1.2（左）所示，还援引了几个先前证明的定理。维多利亚时代的男生（当时很少有女生学习几何学）不敬地称之为“毕达哥拉斯的裤子”。一个直接而直观的证明（虽然不是最优雅的）用了四个三角形来把同样一副数学拼图的两个解联系起来，如图1.2（右）所示。这张图确实很有说服力，但要把逻辑细节补充完整就得想一想了。比如：我们怎么知道图1.2（中）中的倾斜白色区域是正方形？

有一些吸引人的证据表明，早在毕达哥拉斯之前，毕达哥拉斯定理就已为人所知。大英博物馆中的一块古巴比伦泥板[2]以楔形文字形式记录了一个数学问题和答案，用我们的话来说：

---

① 也称“勾股数”。——译者注

长度为 4，对角线为 5。宽度是多少？

4 乘以 4 是 16。

5 乘以 5 是 25。

25 减掉 16 得到 9。

我怎么样才能得到 9？

3 乘以 3 是 9。

因此宽度是 3。

所以古巴比伦人肯定知道 3-4-5 三角形，比毕达哥拉斯早了一千年。

来自耶鲁大学巴比伦收藏的另一块泥板 YBC 7289 如图 1.3（左）所示。它显示了一个边长为 30 的正方形图，其对角线上标有两串数字：1、24、51、10 和 42、25、35。古巴比伦人使用六十进制来表示数字，因此第一串数字实际上是指 $1+\frac{24}{60}+\frac{51}{60^2}+\frac{10}{60^3}$，用小数表示约为 1.414 213 0。而 2 的平方根约为 1.414 213 6。第二串数字是这个数的 30 倍。所以古巴比伦人知道正方形的对角线长是它的边长乘以 2 的平方根。由于 $1^2+1^2=\left(\sqrt{2}\right)^2$，因此这也是毕达哥拉斯定理的一个例子。

更引人注目也更为神秘的，是美国哥伦比亚大学的乔治 · 亚瑟 · 普林顿（George Arthur Plimpton）藏品中的泥板普林顿 322，如图 1.3（右）所示。它是一张数字表，有 4 列 15 行。最后一列只列出了行号，从 1 到 15。1945 年，科学历史学家奥托 · 诺伊格鲍尔（Otto Neugebauer）和亚伯拉罕 · 萨克斯（Abraham Sachs）[3] 注意到，在每一行中，第三列中数字（比如叫 c）的平方减去第二列中数字（比如叫 b）的平方，本身就是一个数（比如叫 a）的平方。它符合 $a^2+b^2=c^2$，因此这张表貌似记录

图 1.3　左：YBC 7289。右：普林顿 322

的就是毕达哥拉斯三元组。至少，如果纠正了其中四个明显的错误，它就是这样的。然而，我们并不完全确定普林顿322是不是和毕达哥拉斯三元组有什么关系，而且就算有关系，它也可能只是一个面积易于计算的三角形速查表。这些三角形可以拼起来，得到其他三角形和其他形状的良好近似，或许用于土地测量。

另一个标志性的古代文明是古埃及文明。有一些证据表明，毕达哥拉斯年轻时去过古埃及，有些人猜测他就是在那里学到了这个定理。流传下来的古埃及数学记载不怎么能支持这一观点，但这些记载很少，且非常专业。人们常说（一般是提到金字塔的时候），古埃及人使用3-4-5三角形来得到直角，用的是一根打着12个等间距绳结的绳子，还有人说考古学家已经找到了那种绳子。但是，这两种说法都不大说得通。这种技术没办法做到非常可靠，因为绳子可以拉伸，而且绳结的间隔还必须非常精确。吉萨金字塔的建造精度比能用这种绳子做成的任何东西的精度都要高。人们已经发现了类似于木工角尺的更为实用的工具。专门研究古埃及数学的埃及学家并不知道任何用绳子得到3-4-5三角形的记录，也没有这种绳子的例子。所以，这个故事虽然引人入胜，但几乎可以肯定是子虚乌有的。

如果毕达哥拉斯能够穿越到今天的世界，他会注意到许多不同。在他那个时代，医学知识很不完善，照明使用蜡烛和燃烧的火把，最快的交流形式是马背上的使者或山顶上的灯塔。已知的世界包括欧洲、亚洲和非洲的大部分地区，但不包括美洲、澳大利亚、北极或南极。许多文化认为世界是扁平的：圆形圆盘，甚至是与四个方位对齐的正方形。尽管有古希腊的发现，这种思想仍然在中世纪时期广泛流传，表现为当时的世界（orbis terrae）地图，如图1.4所示。

图1.4　摩洛哥制图师伊德里西为西西里国王罗杰在1100年左右制作的世界地图

是谁最先意识到世界是圆的？根据3世纪古希腊传记作家第欧根尼·拉尔修（Diogenes Laertius）的说法，是毕达哥拉斯。第欧根尼的著作《名哲言行录》是一部言论和传记集，也是我们了解古希腊哲学家私人生活的主要史料之一。书中写道："毕达哥拉斯是提出地圆说的第一人，虽然泰奥弗拉斯托斯认为是巴门尼德提出的，而芝诺则认为是赫西俄德提出的。"古希腊人经常宣称自己那些出名的祖先有重大的发现而罔顾史实，所以我们对这些说法不能全信，但无可争议的是，从公元前5世纪开始，所有著名的古希腊哲学家和数学家都认为地球是圆的。这个想法似乎确实起源于毕达哥拉斯的时代，而且可能来自他的一个追随者。或者它可能是个被广为接受的观点——证据包括月食期间月亮上的圆形地球阴影，或是类比月亮（显然月亮是圆形的）。

然而，即使对于古希腊人来说，地球也是宇宙的中心，其他一切都围绕着它运行。导航利用的是航位推算法：观察星星并沿着海岸线行进。毕达哥拉斯方程改变了这一切。它使人类走上了今天理解地球地理及其在太阳系中的位置的道路。这是迈向地图制作、导航和测绘所需的几何技术的关键第一步。它还为几何与代数之间至关重要的联系提供了钥匙。这条发展脉络从古代一直贯穿到广义相对论和现代宇宙论（参见第13章）。不管是从比喻义还是从字面意思来看，毕达哥拉斯方程都为人类的探索开辟了全新的方向。它揭示了我们世界的形状及其在宇宙中的位置。

我们在现实生活中遇到的许多三角形都不是直角三角形，因此方程的直接应用似乎有限。但是，任何三角形都可以分割成两个直角三角角形，如图 1.6 所示，而任何多边形都可以分割成若干三角形。因此，直角三角形是关键：它们证明了三角形的形状与其边的长度之间存在有用的关系。从这一见解中发展出来的学科是三角学——“三角形的测量”。

直角三角形是三角学的基础，特别是它决定了基本的三角函数：正弦、余弦和正切。这些名称源于阿拉伯语，而这些函数及其许多前辈的发展史，展示了今天这个版本经历了什么样的复杂路径。我这里就长话短说，解释一下最终的结果。直角三角形里当然有一个直角，但另外两个角是任意的，只要加起来是 90° 就行了。任何角都有三个相关的函数——函数就是用于计算相关数字的规则。对于图 1.5 中的角 A，按常规用 a、b、c 代表三个边的边长，我们定义正弦（sin）、余弦（cos）和正切（tan）如下：

$$\sin A = \frac{a}{c}$$

$$\cos A = \frac{b}{c}$$

$$\tan A = \frac{a}{b}$$

这些量仅取决于角 A，因为给定角 A 的所有直角三角形除了缩放大小不同之外，都是一回事。

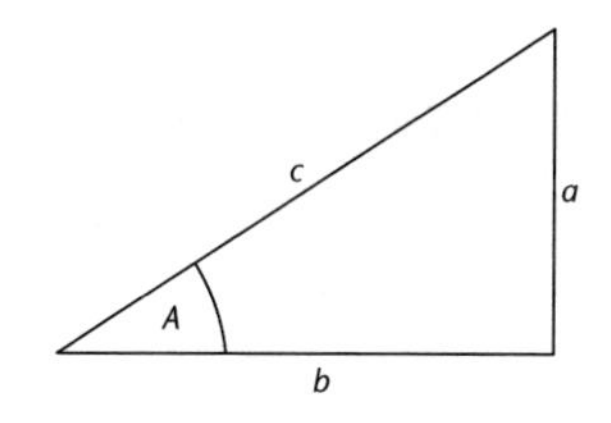

图 1.5　三角学基于直角三角形得出

因此，我们可以为一系列角度绘制 sin、cos 和 tan 值的表格，然后用它们来计算直角三角形的特征。一个可以追溯到远古时代的典型应用，是仅使用在地面上进行的测量来计算高柱的高度。假设从 100 米开外测量，到柱顶的角度是 22°。令图 1.5 中的角 $A = 22°$，那么 a 就是柱的高度。然后，正切函数的定义告诉我们

$$\tan 22° = \frac{a}{100}$$

所以

$$a = 100 \tan 22°$$

由于 $\tan 22°$ 是 0.404（保留小数点后三位），我们就可以得出 $a = 40.4$ 米。

一旦有了三角函数，就可以直接将毕达哥拉斯方程扩展到非直角三角形。图 1.6 展示了一个有角度 C 且边长分别为 a、b、c 的三角形。将三角形分成两个直角三角形。然后应用两次毕达哥拉斯方程和一些代数[4]，就可证明

$$a^2 + b^2 - 2ab \cos C = c^2$$

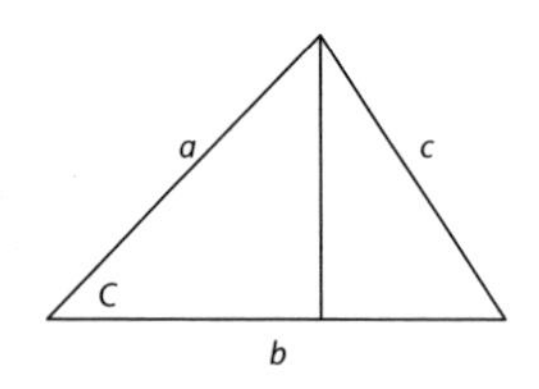

图 1.6　将三角形分成两个直角三角形

这和毕达哥拉斯方程很相似，除了多出来一项 $-2ab\cos C$。这个“余弦定理”与毕达哥拉斯方程的作用是一样的，建立了 c 与 a 和 b 之间的联系，但现在必须给出关于角 C 的信息。

余弦定理是三角学的主要支柱之一。如果我们知道三角形的两边和它们之间的夹角，就可以计算出第三边。然后再用类似的方程解出剩下的角度。所有这些方程最终都可以追溯到直角三角形。

三角方程在手，再加上合适的测量仪器，我们就可以进行勘测并绘制精确的地图。这个方法并不新奇。它出现在莱因德纸草书（Rhind Papyrus）中，这是一本古埃及数学技术集，可追溯到公元前 1650 年。在公元前 600 年，古希腊哲学家泰勒斯使用三角形的几何来估算吉萨金字塔的高度。亚历山大里亚的希罗在公元 50 年描述了相同的技术。公元前 240 年左右，古希腊数学家埃拉托斯特尼通过在两个不同的地方——古埃及的亚历山大里亚和色耶尼（今阿斯旺）测量太阳正午高度来计算地球的大小。一系列阿拉伯学者继承并发展了这些方法，特别是将其应用于天文测量，例如测量地球的大小。

测绘学的腾飞是在 1533 年，当时的荷兰地图制作师赫马 · 弗里修斯（Gemma Frisius）在《地点描述法小册》（*Libellus de Locorum Describendorum Ratione*）中解释了如何使用三角学来获得准确的地图。关于这种方法的消息传遍了整个欧洲，也传进了丹麦贵族和天文学家第谷 · 布拉赫（Tycho Brahe）的耳朵里。1579 年，第谷用它绘制了其天文台所在的文岛的精确地图。到 1615 年，荷兰数学家维勒布罗德 · 斯内利厄斯（Willebrord Snellius，本名维勒布罗德 · 斯奈尔 · 范罗恩）将这种方法发展成了现代形式：三角测量法。这种方法用三角形网络测绘区域。通过非常仔细地测量一个初始长度和许多角度，可以计算出三角形顶点的位置，并由此计算出三角形中所有有趣的特征。斯内利厄斯使用一个由33个三角形构成的网络，计算出了两个荷兰城镇阿尔克马尔和贝亨奥普佐姆之间的距离。他之所以选择这两个城镇，是因为它们位于同一条经线上，并且恰好相隔一度。知道了它们之间的距离，他就可以计算出地球的大小。他于1617年把这个结果写在了他的《荷兰埃拉托斯特尼》(*Eratosthenes Batavus*)一书中。他的结果精确到了4%以内。他还修改了三角学方程，以反映地球表面的球形特性，这是迈向有效导航的重要一步。

三角测量是一种使用角度计算距离的间接方法。在测绘土地时，无论是建筑工地还是国家，主要的实际考虑因素是测量角度比测量距离要容易得多。三角测量让我们可以测量几个距离和许多角度，然后其他的一切都来自三角方程。这种方法首先在两个点之间画一条直线，称为基线，并非常精确地直接测量其长度。然后我们从环境中选择一个显眼的点，从基线两端都可见，并在两端分别测量基线与该点之间的夹角。这样就得到了一个三角形，我们知道它的一条边和两个角度，它的形状和大小就确定下来了。然后就可以使用三角公式来计算另外两条边。

实际上，现在我们还有了另外两条基线：三角形中新计算出来的边。从这些基线出发，我们可以测量到更远的点的角度。如此反复，就可以得到覆盖被测区域的三角形网络。在每个三角形中，观察基线与所有明显特征（如教堂塔楼、十字路口等）之间的夹角。同样的三角学技巧确定了它们的精确位置。最后，可以通过直接测量某条最后得到的边来检查整个测绘的准确性。

到了18世纪末，三角测量法已广泛用于测绘。英国地形测量始于1783年，耗时70年完成了任务。印度的大三角测量始于1801年，其中包括绘制喜马拉雅山脉地图并确定珠穆朗玛峰的高度。在21世纪，大多数大规模测量是使用卫星照片和全球定位系统（GPS）完成的。人们不再直接使用三角测量了。但它仍然在幕后起作用，根据卫星数据推断位置的方法中依然有它。

毕达哥拉斯定理对坐标几何的发明也至关重要。这是一种用数字表示几何图形的方法，其中使用一组标了数字的线（称为坐标轴）。大家最熟悉的版本是平面直角坐标系（笛卡儿坐标系），纪念的是法国数学家和哲学家勒内·笛卡儿（René Descartes），他是这一领域的伟大先驱之一——尽管不是第一人。画出两条直线：标为 x 的水平线和标为 y 的垂直线。这两条线都称为轴，其交叉点称为原点。沿这两个轴，根据到原点的距离标上点，就像尺子上的刻度一样：向上、向右标正数，向左、向下标负数。现在我们就可以用 x 和 y 确定平面上任意点的坐标，只要将点连接到两个轴上，如图1.7所示。这对数字 (x, y) 完全确定了点的位置。

17世纪欧洲伟大的数学家们意识到，这样一来，平面中的直线或曲线就对应某些关于 x 和 y 的方程的解集 (x, y)。例如，$y = x$ 确定了一条从左下向右上倾斜的45°的直线，因为当且仅当 $y = x$ 时，(x, y) 才落

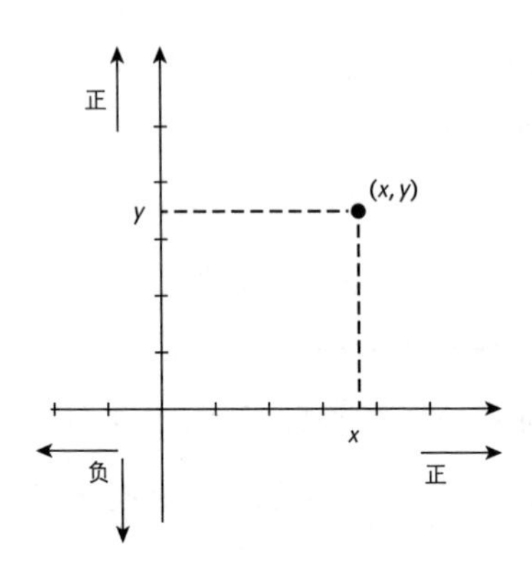

图 1.7　两个轴和一个点的坐标

在这条线上。一般而言，对于常数 a、b、c，形如 $ax + by = c$ 的线性方程对应于直线，反之亦然。

什么样的方程对应圆呢？这就是毕达哥拉斯方程的用武之地。这意味着从原点到点 (x, y) 的距离 r 满足

$$r^2 = x^2 + y^2$$

我们可以解出 r，得到

$$r = \sqrt{x^2 + y^2}$$

由于与原点的距离为 r 处的所有点的集合是以原点为圆心、半径为 r 的圆，因此这个方程就定义了一个圆。更一般地说，以 (a, b) 为圆心、半径为 r 的圆对应方程

$$(x - a)^2 + (y - b)^2 = r^2$$

这个方程也确定了点 (a, b) 和点 (x, y) 之间的距离 r。所以毕达哥拉斯定理告诉我们两件至关重要的事情：哪些方程会得到圆，以及如何通过坐标计算距离。

所以说，毕达哥拉斯定理本身很重要，但它的推广能发挥更大的影响力。这里我就只谈谈这些后期进展中的一项，来揭示与相对论之间的联系，我们将在第 13 章中进一步介绍。

欧几里得《几何原本》中的毕达哥拉斯定理的证明，把这个定理牢牢地限定在欧氏几何的范围内。“欧氏几何”这个词一度可以直接换成“几何”，因为我们通常认为欧氏几何就是物理空间的真实几何。这很显然嘛。但像大多数“显然”的东西一样，我们到头来发现不是这么回事。

欧几里得从不多的几个基本假设中得出了他的所有定理，他将其归类为定义、公理和一般概念。他的体系优雅、直观、简洁，只有一个明显的例外，就是他的第五个公理：“若两条直线都与第三条直线相交，并且在同一边的内角之和小于两个直角，则这两条直线若无限延长，必定在这一边相交。”这念起来有点儿绕口，图 1.8 可能会帮助你理解。

一千多年来，数学家们试图修复他们眼中的缺陷。他们不只是在寻找更简单、更直观的东西来达到同样的目的（虽然有几个人找到了这样的东西），他们想证明这条尴尬的公理来彻底摆脱它。经过了几个世纪，数学家终于意识到存在另一种“非欧氏”几何，这也就意味着证明根本不存在。这些新的几何与欧氏几何一样逻辑自洽，遵循了除了平行公理之外的所有公理。它们可以被解释为曲面上的测地线（最短路径）的形状，如图 1.9 所示。这引起了人们对曲率意义的关注。

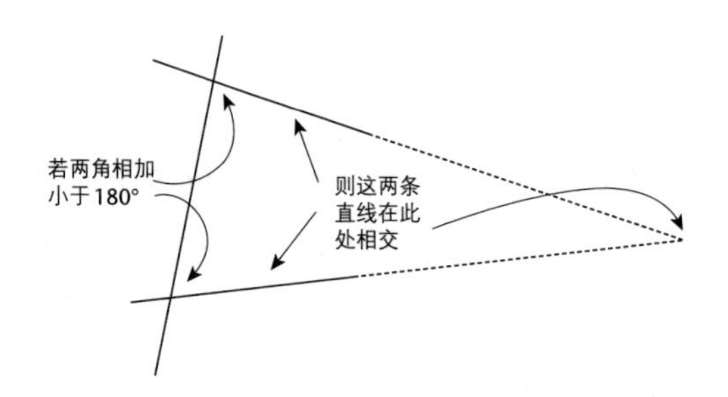

图 1.8 欧几里得的平行公理

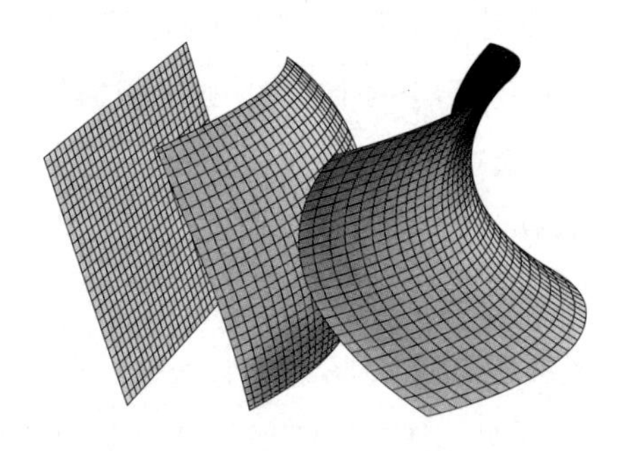

图 1.9 表面的曲率。左：零曲率。中：正曲率。右：负曲率

欧氏平面是平的，曲率为零。球面在任何地方的曲率都相同，并且是正的：它在任何点附近都看起来像一个圆顶。（一些技术细节：大圆会在两点上相交，而不是像欧氏公理要求的一点，因此球面上的几何对此做了修正——找到对径点，并认为它们是同一点。这样一来球面就变成了所谓的射影平面，这种几何称为椭圆几何。）还存在恒定负曲率的表面：在任何点附近看起来都像马鞍。这种曲面称为双曲平面，它可以用几种很乏味的方式来表示。最简单的方法也许是将其视为圆盘的内部，并将“直线”定义为与圆盘的边缘垂直相交的圆弧（图 1.10）。

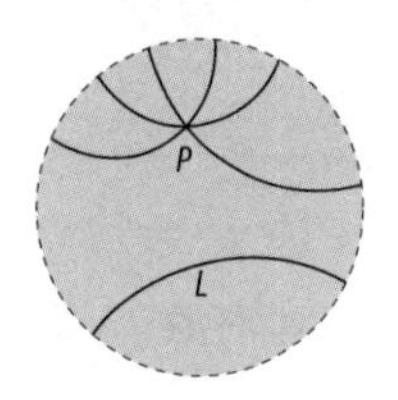

图 1.10　双曲平面的圆盘模型。通过点 P 的三条线都不和线 L 相交

也许你会觉得，虽然平面几何可能是非欧的，但对于空间几何来说肯定行不通。你可以把平面弯折变成三维的，但是你没办法弯折空间，因为再没有额外的维度了。然而，这种想法相当幼稚。比如，我们可以使用球体的内部来模拟三维双曲空间。直线可以用与边界垂直相交的圆弧来表达，而平面就可以用与边界垂直相交的球面的一部分来表达。这种几何是三维的，满足欧氏几何除第五公理外的所有公理，并且从确定意义上定义了一个弯曲的三维空间。但它并不是围绕着任何东西弯曲的，也没有弯向任何新的方向。

它就是弯曲的。

有了这些新的几何，一种新观点开始占据舞台中心——然而它是物理的，不是数学的。既然空间不一定是欧氏的，那它到底是什么形状的呢？科学家意识到他们实际上并不知道。1813年，高斯已经知道了在一个弯曲的空间中，三角形内角和不是180°。他测量了三座山（布罗肯山、霍赫哈根山和英塞尔伯格山）形成的三角形的角度。他得到的内角和比180°大了15弧秒。如果他是对的，那就说明空间（至少在该区域中）是正曲率的。但你需要大得多的三角形，测量精度也要高得多，才能消除观测误差。因此，高斯的观察结果没有得出确切的结论。空间可能是欧氏的，当然也可能不是。

我说三维双曲空间"就是弯曲的"，是基于一个关于曲率的新观点，它也可以追溯到高斯。球面有常数正曲率，双曲平面有常数负曲率。但是一个曲面的曲率不一定是恒定的。它可能在某些地方弯折得厉害，在其他地方则不那么厉害。实际上，它的曲率可能在一个地方是正的，在另一个地方是负的。曲率可以在不同地方之间连续变化。如果一个曲面看起来像是狗啃的骨头，那么两头凸起的地方是正曲率的，但是连接部分则是负曲率的。

高斯想要找到一个公式来表达任何点的曲面曲率。当他最终找到它，并于1828年将其发表在《关于曲面的一般研究》（*Disquisitiones Generales Circa Superficies Curva*）一书中时，他将其命名为"绝妙定理"。绝妙在哪里呢？高斯从朴素的曲率观点着手：将曲面嵌入三维空间并计算它的弯曲程度。但答案告诉他，周围的空间并不重要。它没有出现在公式中。他写道："公式……引出了一个非凡的定理：如果在任何其他曲面上形成一个曲面，则每个点的曲率度量保持不变。"他所说的"形成"意思是"包裹"。

拿一张平整的纸，其曲率为零。现在将它包在一个瓶子上。如果瓶子是圆柱形的，则纸张完全贴合，不发生折叠、拉伸或撕裂。就外观而言，它是弯曲的，但这是一种微不足道的弯曲，因为它没有以任何方式改变纸张上的几何形状。它只是改变了纸张与周围空间的关系。在平面的纸上画一个直角三角形，测量它的边，用毕达哥拉斯定理检验。现在将这张图包裹在瓶子上。沿纸张测量的边长不会改变。毕达哥拉斯定理仍然成立。

然而，球体的表面具有非零曲率。因此，无法用一张纸包裹并紧贴球体，而不发生折叠、拉伸或撕裂。球面几何与平面几何有本质的区别。例如，地球的赤道，以及 0° 和 90° 的经线确定了一个三角形，它有三个直角和三条等长的边（假设地球是一个球体）。所以毕达哥拉斯方程就不成立了。

今天我们把本质意义上的曲率称为"高斯曲率"。高斯用了一个迄今仍不过时的生动类比来解释它为什么重要。想象一下，一只蚂蚁被限制在一个表面上。它如何知道表面是不是弯曲的呢？它无法走出表面来看看它看起来弯不弯。但它可以使用高斯公式，通过纯粹在表面内进行适当的测量来确定。当试图找出所在空间的真实几何时，我们也处在和蚂蚁相同的处境——无法走出空间。然而，在通过测量来模拟蚂蚁之前，我们需要一个三维空间的曲率公式。高斯并没有给出一个这样的公式，但他的一个学生，在鲁莽冲动的驱使下，声称自己做到了。

这个学生是格奥尔格·伯恩哈德·黎曼（Georg Bernhard Riemann），他当时在努力取得德国大学所谓的“特许任教资格”（Habilitation），这是博士之后的下一步。在黎曼的时代，这意味着你可以向学生收取讲课费用。无论是当时还是现在，要获得特许任教资格需要在公开讲座中展示你的研究，这也是一项考试。候选人会提供几个主题，由主考选择其中一个。黎曼的主考就是高斯。作为一位才华横溢的数学天才，黎曼列出了他所知道的几个正统题目，但他一时头脑发热，还提出了“关于几何学基础的假设”。高斯长期以来一直对此感兴趣，他自然选择了它来作为黎曼的考试题。

黎曼立刻后悔提出了一件如此困难的事。他对公开演讲深恶痛绝，也没有详细考虑数学的细节。他只是对弯曲空间有一些模糊但有趣的想法——在任意多个维度上。高斯凭借绝妙定理对二维空间所做的那些工作，黎曼希望在任意多个维度上重复。现在他必须做出结果，还得做得快。讲座迫在眉睫。这种压力几乎让他神经衰弱，而他白天的工作（帮助高斯的合作者威廉·韦伯进行电学实验）毫无帮助。好吧，也许有些帮助，因为当黎曼在白天的工作中思考电力和磁力之间的关系时，他意识到力可能与曲率有关。由此倒推，他可以使用力的数学来定义曲率，这正是他的考试所需要的。

1854年，黎曼发表了他的演讲，受到了热烈的欢迎。这也难怪。他定义了一个所谓的“流形”（manifold），意思是“多重折叠”（many-foldedness）。从形式上看，“流形”由一套有许多坐标的坐标系，以及计算附近点之间距离的公式（现在称为黎曼度量）确定。不那么正式地说，流形就是一个非常壮观的多维空间。黎曼演讲的高潮是一个推广了高斯绝妙定理的公式：它仅根据度量来定义流形的曲率。正是在这里，这个故事就像衔尾蛇一样形成了完整的闭环，吞下自己的尾巴：因为在这个度量中可以看到毕达哥拉斯的痕迹。

比方说有一个流形是三维的。设一点的坐标为 (x, y, z)，$(x + \mathrm{d}x, y + \mathrm{d}y, z + \mathrm{d}z)$ 为附近一点，其中 d 表示“变化一点点”。如果空间是欧氏空间，曲率为零，则这两个点之间的距离 $\mathrm{d}s$ 满足方程

$$\mathrm{d}s^2 = \mathrm{d}x^2 + \mathrm{d}y^2 + \mathrm{d}z^2$$

这就是毕达哥拉斯定理，仅限于附近的点。如果空间是弯曲的，点到点的曲率可变，则类似的公式（也就是度量）如下所示：

$$\mathrm{d}s^2 = X\mathrm{d}x^2 + Y\mathrm{d}y^2 + Z\mathrm{d}z^2 + 2U\mathrm{d}x\mathrm{d}y + 2V\mathrm{d}x\mathrm{d}z + 2W\mathrm{d}y\mathrm{d}z$$

这里的 X、Y、Z、U、V、W 可以取决于 x、y、z。它可能看起来有点儿绕，但就像毕达哥拉斯方程一样，它讲的是平方和（以及密切相关的两个量的积，如 $\mathrm{d}x\mathrm{d}y$）再加上几个点缀。出现 2 倍是因为这个公式可以表达为 3×3 的表（矩阵）：

$$\begin{bmatrix} X & U & V \\ U & Y & W \\ V & W & Z \end{bmatrix}$$

其中 X、Y、Z 各出现一次，但 U、V、W 出现了两次。这张表是沿对角线对称的；用微分几何的语言来说，它是一个对称张量。黎曼对高斯

绝妙定理的推广就是用这个张量来表达的任何一点上的流形曲率公式。在适用毕达哥拉斯定理的特殊情况下，曲率变为零。所以通过检验毕达哥拉斯方程是否成立，就可以检验曲率是否存在。

与高斯公式一样，黎曼的曲率表达式仅取决于流形的度量。被限制在流形上的蚂蚁可以通过测量微小的三角形并计算曲率来观察度量。曲率是流形的固有性质，与周围空间无关。实际上，度量已经确定了几何，而不需要周围空间了。特别是我们这些人类“蚂蚁”可以问问庞大而神秘的宇宙是什么形状，并希望通过一些不需要走出宇宙就能进行的观察来回答这个问题——因为我们也走不出去。

黎曼利用力来定义几何，找到了他的公式。五十年后，爱因斯坦将黎曼的思想翻转过来，用几何来定义他的广义相对论中的引力，并启发了关于宇宙形状的新思想（见第13章）。这一连串发现过程堪称惊人。毕达哥拉斯方程首次出现在3500年前，用于测量农民的土地。它拓展到非直角三角形和球面三角，让我们能够绘制大陆的地图并测量我们的星球。接下来一个杰出的推广让我们得以测量宇宙的形状。重要的思想来自小小的发端。

注释

1. 大卫 · 威尔斯（David Wells）的《好奇和有趣数学的企鹅书》（*The Penguin Book of Curious and Interesting Mathematics*）引用了这个笑话的简要版本：印第安酋长有三位临盆的妻子，第一位在水牛皮上，第二位在熊皮上，第三位在河马皮上。后来，第一位妻子给他生了一个儿子，第二位给了他生一个女儿，第三位生了龙凤胎——一个儿子、一个女儿，从而引出了著名的"河马上的婆娘等于另外两张皮上的婆娘之和"（the squaw on the hippopotamus is equal to the sum of the squaws on the other two hides）的定理。这个笑话最早可以追溯到 20 世纪 50 年代中期，当时在英国广播公司的广播系列剧《我的话语》（*My Word*）中播出，该剧由喜剧作家弗兰克 · 穆尔和丹尼斯 · 诺登主持。
2. 引用自 MacTutor History of Mathematics Archive，没有进一步的参考文献。
3. A. Sachs, A. Goetze, and O. Neugebauer. *Mathematical Cuneiform Texts*, American Oriental Society, New Haven 1945.
4. 为方便起见，我们把这张图再画一遍，如图 1.11 所示。

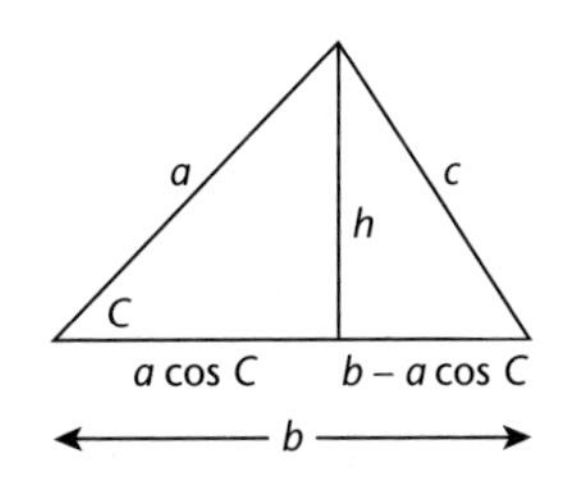

图 1.11　将三角形分成两个直角三角形

垂线将 b 边切成两段。根据三角函数，其中一段的长度是 $a\cos C$，所以另一段的长度是 $b-a\cos C$。设垂线的长度为 h。根据毕达哥拉斯定理：

$$a^2 = h^2 + (a\cos C)^2$$
$$c^2 = h^2 + (b - a\cos C)^2$$

也就是说，

$$a^2 - h^2 = a^2\cos^2 C$$
$$c^2 - h^2 = (b - a\cos C)^2 = b^2 - 2ab\cos C + a^2\cos^2 C$$

用第二个方程减去第一个方程；现在我们不想要的 h^2 消掉了，$a^2\cos^2 C$ 项也消掉了，于是就得到

$$c^2 - a^2 = b^2 - 2ab\cos C$$

简化步骤

对数

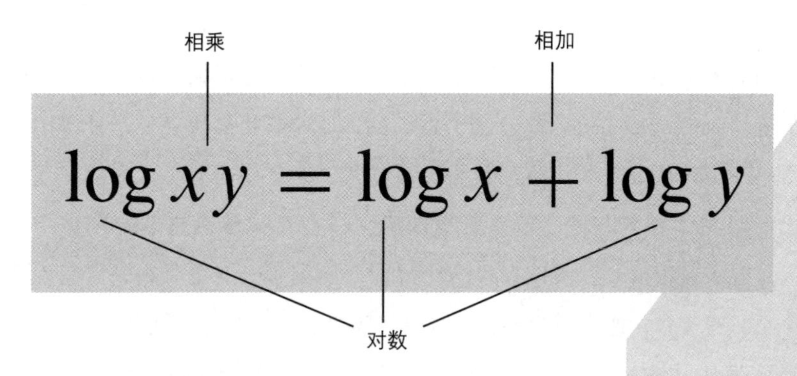

它告诉我们什么？

如何通过相关数字的加法来做乘法。

为什么重要？

加法比乘法简单得多。

它带来了什么？

计算日食和行星轨道等天文现象的高效方法。快速进行科学计算的方法。工程师的忠实伴侣——计算尺。放射性衰变和关于人类感知的心理物理学。

数字起源于实际问题：记录财产（如动物或土地）以及金融交易（如税收和记账）。除了像||||这样简单的记号之外，已知最早的数字符号写在黏土包裹的外表面上。公元前 8000 年，美索不达米亚的会计师使用各种形状的小黏土代币来记账。考古学家丹尼斯·施曼特-贝萨拉特（Denise Schmandt-Besserat）意识到，每种形状都代表了一种基础商品——小球代表谷物，蛋形代表一罐油等。为了安全起见，人们把这些代币用黏土密封起来。但要看里面有多少代币，就得打破一个黏土包裹，这实在很麻烦，所以古代会计师在外面刻了一些符号来表示里面有什么。到头来，他们意识到，一旦有了这些符号，代币就可以被废弃了。其结果是一系列代表数字的书面符号——它们是所有后来的数字符号的起源，没准也是文字的起源呢。

除了数字之外，还有算术：对数字加、减、乘、除的方法。算盘之类的工具可以用来做加法，然后用符号记录结果。过了一段时间，人们发现了不需要机械辅助就能利用符号进行计算的方法。虽然世界上许多地方仍然广泛地使用算盘，但大多数其他国家已经用电子计算器取代了笔算。

算术在其他地方也是必不可少的，特别是在天文学和测量方面。随着物理科学的基本轮廓开始显现，初出茅庐的科学家们需要手工进行愈发精密的计算。通常，这占用了他们的大部分时间，有时长达数月或数年，妨碍了更具创造性的活动。最终，加快这一进程变得至关重要。人们发明了无数的机械装置，但最重要的突破是概念性的：先思考，再计算。利用巧妙的数学，你就可以大大简化困难的计算。

这种新的数学迅速自成一体，其结果具有深刻的理论和实践意义。今天，这些早期的想法已成为整个科学中不可或缺的工具，甚至进入了心理学和人文学科。它们被广泛应用，直到 20 世纪 80 年代被计算机淘汰。但尽管如此，它们在数学和科学中的重要性仍在不断增长。

其中心思想是一种称为“对数”的数学技术。它的发明者是一位苏格兰领主，但一位对导航和天文学有浓厚兴趣的几何教授，以一个好得多的设计取代了这位领主精彩却有缺陷的想法。

1615 年 3 月，亨利 · 布里格斯（Henry Briggs）在给詹姆斯 · 厄谢尔（James Ussher）的一封信中，记录了科学史上的一个重要事件：

> 纳普尔，默奇斯顿的领主，用他令人赞赏的新对数让我的头脑和手都忙起来了。如果上帝保佑，我希望今年夏天能见到他，因为我从来没有看过一本令我更加高兴或是更为好奇的书。

布里格斯是伦敦格雷沙姆学院的第一位几何学教授，“纳普尔，默奇斯顿的领主”则是约翰 · 纳皮尔，他是曼彻斯通（现属苏格兰爱丁堡市）的第八任领主。纳皮尔似乎有点儿像神秘主义者；他对神学很感兴趣，但兴趣主要集中在《启示录》上。在他看来，他最重要的作品是《圣约翰全启示录的平凡发现》，这让他预测世界将在 1688 年或 1700 年毁灭。他被认为涉足了炼金术和通灵术，而他对神秘学的兴趣使他有了巫师之名。传说他随身在一个小盒子里携带一只黑色蜘蛛，并拥有一个

“心腹”，或者说神奇的伴侣：一只黑色的小公鸡。根据他的一位后人，马克·纳皮尔的说法，约翰用了这只心腹公鸡来抓偷窃的仆人。他把嫌疑人和公鸡一起锁在房间里，并让他们抚摸它，说他那只神奇的鸡会分毫不差地发现罪人。但纳皮尔的神秘主义有一个理性的核心：在这里，他在公鸡身上抹了一层薄薄的烟灰。无辜的仆人会非常自信地照做，并抚摸这只鸡，手上就会沾上烟灰。而偷盗者害怕被发现，就不想去抚摸它。所以，具有讽刺意味的是，干净的手反倒证明有罪。

纳皮尔将大部分时间花在了数学上，特别是快速进行复杂算术计算的方法。一个发明是“纳皮尔的骨头”①，它由一组十根标有数字的算筹组成，简化了多位乘法的计算。但更好的发明是给他带来声誉并创造了一场科学革命的东西：不是他所希望的关于《启示录》的书，而是他在1614年发表的《对奇妙对数规律的描述》(*Mirifici Logarithmorum Canonis Descriptio*)。书的前言表明，纳皮尔确切地知道他得到的是什么，以及它有什么好处。[1]

> 亲爱的数学家们，因为在数学技术的实践中，没有什么比冗长的乘除法、求比例，以及求平方根和立方根所花费的大量时间更令人厌烦的了——还有……可能出现许多棘手的错误，因此我的头脑一直在思索，我可以通过什么样稳妥而迅捷的技术来解决上述这些困难。经过深思熟虑后，最后我找

① 纳皮尔的骨头在清初传入中国，数学家梅文鼎在《梅氏丛书辑要》中首先介绍，称之为“筹算”。——译者注

> 到了一种缩短程序的绝妙方法……我乐于将该方法公开，供数学家们使用。

布里格斯在听到对数的那一刻就被迷住了。和他那个时代的许多数学家一样，他花了很多时间进行天文计算。我们之所以知道这件事，是因为布里格斯给厄谢尔的另一封信（落款为1610年）中提到了计算日食，并且因为布里格斯早些时候出版了两本数表，一本与北极相关，另一本与导航有关。所有这些工作都需要大量复杂的算术和三角学知识。纳皮尔的发明将节省大量烦琐的劳动。但布里格斯对这本书的研究越多，他就越相信，尽管纳皮尔的战略很精彩，但他的战术却错了。布里格斯想出了一个简单但有效的改进，并且长途跋涉到了苏格兰。当他们见面时，“差不多过了一刻钟的光景，两个人都崇敬地看着对方，未发一言”。[2]

是什么激发了这样的崇敬？对于任何学习算术的人来说，一个显而易见的关键发现在于，加法相对容易，而乘法则不然。乘法需要比加法多得多的算术运算。例如，两个十位数字相加大约需要十个简单步骤，但乘法则需要200步。对于现代计算机，这个问题仍然很重要，但现在它隐藏在使用乘法的那些算法背后。但在纳皮尔的时代，这一切都必须手工完成。如果有某种数学技巧能够将那些令人讨厌的乘法转换为漂亮、快速的加法，那不是太好了吗？这听起来好得令人难以置信，但纳皮尔意识到这是可能的。诀窍是使用固定数字的乘方。

在代数中，未知数 x 的幂用小小的数字上标表示。也就是说，$xx = x^2$，$xxx = x^3$，$xxxx = x^4$，依此类推。其中按照代数的惯例，两个字母放在一起意味着相乘。比如，$10^4 = 10 \times 10 \times 10 \times 10 = 10\,000$。用不了多久，你就会发现简单的计算方法，比如 $10^4 \times 10^3$，只要写下

$$
\begin{aligned}
10\,000 \times 1000 &= (10 \times 10 \times 10 \times 10) \times (10 \times 10 \times 10) \\
&= 10 \times 10 \times 10 \times 10 \times 10 \times 10 \times 10 = 10\,000\,000
\end{aligned}
$$

答案中 0 的个数是 7，也就是 $4+3$。计算的第一步就告诉你为什么它是 $4+3$：我们把 4 个 10 和 3 个 10 摆在一起。简而言之，

$$10^4 \times 10^3 = 10^{4+3} = 10^7$$

同样的道理，不管 x 的值是多少，如果我们用它的 a 次方乘以它的 b 次方，其中 a 和 b 是整数，那么就会得到 $(a+b)$ 次方：

$$x^a\, x^b = x^{a+b}$$

这个公式看起来似乎平淡无奇，但左边是将两个数量相乘，而右边的主要步骤是把 a 和 b 相加，这更简单。

假设你想要算乘法，比如 2.67 乘以 3.51。通过列竖式得到 9.3717，保留小数点后两位是 9.37。如果你想试一下上面的公式怎么办？诀窍在于选择 x。如果我们将 x 设为 1.001，那么运用一些算术就可得到

$$(1.001)^{983} \approx 2.67$$

$$(1.001)^{1256} \approx 3.51$$

精确到小数点后两位。然后公式告诉我们 2.67×3.51 是

$$(1.001)^{983+1256} = (1.001)^{2239}$$

保留小数点后两位，结果是 9.37。

计算的核心是一个简单的加法：$983 + 1256 = 2239$。但是，如果你试图验算的话，很快就会发现，我把问题变得更难，而不是更简单了。要计算 $(1.001)^{983}$，你必须把 1.001 乘以它自己 983 次。而要找到 983 这个合适的指数，你要做的工作就更多了。乍一看，这似乎是一个非常无用的想法。

纳皮尔很有见地的一点，就是他认为这种反对是错误的。但为了克服它，必须要有一些吃苦耐劳的人事先把 1.001 的许多幂计算好了，从 $(1.001)^2$ 开始，一直到 $(1.001)^{10\,000}$ 之类的。然后他们就可以发表包含所有这些幂的表格。大部分工作到此就已经完成了。你只需要用手点着指数挨个往下找，直到你看到 983 旁边的 2.67；你同样可以找到 1256 旁边的 3.51。然后你把这两个数字加起来，得到 2239。表中对应的一行告诉你 1.001 的这个幂是 9.37。大功告成。

要得到真正精确的结果，就需要更接近 1 的数，例如 1.000 001。这会让表成倍增长，包含一百万左右个幂。计算这张表是一项巨大的工程。但它只需做一次。如果一些有自我牺牲精神的恩人先把工作做完了，后人就可省去大量的计算。

对于这个例子而言，我们可以说指数 983 和 1256 分别是我们要相乘的数字 2.67 和 3.51 的对数（logarithm）。同样，2239 是乘积 9.38 的对

数。如果用缩写“log”来表示对数，我们所做的就相当于方程

$$\log ab = \log a + \log b$$

这对于任何数字 a 和 b 都成立。我们任意选择的1.001称为*底数*。如果使用不同的底数，我们计算的对数也不同，但对于任意固定的底数，一切都以相同的方式工作。

这是纳皮尔本该做的事情。但出于无法确知的原因，他的方法略有不同。布里格斯以新鲜的视角来看待这项技术，发现了两种方法来改进纳皮尔的想法。

当纳皮尔在16世纪末开始思考数的幂时，将乘法化为加法的想法已经在数学家中流传。丹麦人使用一个相当复杂的方法，它基于三角函数公式，称为“积化和差”。[3] 纳皮尔受到了启发，并且他足够聪明，意识到固定数字的幂可以更简单地完成同样的工作。他所需要的表格还不存在——但这很容易补救。某些有公益精神的人必须完成这项工作。纳皮尔主动投身于这项任务，但他犯了一个战略性错误。他没有使用略大于1的底数，而是使用了略小于1的底数。因此，幂数列开始的数大，后面的数却越变越小。这使计算更加费劲了些。

布里格斯发现了这个问题，并找到了应对的方式：使用略大于1的底数。他还发现并解决了一个更微妙的问题。如果将纳皮尔的方法改为使用类似于

1.000 000 000 1

的幂，那么比如 12.3456 和 1.234 56 的对数之间就没有一目了然的关系。所以这张表什么时候能够列完并不完全清楚。问题的根源是 log 10 的值，因为

$$\log 10x = \log 10 + \log x$$

不幸的是，log 10 看起来一团糟：底数为 1.000 000 000 1 时，10 的对数为 23 025 850 929。布里格斯认为，选择一个底数让 $\log 10 = 1$ 会更好。那么 $\log 10x = 1 + \log x$，这样无论 log 1.234 56 是多少，你只需要加 1 就可以得到 log 12.3456。现在，对数表只需要从 1 到 10 就够了。如果出现更大的数字，只需加上适当的整数。

为了使 $\log 10 = 1$，你就要先照着纳皮尔的方法做一遍，使用 1.000 000 000 1 作为底数，然后每个对数都要除以那个诡异的数字 23 025 850 929。得到的表就由以 10 为底的对数组成，我把它记为 $\log_{10} x$。它们满足

$$\log_{10} xy = \log_{10} x + \log_{10} y$$

和以前一样，但同时

$$\log_{10} 10x = \log_{10} x + 1$$

没过两年，纳皮尔就去世了，于是布里格斯开始研究以 10 为底的对数。1617 年，他发表了《前一千个对数》（*Logarithmorum Chilias Prima*），包含从 1 到 1000 的整数的对数，精确到 14 位小数。在 1624 年，他又继而发表了《对数算术》（*Arithmetic Logarithmica*），这是一张以 10 为底数

的对数表，包含从 1 到 20 000，以及从 90 000 到 100 000 的数的对数，也达到了相同的精度。其他人迅速跟随布里格斯的脚步，填补了中间的大块空白，并编制了辅助表格，比如 $\log\sin x$ 这样的三角函数的对数。

启迪了对数的思想同样可以让我们定义正变量 x 的 a 次方 x^a，其中 a 不是正整数。我们只需要坚持这个定义必须满足方程 $x^a x^b = x^{a+b}$，然后遵循我们的直觉。为了避免令人讨厌的并发症，最好假设 x 为正，并定义 x^a 也为正。（对于 x 为负的情况，最好引入复数，见第 5 章。）

例如，x^0 是多少？记住 $x^1 = x$，公式表明 x^0 必须满足 $x^0 x = x^{0+1} = x$。那么等式两边除以 x，我们发现 $x^0 = 1$。那么 x^{-1} 呢？嗯，公式说 $x^{-1}x = x^{-1+1} = x^0 = 1$。两边除以 x，我们就得到 $x^{-1} = \frac{1}{x}$。类似地，$x^{-2} = \frac{1}{x^2}$，$x^{-3} = \frac{1}{x^3}$，依此类推。

当我们考虑 $x^{\frac{1}{2}}$ 时，事情就开始变得更有趣，还可能非常有用。它必须满足 $x^{\frac{1}{2}}x^{\frac{1}{2}} = x^{\frac{1}{2}+\frac{1}{2}} = x^1 = x$。所以 $x^{\frac{1}{2}}$ 乘以它自己就是 x。具有这个性质的唯一数字是 x 的平方根。所以 $x^{\frac{1}{2}} = \sqrt{x}$。同样 $x^{\frac{1}{3}} = \sqrt[3]{x}$——立方根。按照这种方式，我们可以为任何分数 $\frac{p}{q}$ 定义 $x^{\frac{p}{q}}$。然后，使用分数来逼近实数，我们可以为任何实数 a 定义 x^a。方程 $x^a x^b = x^{a+b}$ 依然成立。

同样可得 $\log\sqrt{x} = \frac{1}{2}\log x$，$\log\sqrt[3]{x} = \frac{1}{3}\log x$，因此我们可以使用对数表轻松计算平方根和立方根。例如，要找到一个数字的平方根，我们取它的对数，除以 2，然后查查它是哪个数字的对数。对于立方根，执行相同的操作，只是要除以 3。解决这些问题的传统方法既烦琐又复杂。你这就明白为什么纳皮尔在他的书的序言中拿平方根和立方根举例子了。

完整的对数表一经出现，就成为科学家、工程师、测绘员和导航员不可或缺的工具。它节省了时间，减少了工作量，也提高了答案正确的概率。早先，天文学是一个受益大户，因为天文学家日常需要进行冗长而困难的计算。法国数学家兼天文学家皮埃尔 · 西蒙 · 德 · 拉普拉斯（Pierre Simon de Laplace）说，对数的发明“将几个月的劳动减少到了几天，使天文学家的生命延长了一倍，并使他免于错误和厌恶”。随着制造业中对机械使用的增长，工程师也开始越来越多地运用数学——设计复杂的齿轮，分析桥梁和建筑物的稳定性，以及建造汽车、卡车、轮船和飞机。几十年前，对数是学校数学课程的重要组成部分。并且工程师们还会在口袋里携带一个可以随时取用的所谓“计算尺”，它实际上是一个模拟的对数计算器，也就是对数基本方程的实体表达，在从建筑到飞机设计的各种应用中都会经常用到。

第一把计算尺是由英国数学家威廉 · 奥特雷德（William Oughtred）于 1630 年设计的，用的是圆形的刻度。他在 1632 年修改了设计，把两把尺子拉直了。这就是第一把滑动计算尺。它的原理很简单：如果你把两根杆接起来，它们的长度就会相加。如果在杆上加上对数刻度，也就是把数字按照它们的对数间隔开来，那么相应的数字就会相乘。例如，把一根杆上的 1 与另一根杆上的 2 对齐。那么对于第一根杆上的任何数字 x，我们都会在第二根杆上找到 $2x$。所以 3 对应的就是 6，依此类推

（图 2.1）。如果数字更复杂，比如 2.67 和 3.51，就可以让 1 对齐 2.67，然后读出 3.51 对应的数字，即 9.37。一样简单。

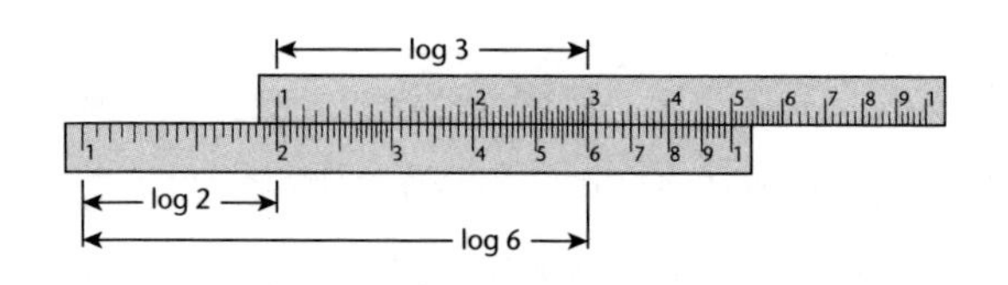

图 2.1　在计算尺上用 2 乘以 3

工程师们很快开发出了具有三角函数、平方根、用于计算幂的重对数（对数的对数）刻度等功能的复杂计算尺。最终，对数让位给了数字计算机，但即使是现在，对数仍然和它不可分割的伴侣——指数函数一起，在科学技术中扮演着极其重要的角色。对于底数为 10 的对数，指数函数就是 10^x；对于自然对数，指数函数就是 e^x，其中 $e \approx 2.71828$。无论是哪一对，这两个函数都互为逆运算。如果你取一个数字，取对数，然后再取指数，你就会得到最开始的数字。

既然有了计算机，为什么还需要对数?

2011 年，日本东海岸发生了 9.0 级地震，引发了巨大的海啸，摧毁了一个人口密集的地区，造成约 25 000 人死亡。在沿海地区有一座核电站——福岛第一核电站（区别于附近的第二座核电站）。它包括六个独立的核反应堆：其中三个在海啸袭击时正在运行；其他三个暂时停机，其燃料已被转移到位于反应堆外，但仍在反应堆建筑内的水池里。

海啸摧毁了工厂的防御，切断了电力供应。作为预防措施，三个运行中的反应堆（1、2、3 号）均被关闭，但仍需要冷却系统来防止堆芯熔毁。然而，海啸也破坏了应急发电机，而这些发电机原本是给冷却系统和其他关键的安全系统供电的。下一级备份是电池，电量很快耗尽了。冷却系统停机，几个反应堆中的核燃料开始过热。操作员临场应变，使用消防车将海水泵入三个运行的反应堆，但海水与燃料棒外的锆管反应产生了氢气。氢气的积聚导致 1 号反应堆建筑内部发生爆炸。2 号和 3 号反应堆很快就遭遇了同样的命运。4 号反应堆水池中的水流尽了，使核燃料暴露了出来。当操作员终于貌似控制了局面时，至少有一个反应堆安全壳破裂，辐射泄漏到了当地环境中。由于辐射远远高于正常安全限值，日本当局疏散了周围地区的 20 万人。六个月后，运营反应堆的东京电力公司表示，情况仍然严峻，在反应堆被认为完全受到控制之前还有大量工作要做，但声称泄漏已经停止。

我不想在这里分析核电的优缺点，但我想讲一讲对数如何回答一个至关重要的问题：如果你知道泄漏了多少放射性物质，并且知道是哪一种，那么它在环境中造成的危险会持续多长时间？

放射性元素会衰变；也就是说，它们通过核反应过程变成其他元素，与此同时发射出核子。正是这些粒子构成了辐射。放射性水平随着时间的推移而逐渐降低的方式，与热的物体冷却时的温度下降一样——都是指数下降。因此，在适当的单位下（在这里我就不讨论了），t 时刻的放射性水平 $N(t)$ 遵循方程

$$N(t) = N_0 e^{-kt}$$

其中 N_0 是初始水平，k 是常数，取决于涉及的元素。更准确地说，它取决于涉及的元素是哪种形式，或者说是哪种同位素。

衡量放射性持续时间的一个方便的标准是半衰期，这个概念是在1907年首次提出的。它指的是从初始水平 N_0 下降到该水平的一半所花费的时间。为了计算半衰期，我们要求解方程

$$\frac{1}{2}N_0 = N_0 e^{-kt}$$

两边取自然对数。结果是

$$t = \frac{\log 2}{k} = \frac{0.6931}{k}$$

我们可以把它求出来，因为 k 可从实验中得知。

半衰期是一个评估辐射持续时间的方便的手段。例如，假设半衰期为一周。那么，材料辐射的初始强度会在1周后减半，在2周后降至四分之一，在3周后降至八分之一，依此类推。它需要10周才能降到初始水平的千分之一（实际上是 $\frac{1}{1024}$），需要20周才能降至百万分之一。

在传统核反应堆的事故中，最重要的放射性产物是碘-131（碘的放射性同位素）和铯-137（铯的放射性同位素）。前者可导致甲状腺癌，因为甲状腺会富集碘。碘-131的半衰期仅为8天，因此如果有合适的药物，它几乎不会造成损害，并且除非持续泄漏，否则其危险性降低得相当快。标准治疗方法是给予碘片，这可以降低身体摄入放射性物质的量，但最有效的补救措施是停止饮用受污染的牛奶。

铯-137则非常不同，它的半衰期为30年。放射性水平下降到其初始值的百分之一需要大约200年，因此在很长一段时间内仍然存在危

险。反应堆事故中的主要实际问题是土壤和建筑物的污染。消除污染在某种程度上是可行的，但成本高昂。例如，土壤可以被移除、运走，并存放在安全的地方。但这会产生大量的低放射性废物。

放射性衰变只是纳皮尔和布里格斯的对数继续为科学和人类服务的众多领域之一。如果你翻阅后面的章节，会发现它们出现在热力学和信息论中。尽管对于它最初的目的——快速计算而言，高速计算机已经取代了它，但出于概念而非计算的原因，它仍然在科学中占有核心地位。

对数的另一个应用来自对人类知觉的研究：我们如何感知周围的世界？知觉心理物理学的先驱们对视觉、听觉和触觉进行了广泛的研究，并发现了一些有趣的数学规律。

在 19 世纪 40 年代，德国医生恩斯特 · 韦伯（Ernst Weber）进行了实验来确定人类知觉的灵敏程度。他把重物放在受试者手中，并问他们什么时候可以感觉出一件重物比另一件重，然后韦伯就可以得出可感知的最小重量差异。也许令人惊讶的是，对于给定的受试者，这个差异并非固定值。它取决于所比较的重物有多重。人们感觉到的最小差异并不是绝对的——比方说 50 克。他们感觉到的是相对的最小差异——比方说相比较的重量的 1%。也就是说，人类知觉能够检测到的最小差异，与刺激（即实际物理量）大小成比例。

在 19 世纪 50 年代，古斯塔夫 · 费希纳（Gustav Fechner）再次发现了同样的定律，并以数学方式加以表述。这让他得到了一个方程，他称之为韦伯定律，但现在它通常被称为费希纳定律（如果你力求纯正，可以称之为韦伯-费希纳定律）。它说感知的感觉与刺激的对数成正比。实验表明，这项定律不仅适用于重量感，也适用于视觉和听觉。如果看一盏灯，我们感知的亮度会随着实际能量输出的对数而变化。如果一个光源的亮度是另一个光源的亮度的十倍，那么我们感知的差异就是一个定值，无论两个光源到底有多亮。声音的响度也是如此：声响的能量差十倍，听起来更响的程度是固定的。

韦伯-费希纳定律并不完全准确，但它是一个很好的近似。进化几乎不得不产生类似对数尺度的东西，因为外部世界给我们的感官带来的刺激强度范围非常之大。一个声响可以小到是老鼠钻过树篱的声音，也可能是一声雷鸣——两者我们都要能够听到。但是声强的范围是如此巨大，以至于没有生物传感装置可以做出正比于声音能量的反应。如果一种耳朵能听到老鼠的声音，那雷声就要把它搞坏了。如果它调低声级来让雷声产生一个舒适的信号，那它就听不到老鼠的声音了。解决方案是将能量水平压缩到舒适的范围，而对数恰恰做到了这一点。感知比例（而不是绝对值）非常合理，也带来了好用的感官。

我们的标准声强单位——分贝，将韦伯-费希纳定律包含在了一个定义中。它衡量的不是绝对声强，而是相对声强。草丛中的老鼠产生的声音约为10分贝。相距一米的人之间正常交谈的声音约为40~60分贝。电动搅拌器向使用者发出的噪声约为60分贝。发动机和轮胎产生的汽车噪声为60~80分贝。一百米外的喷气式客机产生的噪声为110~140分贝，在三十米处上升到150分贝。呜呜祖拉（2010年足球世界杯期间常常听到的令人讨厌的像小号的塑料乐器，还被没想清楚的球迷带回家当作纪念品）在一米处可产生120分贝的噪声。一枚军用爆音弹可产生高达180分贝的噪声。

像这样的尺度应用广泛，因为它们有安全作用。可能导致听力受损的声强约为 120 分贝。请扔掉你的呜呜祖拉。

注释

1. John Napier, *Mirifici logarithmorum Canonis Descriptio... & Constructio...*, translated and annotated by Ian Bruce.
2. 引自约翰·马尔写给威廉·理立的一封信。
3. 积化和差基于弗朗索瓦·韦达发现的三角公式，即

$$\sin\frac{x+y}{2}\cos\frac{x-y}{2}=\frac{\sin x+\sin y}{2}$$

如果你有一张正弦表，利用这个公式就可以只使用加、减和除以 2 来计算任何乘积。

消失量之鬼

微积分

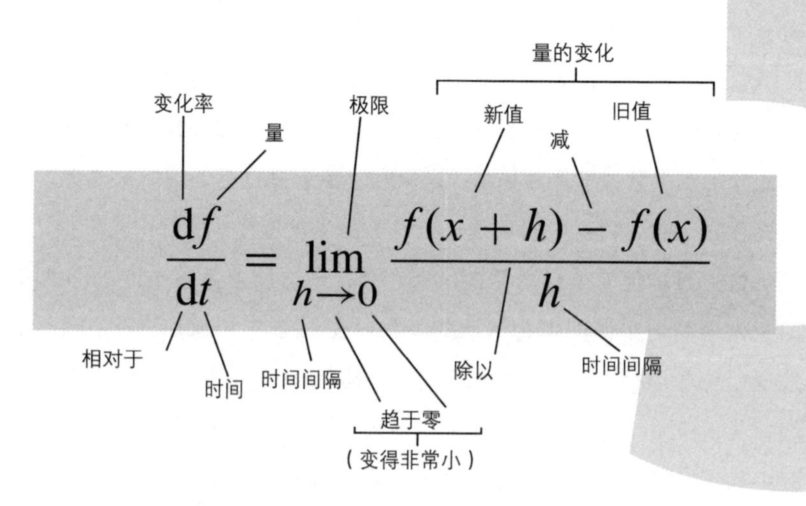

它告诉我们什么？

要求出一个随时间变化的量的瞬时变化率，可以计算这个量在一个短的时间间隔内如何变化，再除以间隔长度。然后让这个间隔变得任意小。

为什么重要？

它为微积分提供了严谨的基础，而微积分是科学家们为自然界建模的主要方式。

它带来了什么？

切线和面积的计算。立体体积和曲线长度公式。牛顿运动定律、微分方程。能量和动量守恒定律。数学物理的大部分内容。

在1665年时，英格兰国王是查理二世，首都伦敦是一个拥有五十万人口的大都市。艺术蓬勃发展，科学处于加速发展的早期阶段。皇家学会（也许是现存最古老的科学团体）在此五年前成立，查理二世已经授予它皇家宪章。富人住在富丽堂皇的房子里，商业蓬勃发展，但是穷人挤在狭窄的街道里，摇摇欲坠的建筑遮天蔽日，这些建筑楼层越高就越往外突出。卫生条件很糟糕，老鼠和害虫到处都是。到1666年底，伦敦五分之一的人口死于腺鼠疫——先是由老鼠传播，然后由人传播。这是英格兰首都历史上最严重的灾难，同样的悲剧遍及整个欧洲和北非。国王匆匆前往牛津郡更为清洁的乡村，在1666年初返回。没有人知道造成瘟疫的原因，市政当局尝试了一切办法——不断烧火来清洁空气，烧掉任何散发出强烈气味的东西，将死者迅速埋在坑里。他们杀死了许多狗和猫，但讽刺的是，这两种被消灭的动物恰恰会控制老鼠的数量。

在这两年中，剑桥大学三一学院的一位默默无闻而谦逊的大学生完成了他的学业。为了躲避瘟疫，他回到了他出生时的房子，他的母亲在那里管理着一个农场。父亲在他出生前不久去世了，他由外婆抚养成人。也许是受到了安详宁静的乡村的启发，或是没有什么事可以打发时光，这位年轻人想到了科学和数学。后来他写道："那些日子是我一生中发明创造的顶峰，思考的数学和（自然）哲学比之后任何时候都要多。"他的研究使他理解了平方反比引力定律的重要性，这个定律的思想至少已经存在了50年，却没有什么成果。他找到了一种用微积分解决问题的实用方法，而微积分是又一个有所流传却没有任何一般性表达的概念。他还发现了白色的阳光由许多不同的颜色组成——彩虹的所有颜色。

当瘟疫最终平息时，他没有把自己所做的事情告诉任何人。他回到剑桥大学，取得了硕士学位，并成为三一学院院士。当选卢卡斯数学讲席教授后，他终于开始发表他的想法并发展新的想法。

这位年轻人就是艾萨克·牛顿。他的发现创造了一场科学革命，带来了查理二世绝对无法想见的世界：超过一百层楼的建筑；沿着M6高速公路以每小时80英里①行驶的无马车，里面的驾驶员用一种奇怪的玻璃状材料制成的魔盘收听音乐；比空气重的飞行机器在六小时内跨越大西洋；会动的彩色图片；还有随身携带的可以与世界另一端交谈的盒子……

在此之前，伽利略、开普勒等人已经翻开了大自然这张地毯的一角，看到隐藏在下面的一些奇迹。此时，牛顿把地毯抛到了一边。他不仅揭示了宇宙具有神秘的模式——自然规律，还提供了数学工具来准确地表达这些定律并推断其结果。世界的体系是数学的，上帝创造的核心是一个没有灵魂、如时钟般精确的宇宙。

人类的世界观并没有突然从宗教转向世俗。它至今仍然没有完全转变，也许永远不会转变。但是，在牛顿发表他的《自然哲学的数学原理》（*Philosophiæ Naturalis Principia Mathematica*）之后，这本书的副标题"世界之体系"不再为有组织的宗教所专有。即便如此，牛顿并不是第一位现代科学家；他也有神秘主义的一面，他将多年的生命奉献给了炼金术和宗教思想。经济学家，同时也是牛顿学者的约翰·梅纳德·凯恩斯（John Maynard Keynes）在一份讲义[1]中写道：

① 1英里 ≈ 1.609千米。——译者注

> 牛顿并不是理性时代的第一人。他是最后一位巫师，也是最后一位古巴比伦人和苏美尔人，是最后一位以与不到一万年前开始建立我们的知识传承的人同样的眼光看待实体和思想世界的伟大思想家。艾萨克·牛顿，在1642年圣诞节那天出生时就没有父亲的遗腹子，是麦琪①应当真诚而恰当地致敬的最后一个奇迹。

今天，我们大多会忽略牛顿神秘主义的一面，而是纪念他的科学和数学成就。其中最辉煌的成就，是他认识到自然遵守数学定律，以及他发明的微积分——我们现在表达这些定律并推导结果的主要手段。德国数学家兼哲学家戈特弗里德·威廉·莱布尼茨（Gottfried Wilhelm Leibniz）也在差不多的时间基本上独立发明了微积分，但并没有就此做多少工作。牛顿使用微积分来理解宇宙，尽管他把它隐藏在发表的作品中，并用经典的几何语言重新表述。他是一个承上启下的人物——将人类带离神秘主义的中世纪观点，引向现代理性的世界观。在牛顿之后，科学家们清晰地认识到，宇宙具有深刻的数学模式，并且拥有了强大的技巧来利用这种认识。

微积分并不是“凭空出现”的。它来自纯数学和应用数学的问题，它的前身可以追溯到阿基米德。牛顿自己也有一句名言：“如果说我看得比别人更远些，那是因为我站在巨人的肩膀上。”[2]这些巨人中最重要

① 麦琪（Magi），又称“东方三贤士”，据《圣经·马太福音》中记载，带礼物来朝拜耶稣圣婴。——译者注

的要数约翰·沃利斯（John Wallis）、皮埃尔·德·费马（Pierre de Fermat）、伽利略和开普勒。沃利斯在其1656年的《无穷的算术》（*Arithmetica Infinitorum*）一书中发明了微积分的前身。费马1679年的《论曲线的切线》（*De Tangentibus Linearum Curvarum*）提出了一种求曲线切线的方法，这是一个与微积分密切相关的问题。开普勒提出了行星运动的三大定律，牛顿由此得出了万有引力定律，这是下一章的主题。伽利略在天文学方面取得了巨大的进展，但他也研究了地面上大自然中的数学，并于1590年在《运动论》（*De Motu*）一书中发表了他的发现。他研究了自由落体如何运动，发现了一个优雅的数学模式。牛顿将这个线索发展为三个普适的运动定律。

要了解伽利略的模式，我们需要两个来自力学的日常概念：速度和加速度。速度是指物体运动得有多快，以及运动的方向。如果忽略方向，我们就会得到物体的速率。加速度是速度的变化，通常涉及速率的变化（例外是速率保持不变但方向发生变化）。在日常生活中，我们使用加速来表示速率提升，减速表示速率下降，但在力学中，两种变化都是加速度：第一个是正值，第二个是负值。当我们沿着道路行驶时，车的速率会显示在车速表上——比如可能是50英里/小时，方向是汽车指向的方向。当我们踩下油门时，汽车会加速，速率上升；而踩下刹车时，汽车减速——这是负加速度。

如果汽车以恒定速率行驶，速率很容易计算。从缩写mph就能看出来：英里每小时。如果汽车在1小时内行驶50英里，我们将距离除以时间，就得到了速率。我们也不需要开车1小时：如果汽车在6分钟内行驶5英里，相当于距离和时间都除以10，它们的比例仍然是50英里/小

时。简而言之，

速率 = 行驶距离除以所用时间

同样道理，恒定的加速度可以这样计算：

加速度 = 速度变化除以所用时间

这一切看起来都很清楚、明白，但是当速度或加速度不固定时，就会出现概念上的困难。而且二者无法同时恒定，因为恒定（且非零）的加速度意味着变化的速度。假设你沿着乡间小路行驶，直道加速，弯道减速。你的速度在不断变化，加速度也是如此。我们怎样才能在任何特定时刻算出它们呢？实用主义的回答是取一小段时间，比如一秒。然后你的瞬时速度（比如在上午11点30分）是你从那一刻到一秒之后行驶的距离，除以一秒。瞬时加速度也是如此。

只是……那并不是你的瞬时速度。它实际上是一个一秒的间隔内的平均速度。在某些情况下，一秒是一段巨大的时长——奏出标准音A的吉他弦每秒振动440次；如果对它在整整一秒内的运动取平均值，你会认为它静止不动。答案是要考虑更短的时间间隔——也许是万分之一秒。但这仍然无法捕捉瞬时速度。可见光每秒振动一千万亿（10^{15}）次，因此要取的时间间隔就得小于一千万亿分之一秒。即便如此……好吧，虽然这么说有点儿迂腐，但那仍然不是一瞬间。按照这种思路，似乎有必要使用一种比任何其他时间间隔都要短的间隔。但唯一满足这一条件的数字是0，但这行不通，因为行进的距离也是0，而0/0是没有意义的。

先驱们忽略了这些问题，并采取了务实的观点。一旦测量中可能产生的误差超过了你在理论上通过缩短时间间隔提升的精度，那缩短间隔就没有意义了。伽利略时代的钟表非常不准确，所以他通过自己哼唱来测量时间——训练有素的音乐家可以将音符细分为非常短的间隔。即便如此，对自由落体计时还是很难办，因此伽利略通过在斜坡上滚球来减慢运动速度。然后，他以连续的时间间隔观察球的位置。他发现（我简化数字来让规律更为清晰，但规律还是一样的），在时刻0、1、2、3、4、5、6……的位置是

$$0 \quad 1 \quad 4 \quad 9 \quad 16 \quad 25 \quad 36 \quad \cdots$$

距离与时间的平方成正比。那速度呢？在连续的时间间隔内取平均，它们就是相邻的平方数之间的差

$$1 \quad 3 \quad 5 \quad 7 \quad 9 \quad 11 \quad \cdots$$

除第一个间隔外，在每个间隔中，平均速度都增加了2个单位。这是一个十分惊人的规律——如果考虑伽利略用了许多不同质量的球，在倾斜角度不同的斜坡上实验了几十次，都得到了非常相似的结果，那就更加惊人了。

从这些实验和观察到的规律中，伽利略推断出了一些非常美妙的东西。自由落体，或者被抛掷到空中的物体（如炮弹）所经过的轨迹是一条抛物线。这是古希腊人所知的U形曲线。（这里的U是倒过来的，我忽略了空气阻力，它会改变形状——但对伽利略的滚球没有太大影响。）

开普勒在他对行星轨道的分析中遇到了一条相关的曲线，即椭圆：这在牛顿眼中肯定也是一个重要的结果，但这个故事要等到下一章再讲。

只靠这一系列特定实验的话，我们还不清楚伽利略找到的规律背后有什么样的一般性原理。牛顿意识到规律来自变化率。速度是位置随时间的变化率，加速度是速度随时间的变化率。在伽利略的观察中，位置随时间的平方变化，速度呈线性变化，而加速度则根本不变。牛顿意识到，为了更深刻地理解伽利略的规律，以及它们对我们的自然观意味着什么，他必须要对付瞬时变化率了。当他这样做时，微积分就跃然而出了。

你可能会觉得，一个像微积分这样重要的思想，宣布的时候应该有锣鼓喧天、号角齐鸣的盛大游行才对。然而，理解、欣赏新思想的重要性需要时间，微积分也不例外。牛顿在这一方面的工作可以追溯到 1671 年或更早，当时他写了《流数法和无穷级数方法》（*The Method of Fluxions and Infinite Series*）。我们对具体的日期拿不太准，因为这本书直到他去世差不多十年后的 1736 年才出版。牛顿的其他几篇手稿也提到了我们现在所知的微分和积分的思想，这是微积分的两个主要的分支。莱布尼茨的笔记本显示，他在 1675 年取得了他在微积分方面的第一个重要成果，但他直到 1684 年才发表了关于该主题的内容。

牛顿在科学上崭露头角之后——这时距离两人解决微积分的基础已经很久了——牛顿的一些朋友引发了一个关于谁先谁后的争议。这个争议指责莱布尼茨抄袭了牛顿未发表的手稿，基本上毫无意义，却十分激烈。来自欧洲大陆的一些数学家则反过来指控牛顿抄袭。在一个世纪里，英国数学家和欧洲大陆数学家几乎谁也不理谁，这对英国数学家造成了巨大的伤害，但对欧洲大陆数学家来说却没有任何影响。他们将微积分发展成数学物理的核心工具，而他们的英国同行则忙着为针对牛顿的侮辱生闷气，而不是运用牛顿的见解。这个故事非常纠结，科学史学家们对此仍有学术争论，但大致来说，牛顿和莱布尼茨似乎独立地发现了微积分的基本思想——至少在他们共同的数学和科学文化所允许的范围内是独立的。

莱布尼茨所用的符号与牛顿的不同，但本质思想多少是一回事。然而，它们背后的直觉是不同的。莱布尼茨的方法是形式化的，靠的是摆弄代数符号。牛顿的脑海中有一个物理模型，他考虑的函数是随时间变化的物理量。这就是他诡异的“流数”（fluxion）一词的由来——随着时间流逝而流动的东西。

牛顿的方法可以用一个例子来说明：数量 y 是另一个数量 x 的平方 x^2。（这是伽利略从滚球中发现的规律：它的位置与经过的时间的平方成正比。因此 y 就是位置，x 是时间。时间通常用符号 t 表示，但是平面中的标准坐标系使用 x 和 y。）首先引入一个新的数量 o，表示 x 的微小变化。y 的相应变化就是

$$(x+o)^2 - x^2$$

这可简化为 $2xo + o^2$。因此变化率（在 x 增加至 $x+o$ 时，在微小长度间隔 o 上取平均）是

$$\frac{2xo + o^2}{o} = 2x + o$$

这取决于 o，也只能是这样，因为我们取的是一个非零间隔内的平均变化率。然而，如果 o 越来越小，“流向”零，则变化率 $2x+o$ 越来越接近 $2x$。这就不依赖于 o，而是给出了 x 处的瞬时变化率。

莱布尼茨基本上做了相同的计算，用 $\mathrm{d}x$（“x 的小变化”）来代替 o，并定义了 $\mathrm{d}y$ 来表示 y 中相应的微小变化。当变量 y 取决于另一个变量 x 时，y 相对于 x 的变化率被称为 y 的导数。牛顿表示 y 的导数的方法是在它上面加了一个点 $\dot{y}$。莱布尼茨的写法是 $\frac{\mathrm{d}y}{\mathrm{d}x}$。对于更高阶的导数，牛顿使用了更多的点，而莱布尼茨的写法则是类似于 $\frac{\mathrm{d}^2y}{\mathrm{d}x^2}$。今天我们说 y 是 x 的函数，写作 $y=f(x)$，但这个概念在当时还只是原始的形式。我们要么使用莱布尼茨的记法，要么使用牛顿的记法的一种变体，其中用撇来代替点（这比较容易印刷）：y'、y''。我们还会写 $f'(x)$ 和 $f''(x)$ 来强调导数本身也是函数。计算导数的运算称为微分。

人们发现积分（求面积）是微分（求斜率）的逆运算。为了解释原因，想象一下在图 3.1 的阴影区域的一端加上一个窄条。这个窄条非常接近宽为 h、高为 y 的细长矩形。因此，它的面积非常接近 hy。面积相对于 x 的变化率是比例 $\frac{hy}{h}$，也就是 y。因此面积的导数就是原函数。牛顿和莱布尼茨都了解计算面积的方法，也就是所谓“积分”的运算，在这个意义上是微分的反转。莱布尼茨先是使用符号 omn.（拉丁语中“和”omnia 的缩写），后来换成了 $\int$，一个老式的长 s，也代表“和”。牛顿没有系统化的积分符号。

然而，牛顿确实取得了一个重要进展。瓦利斯计算了所有幂函数 x^a 的导数：ax^{a-1}。所以比如 x^3、x^4、x^5 的导数分别是 $3x^2$、$4x^3$、$5x^4$。他已将结果推广到任何多项式——有限幂函数的组合，例如

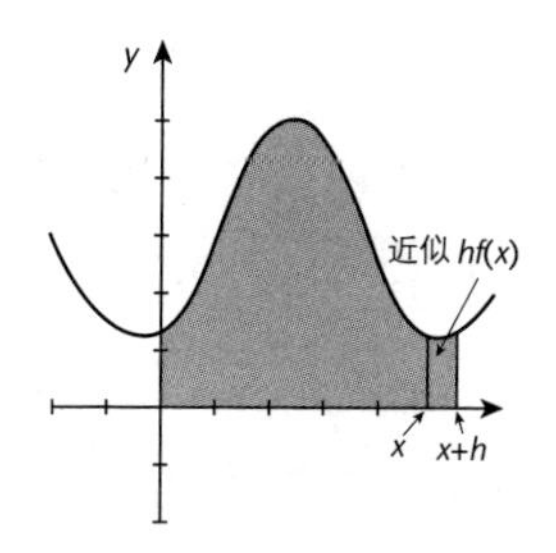

图 3.1　为曲线 $y = f(x)$ 下方的区域添加一个窄条

$3x^7 - 25x^4 + x^2 - 3$。诀窍是分别考虑每个幂函数，求出相应的导数，并以相同的方式组合起来。牛顿注意到，同样的方法适用于无穷级数，也就是包含变量的无限多个幂函数的表达式。这让他可以在许多其他比多项式更复杂的表达式上做微积分运算。

鉴于两种版本的微积分之间存在密切的对应关系，主要区别在于记法不同（这并不重要），很容易想见这个谁先谁后的争议是怎么产生的。然而，其基础思想是对基本问题相当直接的表述，因此尽管有相似之处，牛顿和莱布尼茨独立地得出自己的版本也是很容易理解的。不管怎么说，费马和沃利斯得出的很多结果比他们都早。这个争议毫无意义。

更有成效的争论是针对微积分的逻辑结构，或者更确切地说，是微积分不合逻辑的结构。一位主要的批评者是英裔爱尔兰哲学家乔治 · 贝克莱（George Berkeley），他是克洛因镇的主教。贝克莱有一个宗教目的；他觉得从牛顿的工作中发展出来的唯物主义世界观，代表着上帝是一个超然的创造者，一旦创造出来的东西开始运转，他就撒手不管了，这可不像是基督教信仰中那个亲力亲为、无所不在的上帝。于是他攻击了微积分基础中的逻辑不一致，可能是希望让由此产生的科学名誉扫地。他的攻击对数学物理的进展没有明显的影响，原因很简单：使用微积分得到的结果对自然有如此深刻的洞察力，并且与实验结果如此一致，以至于逻辑基础似乎都不重要了。直至今日，物理学家仍然持这种观点：如果它管用，谁会关心逻辑上的吹毛求疵呢?

贝克莱认为，如果你在大部分运算中认为一个小量（牛顿的 o，莱布尼茨的 dx）是非零的，再把它设成零——然而先前已经让分子、分母同时除以这个量——那这在逻辑上说不通。除以 0 的运算在算术中是不可接受的，因为它没有明确的含义。例如，$0\times1=0\times2$，因为两者都是 0，但如果我们将该等式的两边同时除以 0，就会得到 $1=2$，而这是不成立的。[3] 贝克莱在 1734 年的一本小册子《分析学家；致一位不信神数学家的论文》中发表了他的批判。

事实上，牛顿试图通过类比物理来厘清逻辑。他认为 o 不是一个固定的数量，而是随着时间流逝而*流动*的东西——越来越接近零，却永远不会到达。导数也被用一个流动的量来定义：y 的变化与 x 的变化之比。这个比例也流向某种东西，但永远不会到达；这个东西就是瞬时变化率，即 y 对 x 的导数。贝克莱认为这个想法是“消失量之鬼”。

还有一个人不屈不挠地批判莱布尼茨：几何学家伯纳德·尼欧文蒂（Bernard Nieuwentijt）。他在 1694 年和 1695 年公开发表了他的批评。莱布尼茨没有试图用“无穷小”来解释他的方法——这个术语容易被误解。然而，他确实解释了，他所说的这个术语的意思不是一个可以任意小的固定的非零数量（这在逻辑上说不通），而是一个可变的非零数量，它可以变得任意小。牛顿和莱布尼茨的辩词基本是一样的。对于他们的反对方来说，这听起来肯定都是文字花招。

幸运的是，当时的物理学家和数学家并没有等到把微积分的逻辑基础搞清楚，再去应用到科学前沿上。他们有另一种方法可以确保做出明智的决定：与观察和实验进行比较。牛顿本人发明微积分恰恰就是为了这个目的。他推导出了物体被施力时如何运动的定律，并将它们与针对引力的定律相结合，解开了关于太阳系行星和其他天体的许多谜团。他的万有引力定律在物理学和天文学中是如此关键，它应该，也确实得到了自己的专门一章（下一章）。他的运动定律——严格来说是由三个定律组成的体系，其中一个定律包含了大部分数学内容——相当直接地引出了微积分。

讽刺的是，当牛顿在他的《自然哲学的数学原理》一书中发表这些定律及其科学应用时，他抹去了所有微积分的痕迹，代之以经典的几何论证。他可能认为几何对于他的目标读者来说更容易接受——如果他真是这么想的，那他几乎肯定是对的。然而，他的许多几何证明要么是受微积分启发，要么是依赖微积分技巧来找到正确答案，再靠这些答案来完成几何证明。在现代人看来，这在《自然哲学的数学原理》第二卷中对所谓的“生成数量”的处理中再明显不过了。这些数量通过“连续运动或流量（也就是他未发表的书中的‘流数’）”增加或减少。今天我们称它们为连续（实际上是可微）函数。牛顿没有显式地使用微积分运算，而是代之以“初始和最终比”的几何方法。他的开篇引理（给被反复使用，但本身并不值得关注的辅助数学结果起的名字）露了馅儿，因为它这样定义了这些流动量的相等：

> 数量和数量之比，若在任何有限的时间内连续向相等收敛，并且在该时间结束时彼此接近的程度小于任意给定的差异，则最终是相等的。

在《永不停息》（*Never at Rest*）一书中，牛顿的传记作者理查德·韦斯特福尔（Richard Westfall）解释了这个引理是多么激进和新颖：“无论从语言还是从概念上……都是彻底现代的，古典几何学中没有这样的东西。”[4] 与牛顿同时代的人肯定很难搞懂牛顿到底想干什么。贝克莱大概从没搞清楚，因为——正如我们将要看到的那样——牛顿的基本思想可以驳倒他的反对意见。

所以说，微积分在《自然哲学的数学原理》中扮演着重要的幕后角色，却没有出现在台前。然而，微积分一旦走出幕后，牛顿思想的继承者们就很快逆向推演出了他的思维过程。他们用微积分语言重新描述了牛顿的主要观点——因为这提供了一个更自然、更强大的框架，然后出发去征服科学世界。

在牛顿运动定律中已经可以看到这条线索。促使牛顿得出这些定律的是一个哲学问题：导致物体运动或改变其运动状态的原因是什么？经典的答案是亚里士多德给出的：物体运动是因为对其施加了力，而这会影响它的速度。亚里士多德还指出，为了让物体保持运动，必须持续向其施加力量。你可以在桌子上放一本书或类似的物体来检验亚里士多德的说法。如果你推这本书，它就会开始运动；如果你继续以相同的力推动它，它会以大致恒定的速度继续在桌子上滑动。如果你不推了，书就会停止运动。所以亚里士多德的观点似乎与实验一致。然而，这种一致是肤浅的，因为推力并不是影响书的唯一力量。桌子表面还有摩擦力。当书在稳定的力的推动下稳定地滑过桌面时，摩擦阻力与施加的推力相抵消，作用在物体上的力的总和实际上是零。

遵循着伽利略和笛卡儿的早期想法，牛顿意识到了这一点。由此产生的运动理论与亚里士多德的理论截然不同。牛顿的三个定律如下。

> **第一运动定律**。任何物体都会继续其静止或匀速直线运动状态，除非施加于其上的力迫使它改变这种状态。
>
> **第二运动定律**。运动的变化与施加的力成正比，且运动变化的方向就是施力的方向。（比例常数是物体质量的倒数，即1除以该质量。）
>
> **第三运动定律**。任何作用力都对应着一个反向且相等的反作用力。

第一运动定律明确地反驳了亚里士多德。第三运动定律说，如果你推一件东西，它会反推回来。第二运动定律正是微积分的来源。所谓"运动的变化"，牛顿指的是物体速度变化的速率：加速度。这是速度对时间的导数、位置对时间的二阶导数。所以牛顿的第二运动定律以微分方程的形式指出了物体位置和作用于它的力之间的关系：

$$\text{位置的二阶导数} = \frac{\text{力}}{\text{质量}}$$

为了求出位置本身，我们必须解这个方程，从二阶导数推导出位置。

用这一思路就可以简单地解释伽利略对于滚球的观察。关键的一点是，球的加速度是恒定的。我之前就说过这一点，当时是对离散的时间间隔做了粗略的计算；现在允许时间连续变化，我们就可以好好计算一下了。比例常数与重力和斜面的角度相关，但这里我们不需要那么多细节。假设恒定的加速度为 a。对相应的函数积分，在 t 时刻滑下斜面的速度是 $at+b$，其中 b 是零时刻的速度。再次积分，球在斜面上的位置是 $\frac{1}{2}at^2+bt+c$，其中 c 是零时刻的位置。在 $a=2$，$b=0$，$c=0$ 的特殊情况下，得到的一系列位置的数值符合我的简化示例：在 t 时刻，位置的数值是 t^2。类似的分析也可得出伽利略的重大结果：抛出的物体的运动轨迹是抛物线。

牛顿的运动定律不仅仅提供了一种计算物体运动方式的方法。它们引出了深刻的一般性物理原理。其中最重要的是"守恒定律"：它告诉我们，当一个物体系统运动时，无论它多么复杂，该系统的某些特征不会改变。无论运动多么纷杂混乱，总有几个量岿然不动。三个这样的守恒量是能量、动量和角动量。

能量可以定义做功的能力。当一个物体抵抗（恒定的）重力，被提升到一定的高度时，将它举到这个高度所做的功，与物体的质量、重力和高度成正比。相反，如果我们松开物体，它可以做同样多的功，再落回到原始高度。这种能量称为势能。

单看势能并不算非常有意思，但从牛顿第二运动定律可以得出一个美妙的数学结果，引出第二种能量：动能。当物体运动时，它的势能和动能都会发生变化。但是，一种能量的变化刚好弥补了另一种能量的变化：随着物体在重力作用下下降，它会加速。牛顿运动定律让我们能够计算其速度如何随高度变化。结果发现，势能的减少量恰好等于质量乘以速度平方的一半。如果我们给这个数量起个名字——动能，则总能量（即势能加动能）是守恒的。牛顿定律的这个数学结果证明了永动机是不可能实现的：如果没有外部能量输入，那么没有机械装置可以永远运行下去并做功。

在物理上，势能和动能似乎是两个不同的东西；但在数学上，两者可以互换，就好像运动以某种方式将势能转化为动能一样。“能量”这个术语同时适用于两者，是一种好用的抽象。它的定义经过精心设计以保证守恒。作为类比，一个旅行者可以把英镑兑换成美元。货币兑换处有汇率表，比如说1英镑与1.4693美元价值相等。兑换处还扣下了一笔钱留给自己——算上银行手续费等技术细节后，交易中涉及的总货币价值应该是平衡的：扣除各种费用后，旅行者获得的金额恰好等于与其原始英镑金额相当的美元。然而，纸币中并没有这样一个实体的东西，从英镑钞票中变出来，再变进美元钞票和硬币中。交换的是这些特定物体中人为约定的货币价值。

能量是另一种类型的“物理”量。从牛顿的观点来看，位置、时间、速度、加速度和质量等量都有直接的物理解释。你可以用尺子来测量位置，用时钟计算时间，同时使用这两种工具来测量速度和加速度，使用天平测量质量。但是你并不能使用能量表来测量能量。确实，某些特定类型的能量可以测量。势能与高度成正比，因此如果你知道重量，有一把尺子就足够了。动能是质量乘以速度平方的一半，因此可以使用天平和速度计来测量。但是，能量作为一个概念，与其说是一个实际的东西，不如说是一个方便的虚构，可以帮我们轧平力学的账目。

第二个守恒量——动量是一个简单的概念：质量乘以速度。当有多个物体时，它就有用武之地了。一个重要的例子是火箭：在这里，一个物体是火箭，另一个物体是它的燃料。当燃料被发动机喷出时，动量守恒意味着火箭必须向相反的方向运动。火箭在真空中就是这样工作的。

角动量也与此类似，但它讨论的是旋转而不是速度。它是火箭的核心，实际上也是整个力学的核心，无论是地面力学还是天体力学。关于月球的最大谜团之一就是其巨大的角动量。目前的理论是，大约45亿年前，有一颗火星大小的行星撞击地球，月球是飞溅出去的。这就解释了角动量，这个观点直到最近都得到了普遍接受，但现在看来，月球岩石中的水似乎太多了。这样的冲击应该会把大量的水烧干。[5] 无论最终的结果是什么，角动量在这里都是至关重要的。

微积分确实有效。它解决了物理和几何中的问题，得到了正确的答案。它甚至可以带来新的、基本的物理概念，如能量和动量。但这并没有回答贝克莱主教的异议。微积分必须在数学上成立，而不仅仅是符合物理。牛顿和莱布尼茨都明白，o 或 $\mathrm{d}x$ 不能既是零又不是零。牛顿厌倦了使用流数的物理图像来逃避逻辑陷阱。莱布尼茨谈到了无穷小量。二人都提到接近零却永远不会达到零的量——但这东西到底是什么？具有讽刺意味的是，贝克莱对于“消失量之鬼”的奚落让他差点就解决了这个问题，但他没有考虑到——这些量是如何消失的——而这正是牛顿和莱布尼茨所强调的。如果能让它们以正确的方式消失，就可以得到一个形式完美的“鬼魂”。如果当初牛顿或莱布尼茨把他们的直觉用严谨的数学语言表达了出来，那么贝克莱可能已经领会了他们的意思。

中心问题是一个牛顿未能明确回答的问题，因为它似乎显而易见。回想一下，在 $y = x^2$ 的例子中，牛顿得到的导数是 $2x + o$，然后断言称当 o 流向零时，$2x + o$ 流向 $2x$。这似乎显而易见，但我们不能令 $o = 0$ 来证明它。确实，我们通过这样做得到了正确的结果，但这其实是一个干扰。[6] 在《自然哲学的数学原理》中，牛顿对这个问题避而不谈，用他的“最初比”来代替 $2x + o$，用“最终比”来代替 $2x$。但取得进展的真正关键在于正面解决这个问题。我们如何知道，o 越接近零，$2x$ 就越接近 $2x + o$？这似乎是一个相当书呆子的问题，但如果我举一个更复杂的例子，正确答案可能看起来就不那么有道理了。

当数学家回到微积分的逻辑时，他们意识到，这个乍看上去十分简单的问题恰恰是问题的核心。当我们说 o 接近零时，我们的意思是，给定任何非零正数，都可以选择一个小于该数的 o。（这很显然，比如让 o 为该数字的一半。）类似地，当我们说 $2x + o$ 接近 $2x$ 时，我们的意思是，这个差值在前面所说的这个意义上接近零。由于在这个例子里，这个差值恰好是 o 本身，那就更明显了：无论“接近零”是什么意思，显然当 o 接近零时，o 接近零。比平方更复杂的函数则需要更复杂的分析。

这个关键问题的答案，是用正式的数学语言来陈述这个过程，而完全避免“流动”的想法。这一突破是通过波希米亚数学家和神学家伯纳德·博尔扎诺（Bernard Bolzano）以及德国数学家卡尔·魏尔施特拉斯（Karl Weierstrass）的工作实现的。博尔扎诺的工作可以追溯到 1816 年，但直到 1870 年左右，当魏尔施特拉斯将这一表述拓展到复变函数时才得到认可。他们对贝克莱的回答就是极限的概念。我将用文字说明定义，把符号版本留给附注。[7] 设有变量 h 的函数 $f(h)$，若给定任何非零正数，都可以找出一个足够小的非零值 h，使得 $f(h)$ 与数 L 之差都小于该数，则称当 h 趋于零时，$f(h)$ 趋于极限 L。用符号表示就是

$$\lim_{h\to 0} f(h) = L$$

微积分的核心思想就是在一个小区间 h 内近似函数的变化率，然后在 h 趋于零时取极限。对于一般函数 $y = f(x)$，这个运算就引出了本章开头处的等式，但用的是一般变量 x，而不是时间：

$$f'(x) = \lim_{h\to 0} \frac{f(x+h) - f(x)}{h}$$

在分子中，我们看到 f 的变化量；分母是 x 的变化量。如果极限存在，则该等式唯一地定义了导数 $f'(x)$。这必须对任何我们考虑的函数加以证明：对于大多数标准函数——二次函数、三次函数、高次幂函数、对数函数、指数函数、三角函数等来说，极限确实存在。

我们在计算中没有在任何地方除以零，因为我们从未令 $h = 0$。而且，这里没有任何东西会流动。重要的是 h 可以取值的范围，而不是它在这个范围里如何移动。因此，贝克莱讽刺的表述实际上说到点子上了。极限 L 就是“消失量之鬼”——我的式子里的 h，或牛顿的 o。但这个量消失的方式——接近零，而不是达到零——带来了一个完全合理且逻辑清晰的“鬼魂”。

微积分现在有了一个坚实的逻辑基础。它值得，并得到了一个新的名称来反映它新的地位：分析。

要列出微积分的所有应用，就像列出世界上所有需要使用螺丝刀的东西一样不切实际。在简单的计算层面上，微积分的应用包括求曲线长度、曲面和复杂形状的面积、物体的体积、最大值和最小值，以及质心。结合力学定律，微积分告诉我们如何求出太空中火箭的轨迹、可能产生地震的俯冲带的岩石中的应力、地震发生时建筑物将如何振动、汽车在悬架上如何上下弹跳、细菌感染扩散所需的时间、手术伤口愈合的方式，以及大风中悬索桥受的力。

其中许多应用源于牛顿定律的核心思想：它们是用微分方程表述的自然模型。这些方程涉及未知函数的导数，需要源自微积分的技巧来求解。我在这里就不再多说了，因为第 8 章之后的每一章都明确涉及微积分，大部分披上了微分方程的外衣。唯一的例外是关于信息论的第 15 章，而哪怕在这个领域，也有我未提及的其他进展涉及微积分。像螺丝刀一样，微积分只是工程师和科学家的工具包中一件不可或缺的工具。就现代世界的贡献而言，没有哪个数学技术比得上微积分。

注释

1. 凯恩斯从未亲自发表这篇演讲。1942 年，英国皇家学会计划纪念艾萨克·牛顿诞辰三百周年，但第二次世界大战爆发，庆祝活动被推迟到了 1946 年。演讲者包括物理学家爱德华·达·科斯塔·安德拉德、尼尔斯·玻尔，以及数学家赫伯特·特恩布尔和雅克·阿达马。皇家学会还邀请了凯恩斯，他对牛顿的手稿和经济学有所研究。他写了一篇题为《牛顿其人》(“Newton, the man”) 的演讲稿，但他在活动前夕去世了。他的弟弟杰弗里代表他宣读了这篇演讲稿。
2. 这句话来自牛顿于 1676 年写给胡克的一封信。这并不是一个新的说法：1159 年，索尔兹伯里的约翰写道：“沙特尔的伯纳德曾经说，我们就像巨人肩膀上的矮人，所以我们可以看到的东西比巨人更多。”到了 17 世纪，这已成为一种陈词滥调。
3. 除以零会导致证明错误。例如，我们可以“证明”所有数字都为零。设 $a=b$，于是 $a^2=ab$，那么 $a^2-b^2=ab-b^2$。分解因式得到 $(a+b)(a-b)=b(a-b)$。两边除以 $(a-b)$ 就得出 $a+b=b$，所以 $a=0$。错误在于两边除以 $(a-b)$，因为我们假设 $a=b$，所以这一项为 0。
4. Richard Westfall. *Never at Rest*, Cambridge University Press, Cambridge 1980, p. 425.
5. Erik H. Hauri, Thomas Weinreich, Alberto E. Saal, Malcolm C. Rutherford, and James A. Van Orman. “High pre-eruptive water contents preserved in lunar melt inclusions”, *Science Online* (26 May 2011) 1204626. [DOI:10.1126/science.1204626]. 他们的结果后来被发现有争议。
6. 不过这并非巧合。它适用于任何可微函数——具有连续导数的函数。这包括所有多项式和所有收敛的幂级数，如对数、指数和各种三角函数。

7. 现代定义是：设有函数 $f(h)$，如果对于任何 $\epsilon > 0$，都存在 $\delta > 0$，使得 $|h| < \delta$ 时都有 $|f(h) - L| < \epsilon$，则称当 h 趋于零时，$f(h)$ 趋于极限 L。这里用的是“任何 $\epsilon > 0$”，从而避免谈及任何流动或变小的东西：它一次性处理了所有可能的值。

世界之体系

牛顿万有引力定律

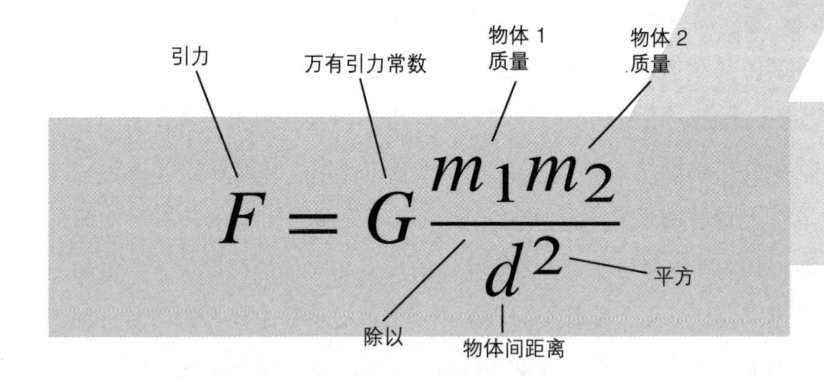

它告诉我们什么?

它根据两个物体的质量和距离确定了它们之间的引力。

为什么重要?

它可以应用于通过引力相互作用的任何物体系统，比如太阳系。它告诉我们，它们的运动是由一个简单的数学定律决定的。

它带来了什么?

准确地预测日食、行星轨道、彗星返回、星系旋转。人造卫星、地球勘测、哈勃空间望远镜、太阳耀斑观测。行星际探测器、火星车、卫星通信和电视、全球定位系统。

牛顿运动定律刻画了作用于物体的力，与物体在力的作用下发生的运动之间的关系。微积分则提供了求解由此得出的方程所需的数学手段。要应用这些定律还需要另外一个要素：确定这些力。牛顿的《自然哲学的数学原理》中最大的抱负恰恰就是要计算太阳系中的天体——太阳、行星、卫星、小行星和彗星。牛顿的万有引力定律在一个简单的数学公式里凝结了数千年的天文观测和理论。它解释了行星运动中许多令人费解的现象，并且让非常准确地预测太阳系未来的运动成为可能。就基础物理学而言，爱因斯坦的广义相对论最终取代了牛顿的引力理论，但对于几乎所有实际应用来说，更简单的牛顿方法仍然占据着至高无上的地位。今天，世界上的航天机构，如美国国家航空航天局和欧洲空间局，仍然使用牛顿的运动定律和万有引力定律来为航天器计算最高效的轨迹。

能让牛顿的这本书配得上“世界之体系”这个副标题的，最重要的一点就是他的万有引力定律。这个定律展示了数学在寻找大自然中隐藏的规律、揭示世界复杂性背后隐藏的简单性方面是多么有力。随着时间的推移，数学家和天文学家提出了更难的问题，揭示了牛顿的简单定律背后隐藏的复杂性。要了解牛顿取得的成就，我们必须先回到往昔，看看过去的文化是如何看待恒星与行星的。

从历史的开端至今，人类一直在观测夜空。最初的印象或许是一些随机散落的明亮光点，但人们很快就注意到，在夜空的背景下，月亮这个发光的天体遵循着一条规则的路径，在运动的同时，形状也会改变。人们也会看到，那些微小的明亮光斑，大多数相互之间始终呈现出相同的图案，也就是我们现在所说的星座。星星在夜空中运动时如同一个刚性单元，就好像星座被画在一个旋转的巨碗里一样。[1]然而，少数星星的表现完全不同：它们似乎在天空中巡游。它们的路径非常复杂，有些似乎还不时转个圈子。这些是行星，这个词源自希腊语“流浪者”。古人认出了其中五个，我们现在称之为水星、金星、火星、木星和土星。它们以不同的速度相对于固定的恒星运动，其中土星运动得最慢。

还有些天文现象更令人费解。不时会不知道从哪里冒出来一颗彗星，拖着弯曲的长尾巴。流星则似乎从天而降，仿佛从支撑它们的碗上脱落。难怪早期的人类将天空中不规律的现象归因于超自然存在的反复无常。

规律的东西概括起来是如此显然，以至于大多数人做梦也想不到会有人提出异议。太阳、恒星和行星围绕着静止的地球旋转。它看起来是这样，感觉上是这样，那它肯定就是这样的。对于古人来说，宇宙是地心的——以地球为中心。只有一个孤独的声音——萨摩斯的阿利斯塔克对这件显而易见的事提出了异议。阿利斯塔克根据几何原理和观察计算了地球、太阳和月亮的大小。在公元前270年左右，他首次提出了日心说：地球和行星围绕太阳旋转。他的理论很快就失宠了，沉寂了近2000年。

到了托勒密的时代，即公元120年左右，这些行星已被这位居住在古埃及的古罗马人“驯服”。它们的运动并非反复无常，而是可以预测的。托勒密的《天文学大成》（*Almagest*）提出，我们生活在一个地心宇宙里。在这个宇宙中，在巨大的水晶球体支撑下，一切都按照“本轮”（圆的复杂组合）围绕着人类运转。他的理论是错的，但它预测的运动足够准确，使得他的错误历经数个世纪仍未被发现。托勒密的体系还有一层哲学上的吸引力：它用球和圆这些完美的几何形状来表达宇宙。这延续了毕达哥拉斯的传统。在欧洲，托勒密理论历经1400年而无人质疑。

在欧洲踌躇不前时，其他地方取得了新的科学进步，特别是在阿拉伯、中国和古印度。公元499年，古印度天文学家阿耶波多提出了一个太阳系的数学模型，其中地球绕地轴旋转，而行星轨道的周期用相对于太阳的位置来表达。在阿拉伯国家，海桑对托勒密的理论提出了尖锐的批评，尽管可能并未专注于其地心说。公元1000年前后，阿布·雷汉·比鲁尼（Abu Rayhan Biruni）认真考虑了地球绕地轴旋转的日心太阳系的可能性，但最终选择了地球静止这个当时的正统观点。大约1300年，纳吉姆·丁·夸兹维尼·卡提比（Najm al-Din al-Qazwini al-Katibi）提出了一种日心说，但很快改变了主意。

重大突破来自尼古拉·哥白尼在1543年出版的《天体运行论》（*De Revolutionibus Orbium Coelestium*）。有证据（特别是有些几乎相同的图表标着相同的字母）表明哥白尼至少可以说是受到了卡提比的影响，但他走得比卡提比要远得多。他明确提出了一个日心说体系，认为它比托勒密的地心说理论更好、更简明地符合观测，并列出了它的一些哲学意义，其中最重要的新思想是认为人类并非万物的中心。基督教会认为这个说法违背了教义，并竭力打压它。明确的日心说在当时是异端邪说。

尽管如此，日心说还是胜利了，因为证据实在太强了。更好的新日心说理论不断涌现，然后球体被完全抛弃，取而代之的是古典几何中的另一种形状：椭圆形。有间接证据表明，公元前350年，梅内克缪斯的古希腊几何学首先从圆锥截线的角度研究了椭圆，还有双曲线和抛物线，如图 4.1 所示。据说欧几里得写了四本关于圆锥曲线的书，但是就算他真写过的话，也没有任何一本流传下来。阿基米德研究了椭圆的一些性质。古希腊关于该主题的研究在公元前 240 年达到了高潮——佩尔盖的阿波罗尼奥斯的八卷本《圆锥曲线论》(*Conic Sections*)，书中找到了一种纯粹在平面内定义这些曲线的方法，避免了第三个维度。然而，毕达哥拉斯学派的观点认为，圆和球体比椭圆和其他更复杂的曲线更加完美。

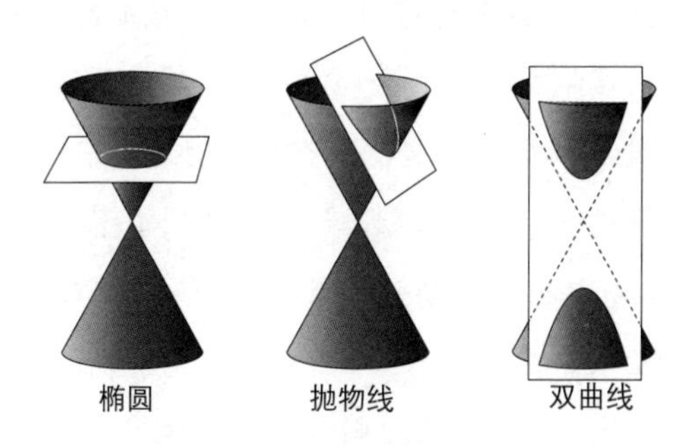

图 4.1　圆锥截线

在 1600 年左右，开普勒的工作确立了椭圆在天文学中的地位。他对天文学的兴趣始于童年；他六岁时目睹了 1577 年大彗星[2]，三年后看到了月食。在蒂宾根大学，开普勒表现出了极高的数学天赋，并将其用在占星术上，获利颇丰。在当时，数学、天文学和占星术经常形影不离。他把令人狂热的神秘主义和冷静的数学细节融合起来。一个典型的例子是他在 1596 年出版的《宇宙的神秘》(*Mysterium Cosmographicum*)，书中坚定地维护了日心说体系。它清晰地把握了哥白尼理论，再加上一个在现代看来非常古怪的推测——将已知的行星与太阳之间的距离和正多面体联系了起来。在很长一段时间里，开普勒都认为这是他最伟大的发现之一，揭示了造物主的宇宙规划。在我们眼中，他的后期研究比这个发现要重要得多，但他却觉得那些研究无非是在阐述这一根本大计的细节罢了。在当时，该理论的一个优势是它解释了为什么恰好有六颗行星（水星到土星）。在这六个轨道之间有五个间隙，正好各对应一种正多面体。随着天王星以及后来的海王星和冥王星的发现（直到冥王星后来被踢出行星行列），这个优势很快成了一个致命的缺陷。

开普勒的不朽贡献源于他效力于第谷 · 布拉赫的时期。二人在 1600 年首次相遇。在耽搁两个月并经历了激烈的争吵后，开普勒谈妥了薪水。在家乡格拉茨遇到一系列麻烦之后，他搬到了布拉格，协助第谷分析他对于行星，尤其是火星的观测结果。第谷于 1601 年意外去世后，开普勒接替了他的老东家的职位，成了鲁道夫二世的皇家数学家。他的主要职务是为皇家占星，但他也有时间继续分析火星轨道。根据传统的本轮原理，他将模型改进到与观测的误差通常只有两角分，这也是观测本身的常见误差。然而，他并没有就此止步，因为有时误差比较大，最多可达八角分。

他的探索最终让他得出了两项行星运动定律，发表在《新天文学》（*Astronomia Nova*）中。多年来，他一直试图将火星轨道拟合成卵形线（一头大，一头小），但没有成功。也许他认为，轨道在靠近太阳的地方会弯曲得更厉害。1605 年，开普勒尝试了椭圆，两头一样大，惊讶地发现它的效果要好得多。于是他得出结论：所有的行星轨道都是椭圆形的，这是他的第一定律。他的第二定律描述了行星如何沿其轨道运动，说它们在相同的时间内会扫过相同的面积。这本书在1609年出版。之后，开普勒将大部分精力投入到编制各种天文表上，但他在1619年的《世界的和谐》（*Harmonices Mundi*）中又回去研究行星轨道的规律。这本书中有一些我们现在觉得奇怪的想法，例如行星绕着太阳转动时会发出音乐声。但书中也有他的第三定律：轨道周期的平方与行星和太阳之间距离的立方成正比。

开普勒的三条定律几乎都埋藏在大量的神秘主义、宗教象征手法和哲学思辨之中。但它们代表了一个巨大的飞跃，让牛顿做出了有史以来最伟大的科学发现之一。

牛顿从开普勒的三个行星运动定律推导出了他的万有引力定律。它指出宇宙中的每个粒子都会吸引所有其他粒子，引力与二者质量的乘积成正比，与它们之间的距离的平方成反比。用符号表示就是

$$F = G\frac{m_1 m_2}{d^2}$$

这里的F是引力，d是距离，两个m是质量，G是一个特定的数，即万有引力常数。[3]

谁发现了牛顿的万有引力定律？这听起来像是那种自问自答的问题，比如："伦敦纳尔逊纪念柱上是谁的雕像？"但合理的答案是英国皇家学会的实验负责人罗伯特·胡克。1687年牛顿在他的《自然哲学的数学原理》中发表这一定律时，胡克指控他剽窃。然而，牛顿最先给出了

从这一定律得出椭圆轨道的数学推导，这对于证实其正确性至关重要，而胡克也承认这一点。此外，牛顿在书中引用了胡克和其他几个人的工作。也许，胡克觉得应该把更多的功劳归在自己名下；他曾多次遭遇类似的问题，落下了心病。

物体会相互吸引的思想，以及它可能的数学表达都已经流传了一段时间。1645年，法国天文学家伊斯玛埃尔·布里奥（Ismaël Boulliau）写了《菲洛劳斯天文学》（*Astronomia Philolaica*——菲洛劳斯是一位古希腊哲学家，他认为“中央火”而非地球才是宇宙的中心）。他在书中写道：

> 至于太阳抓住或托住行星的力量，就好比人的双手：它在整个世界范围内沿直线发射，而且它好比太阳的同类，也会随着太阳而旋转；那么，既然它如同人的力量，在距离或间隔变大时，它就会衰减、变弱，并且其力量下降的比例与光的情形相同，即与距离的平方成反比例。

这就是力与距离之间著名的“平方反比”关系。我们有一些虽然朴素却很简单的理由来预见这种关系的存在，因为球体的表面积随其半径的平方变化。如果相同数量的引力“物质”被均匀涂抹在远离太阳时不断扩大的球面上，那么在任何一点接收到的量必然与表面积成反比。光的情况也完全一样，因此布里奥在没有太多证据的情况下就认定引力也必然是类似的。他还认为行星依靠自己的能量沿着轨道运行，也就是所谓的“没有任何运动施加在其他行星上，它们完全被自己天生的形状所推动”。

胡克的贡献可以追溯到1666年，当时他向英国皇家学会提交了一篇题为《论引力》的论文。他在文中搞清楚了布里奥错在哪里，称来自太阳的引力会干扰行星沿直线运动的自然趋势（依据牛顿第三运动定律），并使其沿曲线运行。他还表示“物体越靠近自己的中心，这些引力就越大”，表明他认为力会随距离衰减。但他并没有把这种衰减的数学形式告诉任何其他人，直到1679年，他给牛顿写信：“引力总是与二者中心距离的平方成反比。”在同一封信中，他说这意味着行星的速度随着它与太阳之间距离的倒数变化，这一点是错的。

当胡克抱怨牛顿偷了他的定律时，牛顿矢口否认，指出他在胡克来信之前就曾与克里斯托弗·雷恩（Christopher Wren）讨论过这个想法。为了证明结果早已存在，他引用了布里奥以及意大利生理学家和数学物理学家乔瓦尼·博雷利（Giovanni Borelli）的发现。博雷利曾提出有三种力共同产生了行星运动：由行星靠近太阳的倾向引起的向内的力、由太阳光引起的侧向力，以及由太阳自转引起的向外的力。说这三个里面他说对了一个，那都是非常宽容了。

牛顿最主要的论点，也是被公认为决定性的一点，在于无论胡克做了多少其他工作，他都没有从引力的平方反比定律推导出轨道的确切形式。而牛顿做到了。实际上，他推导出了开普勒行星运动的全部三个定律：椭圆轨道、在相等的时间间隔内扫过相等的面积、周期的平方与距离的立方成正比。“没有我的证明，”牛顿坚称，“审慎的思想家就不能相信平方反比定律是准确无误的。”但他也承认，对于这个证明，“胡克先生并不陌生”。牛顿论证的一个关键特征是它不仅适用于点粒子，而且适用于球体。这种对行星运动至关重要的推广让牛顿付出了相当大的努力。他的几何证明外衣之下其实是应用积分，他有理由为此感到骄傲。还有文件证据证明，牛顿思考这些问题已经很久了。

不管怎么说，我们以牛顿的名字来命名这些定律，确实公正地体现了他的重要贡献。

牛顿万有引力定律中最重要的方面并不是平方反比定律本身，而是断言万有引力是普遍存在的。宇宙中任何地方的任何两个物体都会相互吸引。当然，你还需要一个精确的关于力的定律（平方反比定律）来计算准确的结果，但是如果没有普遍性，对于有超过两个物体的任何系统，你就不知道如何列方程了。几乎所有值得研究的系统，比如太阳系本身，或是（至少）在太阳和地球的影响下，月球运动的精细结构都涉及超过两个物体，因此，如果牛顿的定律只适用于他最初推导的情形，那就几乎毫无用处了。

是什么激发了这种对于普遍性的远见呢？威廉·斯蒂克利在1752年出版的《艾萨克·牛顿爵士生平回忆录》中记载了牛顿在1726年告诉他的一个故事：

> 引力的概念……是由一个苹果落地引发的，他当时坐在那里沉思。苹果为什么总是垂直落向地面？他自忖道。为什么它不会横向或朝上飞，而是永远指向地球的中心？可以肯定的是，地球吸引了它。那么物质必然具有吸引力。地球所含的物质形成的引力之和必然指向地球的中心，而不是任何一侧。所以这个苹果就垂直向下，或者说朝向地球中心落下

吗？如果物质会吸引物质，那它必然与其数量成正比。因此苹果吸引地球，地球也吸引苹果。

我们并不完全清楚，这个故事到底是真实准确的，还是牛顿为了方便解释自己的想法而虚构出来的，但从表面上看，这个故事似乎还算合理，因为它的思想并不止于苹果。苹果对牛顿很重要，因为它让他意识到，解释苹果运动的力学定律也可以解释月球的运动。唯一的区别是月球还侧向运动，这就是它为什么挂在天上。实际上，它总是朝向地球坠落，但侧向运动又让地球表面远离它。但牛顿，作为牛顿，并没有止步于这种定性论证。他做了计算，将它们与观测结果做了比较，十分满意地发现自己的想法肯定是正确的。

如果万有引力作为物质的固有特征，作用于苹果、月球和地球，那么它很可能作用于一切。

引力的普遍性没有办法直接验证；你得去研究整个宇宙中的任何两对物体，并找到一种方法来消除所有其他物体的影响。但科学不是这样搞的。相反，它把推理和观察融合起来。普遍性是一种假设，每次应用时都可以被证伪，但每次都未被证伪——这种花哨的说法的意思，就是它可以给出正确的结果——那么使用它的理由就变得更强一些。如果它挺过了数千次这样的检验（这个例子就是这样），那么这个理由就变得非常强。然而，这个假设永远无法被证明是*正确的*：虽然有了我们所知的一切，但下一个实验还是可能产生不相容的结果。也许在远处的某个星系的某个地方，有那么一丁点儿物质，即一个原子，不被其他的一切所吸引。如果是这样的话，我们永远找不到它；同样，它也不会扰乱我们的计算。哪怕实际测量引力，平方反比定律本身也难以直接验证。相反，我们将定律应用于可以测量的系统，用它来预测轨道，然后检查预测是否与观测结果一致。

即使承认了普遍性，也不足以得出准确的引力定律。这只能列出一个描述运动的方程。为了求出运动本身的情况，你必须要解方程。哪怕只有两个物体，解方程也并非易事。哪怕说牛顿事先知道了答案是什么样的，他对于椭圆轨道的推导也绝对是一项杰作。它解释了为什么开普勒定律可以非常精确地描述每颗行星的轨道。它也解释了为什么这种描述不准确：太阳系中除了太阳本身和行星之外的其他天体都会影响运动。为了解释这些干扰，你必须解三个或更多物体的运动方程。特别是，如果以高精度预测月球的运动，则方程中必须包含太阳和地球。其他行星，特别是木星的影响，也非完全可以忽略不计，但它经过很长时间才会显现出来。因此，在牛顿刚刚成功解决了引力影响下的二体运动后，数学家和物理学家们就转向了下一种情形：三体。他们最初的乐观情绪迅速消退：三体问题与二体问题非常不同。事实上，它没法解决。

我们常常可以计算运动的良好近似（对于实际问题来说，这通常就算解决了），但这样的解看起来就不是一个精确的公式了。哪怕是简化版本，比如限制性三体问题，也受到这个问题的困扰：假设一颗行星沿一个完美的圆绕一颗恒星运行，那么一粒质量可以忽略不计的尘埃又将如何运动?

用纸笔手工计算三个或三个以上物体的近似轨道也是可行的，但非常费力。数学家设计了无数的技巧和捷径，让我们对几种天文现象有了还不错的了解。直到19世纪后期，亨利·庞加莱（Henry Poincaré）意识到它所涉及的几何必然极为错综复杂，人们才看出三体问题到底复杂在哪里。而只有到了 20 世纪后期，强大的计算机的出现减少了手工计算的劳动，人们才能对太阳系运动进行准确的长期预测。

庞加莱的突破（如果可以称之为突破的话，因为当时它似乎告诉所有人，这个问题根本没有希望，寻求解答徒劳无益）是因为他在竞争一项数学奖。1889 年，瑞典和挪威国王奥斯卡二世为了庆祝自己的六十大寿而举办了一场竞赛。根据数学家格斯塔 · 米塔格-莱弗勒（Gösta Mittag-Leffler）的建议，国王选择了在牛顿万有引力下任意多个物体的运动这样一个一般性问题。由于众所周知，获得类似于二体运动的椭圆这样的显式公式是一个不切实际的目标，因此要求被放宽了：得到一种非常具体的近似法即可获奖，也就是必须将运动表达为无穷级数，那么只要计算足够多项，就可以获得任意精度的解。

庞加莱没有回答这个问题。相反，他在 1890 年发表的关于这一主题的论文中提供了证据，说这样的答案可能不存在，哪怕只有三个物体——恒星、行星和尘埃粒子。通过考虑假设解的几何特性，庞加莱发现，在某些情况下，尘埃粒子的轨道必然非常复杂和纠结。然后他就惊恐地两手一摊，说了一句悲观的话："我试着画出这两条曲线及其无限个交点构成的图形，每个点都对应着一个双渐近解，这些交点形成某种网、网络或是无限密的网格……这张图的复杂性吓到我了，我甚至都没有尝试去画出来。"

我们现在之所以把庞加莱的工作视为一个突破，而对他的悲观毫不在意，是因为如果我们好好地开发和理解这个让他对解决问题感到绝望的复杂几何结构，恰恰可以获得深刻有力的见解。相关动力学的复杂几何正是最早的混沌例子之一：非随机方程的解是如此复杂，以至于从某些方面来看，它们似乎是随机的，见第16章。

故事中有几个讽刺之处。数学历史学家琼·巴罗-格林（June Barrow-Green）发现，庞加莱的获奖回忆录的发行版本并不是获奖的那个版本。[4]这个早期版本包含一个重大错误，忽略了混沌解。当感到尴尬的庞加莱意识到他的错误时，这项工作正处于验证阶段，他付了一笔钱来印刷修正版。几乎所有原始版的副本都被销毁了，但其中一本藏在瑞典米塔格-莱弗勒研究所的档案中，巴罗-格林在那里找到了它。

后来人们发现，存在混沌并不意味着没有级数解，但这一点"几乎总是"成立，而不是永远成立。1912年，芬兰数学家卡尔·弗里肖夫·松德曼（Karl Frithiof Sundman）在三体问题中发现了这一点，他使用的是时间的立方根的幂级数（时间的幂函数搞不定这个问题）。这个级数收敛（可以求出有意义的和）——除非初始状态具有零角动量，但是这种状态是极其罕见的，因为随机选择的角动量几乎总是非零的。1991年，中国数学家汪秋栋将这些结果推广到任意多个物体，但没有对级数不收敛的罕见例外进行分类。这样的分类很可能非常复杂：它必须包括物体在有限时间内逃逸到无限远，或者振荡得越来越快的解，这两种情况在五个或更多物体上都可能发生。

牛顿万有引力定律常常用于为太空任务设计轨道。对于这个问题，甚至二体动力学本身也是有用的。早年的太阳系探索主要使用二体轨道，也就是椭圆的一部分。只要点燃火箭，航天器就可以在不同的椭圆轨道之间切换。但随着太空计划的目标变得愈发宏大，人们就需要更有效的方法。方法来自多体动力学，通常是三个物体，但有时甚至有多达五个物体。混沌和拓扑动力学的新方法已成为实际解决工程问题的基础。

这一切都始于一个简单的问题：从地球到月球或行星的最有效路线是什么？经典的答案就是所谓的“霍曼转移轨道”（图 4.2），从绕地球的圆形轨道开始，然后沿着细长椭圆的一部分，连接到环绕目的地的圆形轨道。这种方法被用于 20 世纪 60 年代和 70 年代的阿波罗任务，但对于许多其他类型的任务来说，它有一个缺点。航天器必须加速脱离地球轨道，再减速进入月球轨道，而这浪费了燃料。其他方法包括环绕地球许多圈，在地球和月球之间找到地月引力场抵消的一点作为过渡，然后再环绕月球许多圈。但是，这样的轨迹所需的时间比霍曼转移轨道所需的时间更长，所以没有被用于载人的阿波罗任务，因为需要食物和氧气，时间至关重要。然而，对于无人任务来说，时间相对便宜，而任何增加航天器总重量的东西，包括燃料，都要花钱。

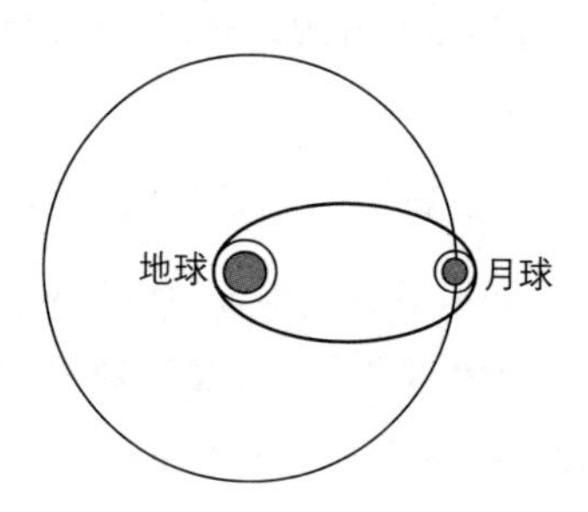

图 4.2　霍曼转移轨道：从近地轨道转到月球轨道

通过重新审视牛顿万有引力定律和第二运动定律，数学家和太空工程师最近发现了一种绝妙的新方法来实现节省燃料的行星际旅行。

通过“管道”。

这个想法直接源自科幻小说。彼得·汉密尔顿（Peter Hamilton）2004年在《潘多拉星球》（*Pandora's Star*）中描绘了一个未来场景，通过虫洞（穿越时空的捷径）中的铁路，人们乘坐火车前往环绕着遥远恒星的行星。在1934年至1948年的《透镜人》系列中，爱德华·埃尔默·史密斯（Edward Elmer Smith）提出了“超空间管道”，邪恶的外星人曾经通过它从第四维入侵人类世界。

虽然还没有找到虫洞或是来自第四维的外星人，但我们已经发现了太阳系的行星和卫星是通过一个管网连接在一起的，其数学定义需要远超过四个维度。这些管道提供从一个世界到另一个世界的节能路线。我们只能通过数学视角看到它们，因为它们不是由物质组成的：管道壁是能级。如果我们能够画出控制行星运动的那些不断变化的引力场的地形图，那就可以看到这些管道，它们在行星绕太阳运行时随着行星一起旋转。

管道为一些令人费解的轨道动力学给出了解释。比如有一个叫作“奥特马”的彗星，一个世纪以前，奥特马的轨道远远超出了木星的轨道。但在与这颗巨行星密切相遇后，彗星的轨道回到了木星轨道之内。经过另一次近距离接触，它再次转到了木星轨道外面。我们可以自信地预测，奥特马会继续以这种方式，每隔几十年换一次轨道——不是因为它违反了牛顿定律，而恰恰是因为它遵守牛顿定律。

这与周正的椭圆相差甚远。根据牛顿引力预测的轨道，只有在没有其他物体带来的显著引力时才是椭圆形的。但太阳系充满了其他物体，它们可以产生巨大乃至令人惊讶的影响。管道就在这里派上用场了。奥特马的轨道位于在木星附近相交的两条管道内。一条管道位于木星轨道内，另一条位于木星轨道外。它们包含了以3:2和2:3与木星共振的轨道，这意味着，这样一条轨道中的物体每绕木星两周就绕太阳三周，或是每绕木星三周就绕太阳两周。在木星附近的管道交界处，在木星和太阳引力的相当微妙的影响下，彗星可以切换管道。一旦进入某一条管道内，奥特马就会卡在那里，直到管道返回交界处。就像火车必须保持在轨道上，但如果有人扳道岔的话，就可以改变其路线到另一条轨道上。奥特马有一些可以改变行程的自由，但不是很多（图4.3）。

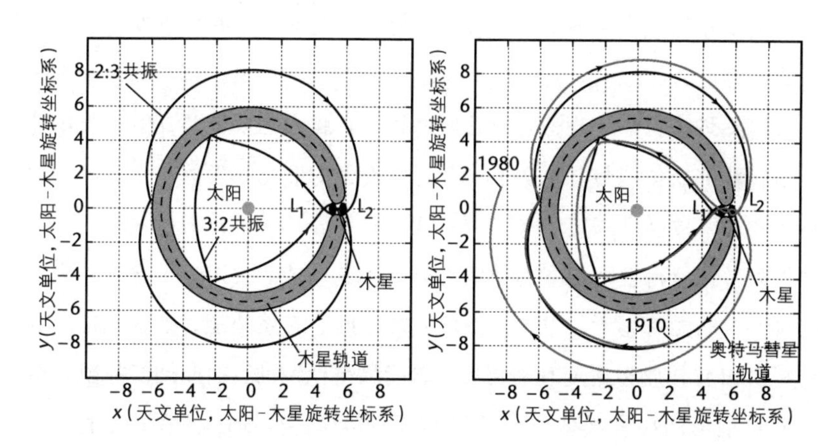

图4.3　左：两条周期轨道，以3:2和2:3与木星共振，通过拉格朗日点连接。右：奥特马彗星的实际轨道，1910—1980

管道和管道交界处可能看起来很奇怪，但它们是自然存在于太阳系引力地理学中的重要特征。英国维多利亚时代的铁路建设者知道，应该利用地形的自然特征，让铁路穿过山谷，沿着等高线运行，挖掘隧道，穿过山丘，而不是让火车爬上山顶。一个原因是，火车在坡度陡峭的地方容易打滑，但主要是出于能量的考虑。在重力作用下爬上一座小山需要消耗能量，这会增加燃料消耗，而且需要花钱。

行星际旅行也是如此。想象一下，航天器在太空中穿行。它接下来会飞到哪里不仅仅取决于它现在的位置，还取决于飞行的速度和方向。确定航天器的位置需要三个数字，例如它相对于地球的方向，这需要两个数字（天文学家使用赤经和赤纬，类似于天球上，也就是夜空中看到的球面上的经度和纬度），以及它与地球的距离。它还需要另外三个数字来确定在这三个方向上的速度。因此，航天器穿行的数学世界是六维而非二维的。

自然地形并不平坦，它有丘陵和山谷。爬山需要能量，但是火车冲下山谷能够获得能量。事实上，有两种类型的能量在发挥作用。第一种是势能，海拔高度决定了火车的势能，它代表了对抗重力所做的功。要爬得高，你就得创造更多的势能。第二种是动能，它对应于速度。你走得越快，动能就越大。当火车下坡并加速时，它将势能转换为动能。当它爬上山坡并放慢速度时则相反。总能量是恒定的，因此列车的轨迹放在能量地形图中就类似于一条等高线。然而，火车还有第三种能量来源：煤、柴油或电力。通过消耗燃料，火车可以爬上斜坡或加速，从而不受自然的自由运行轨迹的限制。总能量仍然无法改变，但别的都好商量。

航天器也是如此。太阳、行星和太阳系其他物体的复合引力场提供了势能。航天器的速度对应于动能。它的动力——无论是火箭燃料、离子还是光压——都提供了额外的能量源，可以根据需要打开或关闭。航天器所遵循的路径也是相应的能量地形图中的一条等高线，沿着该路径，总能量保持不变。还有一些类型的等高线被与附近的能量水平对应的管道包围。

维多利亚时代的铁路工程师们也意识到了，陆地地形具有一些特殊的特征——山峰、山谷、山口——这对选择高效的铁路线路有很大的影响，因为对于等高线的整体几何结构而言，这些地方就好似某种骨架：比如在山峰或谷底附近，等高线形成闭合曲线；势能在山峰处局部最大，在山谷中则是局部最小。山口则结合了两者的特征，在一个方向上最大，但在另一个方向上最小。同样，太阳系的能量地形图也有特殊的特征。最明显的是行星和卫星本身，它们位于重力井的底部，好像山谷一样。同样重要但不太明显的是能量地形图中的山峰和山口。所有这些特点加在一起，组成了整体几何结构，以及随之而来的管道。

能量地形图为游客提供了其他吸引人的景点，尤其是拉格朗日点。想象一个只有地球和月球的系统。1772 年，约瑟夫-路易·拉格朗日（Joseph-Louis Lagrange）发现，在任何时刻都恰好有五个点，让两个物体的引力场和离心力完全抵消。其中三个点与地球和月球排成一条线，L_1 位于二者之间，L_2 位于月球的远侧，L_3 位于地球的远侧。瑞士数学家莱昂哈德·欧拉（Leonhard Euler）在 1750 年左右就已经发现了这些点。但还有 L_4 和 L_5，称为特洛伊点，与月球处于同一轨道，但比月球超前或滞后60度。随着月球围绕地球旋转，拉格朗日点随之旋转。其他的物体对也有拉格朗日点——地球-太阳、木星-太阳、土卫六-土星都是如此。

老式的霍曼转移轨道是由圆形和椭圆形构成的，这是二体系统中的自然轨迹。新的基于管道的路径是由三体系统（如太阳-地球-航天器）的自然轨迹构建的。拉格朗日点起到了特殊的作用，就像铁路的山峰和山口一样：它们是管道相遇的交汇点。L_1 是些微改变航迹的好地方（图4.4），因为 L_1 附近的航天器的自然动力是混沌的（见第16章）：位置或速度的微小变化可以让轨迹产生很大的变化。因此，很容易以节省燃料的方式让航天器转向，尽管这可能很慢。

第一个认真思考这个想法的人是在德国出生的数学家爱德华·贝尔布鲁诺（Edward Belbruno），他于1985年至1990年在美国喷气推进实验室任轨道分析师。他意识到多体系统中的混沌动力学创造了找到新的低能量转移轨道的机会，并把这种技术命名为“模糊边界理论”。1991年，他将自己的想法付诸实践。日本探测器“飞天号”本欲勘测月球，却因发射故障而未能从地球轨道变入月球轨道。后来贝尔布鲁诺设计了一条新的航线，尽管探测器燃料几乎耗尽，还是成功进入了月球轨道。在按照预期接近月球后，“飞天号”访问了月球的 L_4 和 L_5 点，以寻找可能被困在那里的宇宙尘埃。

1985年，他使用类似的技巧，让几乎死亡的国际太阳探测器ISEE-3重新定向到与贾可比尼-津纳彗星交会，并再次用于美国国家航空航天局“起源号”任务，带回了太阳风的样本。数学家和工程师想要重复这个技巧，并找到类似的办法，也就是说，要搞明白它到底是怎么工作的。最后他们发现秘诀是管道。

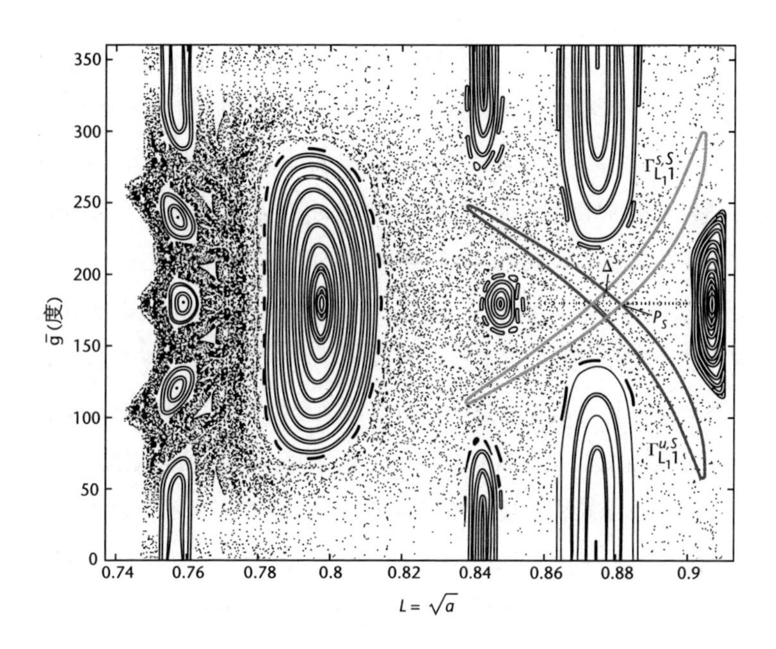

图 4.4　木星附近的混沌。该图显示了轨道的横截面。嵌套环是准周期轨道，剩下的点状区域是混沌轨道。在右侧彼此交叉的两个细环是管道的横截面

背后的想法很简单，但很巧妙。能量地形图中类似山口的特殊地方造成了旅行者无法轻易避开的瓶颈。古代人类吃了不少苦头后终于发现，虽然攀爬通道很费劲，但走任何其他路线更费劲——除非你能完全换一个方向来绕开这座山。山口是糟糕的选择中最好的一个。

在能量地形图中，拉格朗日点就好比山口。与之相关的是非常明确的进入路径，这是爬上山口的最有效方式。还有同样具体的退出路径，类似于从山口上下来的自然路线。要准确地遵循这些进入和退出路径，你必须以恰当的速度行进，但如果速度稍微差了一点儿，你仍然可以留在这些路径附近。在 20 世纪 60 年代后期，美国数学家查尔斯 · 康利（Charles Conley）和理查德 · 麦克吉（Richard McGehee）跟进了贝尔布鲁诺的开创性工作，指出每条这样的路径都被一组嵌套的管道包围着。每个管道对应于特定的速度选择；距离最佳速度越远，管道就越宽。任意一个管道表面上的总能量是恒定的，但是每个管道的恒定能量则不同。这就好比一条等高线上处处高度相等，但每条等高线的高度不同。

那么，要设计高效的飞行任务，方法就是找出哪些管道与你选择的目的地相关。然后让航天器沿着第一个入口管道的内部飞行，当它到达相关的拉格朗日点时，发动机快速推进，让它转向进入最合适的出口管道，如图 4.5 所示。这个管道会自然变成下一个切换点对应的入口管道……这样就行了。

未来的管道任务计划已经制订好了。2000 年，管宏生（Wang Sang Koon）、罗闻宇（Martin Lo）、杰罗尔德 · 马斯登（Jerrold Marsden）和沙恩 · 罗斯（Shane Ross）使用管道技术找到了木星卫星的一个“小环游

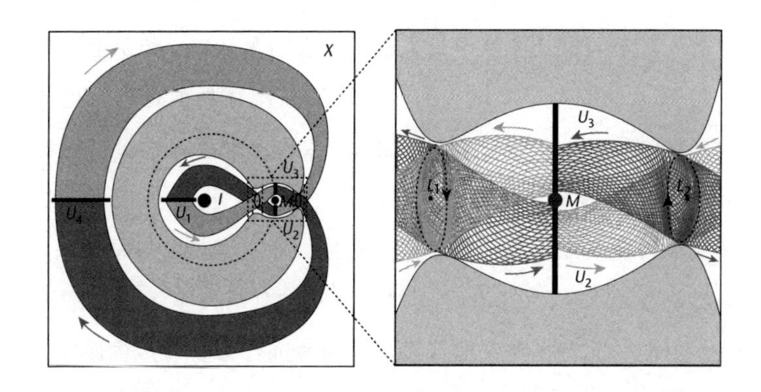

图 4.5　左：管道在木星附近相遇。右：管道连接区域特写

路线”，最后终结于木卫二的捕获轨道，这用先前的方法非常难处理。这条路径涉及木卫三附近的引力加速，然后是前往木卫二的管道之旅。还有一条更复杂的路线还会用到木卫四，需要的能量更少。它利用了能量地形图的另一个特征——共振。这种情况说的是比如两个卫星反复回到相同的相对位置，但是一个卫星绕木星两周，而另一个卫星绕了三周。这里的 2 和 3 可以换成任何较小的数字。这条路线使用了五体动力学：木星、三个卫星和航天器。

2005 年，迈克尔 · 戴尔尼茨（Michael Dellnitz）、奥利弗 · 容格（Oliver Junge）、马库斯 · 波斯特（Marcus Post）和比安卡 · 蒂埃厄（Bianca Thiere）用管道来规划了一个从地球到金星的节能任务。这里的主管道将太阳-地球的 L_1 点连接到太阳-金星的 L_2 点。作为对比，这条路线所需的燃料仅为欧洲空间局的“金星快车”任务的三分之一，因为它可以使用低推力发动机；付出的代价是途中时间从 150 天延长到了约 650 天。

管道的影响可能还不止于此。在未发表的著作中，戴尔尼茨发现了将木星与每一个带内行星连接的自然管道系统存在的证据。这个非凡的结构现在被称为“行星际高速公路”，意味着木星不但很早就被人们认识到是太阳系的主导星球，还扮演着天体“大中央火车站”的角色。它的管道很可能组织了整个太阳系的形成，确定了带内行星的间距。

为什么没有早一点儿发现这些管道呢？有两件至关重要的东西直到最近才出现。一个是强大的计算机，能够进行必要的多体计算。因为这些计算太复杂，手工算不了。但更重要的是对能量地形深入的数学理解。如果没有现代数学方法这一充满想象力的胜利，计算机就毫无用武之地。而如果没有牛顿万有引力定律，数学方法就永远也设计不出来。

注释

1. 《圣经 · 创世记》一书中说的是“苍穹”[①]。大多数学者认为这源于古希伯来人的信仰，即星星是固定在天空半球状的坚固拱顶上的微小灯光，这就是夜空看起来的样子，而我们的视觉对遥远物体所做的反应，使得星星看起来与我们的距离大致相同。在许多文化，尤其是中东和东亚地区的文化中，都认为天空是一个缓慢旋转的碗。
2. 1577 年的大彗星不是哈雷彗星，而是历史上另一颗重要的彗星，现在称为 C/1577 V1。它在公元 1577 年肉眼可见。布拉赫观察了这颗彗星，并推断出彗星位于地球大气层之外。该彗星距太阳约 240 亿千米。
3. 人们直到 1798 年才得出了这个数字，当时亨利 · 卡文迪什在实验室实验中获得了一个相当准确的值：约为 6.67×10^{-11} 牛顿平方米每平方千克。
4. June Barrow-Green. *Poincaré and the Three Body Problem*, American Mathematical Society, Providence 1997.

① firmament，中文《和合本圣经》中作“空气”。——译者注

理想世界的预兆

负一的平方根

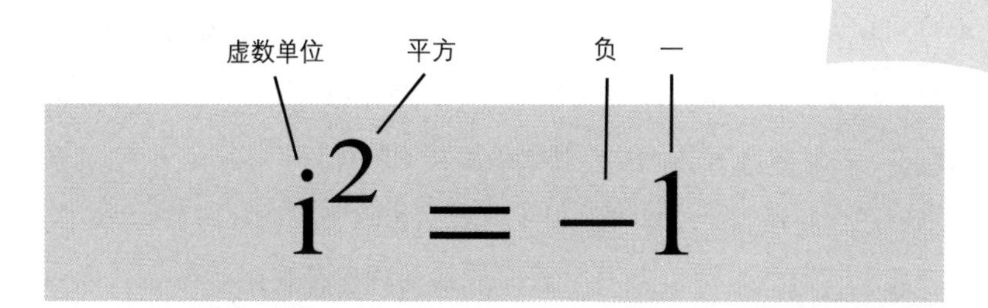

$$i^2 = -1$$

它告诉我们什么？

数 i 的平方是 –1，尽管按说不可能有这样的数。

为什么重要？

它催生了复数，而这又带来了复分析，这是数学中最强大的领域之一。

它带来了什么？

更好的计算三角表的方法。将几乎所有数学推广到复数域。用更强大的方法来理解波、热、电和磁。量子力学的数学基础。

文艺复兴时期的意大利是政治和暴力的温床。意大利北部由十几个交战的城邦控制，包括米兰、佛罗伦萨、比萨、热那亚和威尼斯。在南部，由于教皇和神圣罗马帝国皇帝在争夺至高无上的权力，归尔甫派和吉伯林派正在交战。雇佣兵扫过大地，村庄被废弃，沿海城市之间发动海战。1454年，米兰、那不勒斯和佛罗伦萨签订了《洛迪和约》，在接下来的四十年间维持了和平，但罗马教皇依然陷在腐败的政治里。这是波吉亚家族时代，这个臭名昭著的家族会毒死任何阻碍他们夺取政治和宗教权力的人，但这也是达·芬奇、布鲁内莱斯基、皮耶罗·德拉·弗朗切斯卡、提香和丁托列托的时代。在阴谋和谋杀的背景下，长期存在的假设开始受到质疑。伟大的艺术和伟大的科学相辅相成，在共生中欣欣向荣。

数学也有了蓬勃的发展。1545年，赌博学者吉罗拉莫·卡尔达诺（Girolamo Cardano）正在写一本代数教科书，他遇到了一种新的数，这种数是如此费解，以至于他说它"难以捉摸而又毫无用处"，并摒弃了这个概念。拉斐尔·邦贝利（Rafael Bombelli）对卡尔达诺的代数书掌握得很好，但他觉得这个解释莫名其妙，并认为自己能做得更好。到了1572年，他注意到了一些有趣的东西：虽然这些令人费解的新数毫无意义，但它们可以用于代数计算，得到的结果也可被证明是正确的。

几个世纪以来，数学家与这些"虚构的数"（我们今天仍然这么叫它）之间的关系可谓是爱恨交加。"虚数"这个名字流露出了一种矛盾的心态：它们不是实数（算术中常见的那种数字），但在大多数方面，虚数的性质都和实数差不多。主要区别在于，当你对一个虚数进行平方运算时，结果是个负数。但这本应是不可能的，因为平方总是正的。

直到 18 世纪，数学家才搞清楚虚数是什么。直到 19 世纪，他们才开始感到运用自如。但当虚数的逻辑地位已完全可与传统实数相比拟时，虚数已经在整个数学和科学中变得不可或缺，而它们的意义到底是什么的问题看起来就没什么意思了。19 世纪末至 20 世纪初，对于数学基础的兴趣再度燃起，引发了对于“数”的概念的重新思考，人们觉得传统的“实”数并不比虚数更真实。从逻辑上讲，这两种数就和《爱丽丝漫游奇境》里面的叮当兄和叮当弟一样相似。两者都是人类思维中的构想，两者都表达了（但不同于）自然的某些方面。它们在不同的背景下以不同的方式表达现实。

到了 20 世纪下半叶，虚数就完全成为每个数学家和科学家的思维工具包里的工具了。它们和量子力学如此密不可分，没有它们就没法研究物理学，就像没有绳索就无法攀登珠穆朗玛峰一样。即便如此，中学里很少讲授虚数。计算很容易，但是对于绝大多数学生来说，凭借他们的思维修养依然难以理解为什么虚数值得学习。很少有成年人，哪怕是受过教育的成年人，能够意识到，我们的社会多么依赖于这些不代表数量、长度、面积或金额的数字。然而，从电子照明到数码相机，没有虚数，大多数现代技术不可能被发明出来。

让我们退回到一个关键问题：为什么平方总是正的?

在文艺复兴时期，方程通常会被重新整理成所有数字都是正数的形式。放在当时，人们是不会这样提出这个问题的。他们会说，如果你给一个数做平方，你就会得到一个更大的数——不会得到零。但哪怕像我们现在这样允许出现负数，平方仍然必须是正数。原因如下。

实数可以是正数或负数。然而，任何实数，不管是正数还是负数，它的平方总是正的，因为两个负数的乘积是正的。3×3 和 $(-3)\times(-3)$ 都会得到同样的结果：9。所以 9 有两个平方根，3 和 -3。

那 -9 呢？它的平方根是多少？

它没有平方根。

这一切看起来非常不公平：每个正数都有两个平方根，而负数却一个平方根也没有。一种很诱人的做法是改变两个负数相乘的规则，比如让 $(-3)\times(-3)=-9$。这样正数和负数都有了一个平方根；而且，每个数都和自己的平方有一样的符号，看起来很整齐。但这种诱人的推理有一个意想不到的缺点：它破坏了通行的算术规则。问题在于，在通行的算术规则下，-9 已经等于 $3\times(-3)$ 了，而且几乎所有人都乐于接受这个事实。如果我们坚持让 $(-3)\times(-3)$ 也等于 -9，那么 $(-3)\times(-3)=3\times(-3)$。有好几种方法可以发现这会引发问题，最简单的是将两边除以 -3，得到 $-3=3$。

你当然可以改变算术规则，但这样一来，一切都会变得复杂而混乱。更有创意的解决方案是保留算术规则，并允许出现“虚数”来扩展实数系。奇怪的是——没有人能够预料到这一点，你只需要把这个逻辑进行到底——这大胆的一步会带来美妙、一致的数系，用途之广，难以计数。现在，除了 0 之外的所有数都有两个平方根，两者互为相反数。即使对于这种新的数也是如此。数系扩展一次就足够了。人们花了好些时间才把它搞清楚，但回过头来看，它似乎是不可避免的。虚数虽然看起来不可能存在，却不肯消失。它们似乎毫无意义，却在计算中不断出现。有时，使用虚数会使计算更简单，结果更全面、更令人满意。如果有一个答案是使用虚数得出的，却没有明确地涉及它们时，那么我们都可以独立验证这个答案，并发现结果是正确的。但是，当答案真的明确涉及虚数时，它又似乎毫无意义，而且往往在逻辑上是矛盾的。这个谜已经酝酿了两百年，当它最终爆发时，其结果是爆炸性的。

卡尔达诺被称为赌博学者，因为赌博和学术这两项活动都在他的生活中占有突出的地位。他既是天才，又是流氓。他的人生跌宕起伏，高点极高，低点又极低，简直让人眼花缭乱。他的母亲曾试图把他流产，他的儿子因杀死自己的妻子而被斩首，而他（卡尔达诺）把家族的财产输得一干二净。他因给耶稣占星而被指控为异端。然而就在这一切发生期间，他当上了帕多瓦大学的校长，被选入米兰医师学院，因治愈圣安德鲁斯大主教的哮喘而获得 2000 金克朗，并从教皇格雷戈里十三世那里获得津贴。他发明了组合锁和支撑陀螺仪的平衡环，写了好几本书，包括杰出的自传《我的一生》(*De Vita Propria*)。与我们的故事相关的书是 1545 年出版的《大术》(*Ars Magna*)，书名指的是代数。卡尔达诺在该书中汇集了当时最先进的代数思想，包括激动人心的方程新解法，一些是由他的学生发明的，另一些是在有争议的情况下从他人那里获得的。

从中学数学的常见意义上来说，代数是一种用符号表示数字的系统。它可以追溯到公元 250 年左右时古希腊的丢番图，他的《算术》(*Arithmetica*）一书用符号来描述解方程的方法。大多数工作是用文字叙述的，如“找到两个数字，其和为 10，其积为 24”。但丢番图以符号化的方式总结了他求解的方法（这里的答案是 4 和 6)。这些符号（表 5.1）与我们今天使用的非常不同，大多数是缩写，但这是一个开始。

卡尔达诺主要使用词语，还有几个符号来表示根，而这些符号也与现在所用的没有什么相似之处。后来的作者则相当偶然地发明了如今的符号，大部分由欧拉在他的众多教科书中定为标准。然而，一直到 1800 年，高斯仍然使用 xx，而不是 x^2。

表 5.1　代数表示法的发展

时间	作者	表示法
约 250 年	丢番图	$\Delta^Y \alpha \varsigma \beta \mathring{M} \gamma$
约 825 年	花拉子密	乘积加两倍加三（阿拉伯语）
1545	卡尔达诺	平方加两倍加三（意大利语）
1572	邦贝利	$3p \cdot 2 \overset{1}{\smile}\ p \cdot 1 \overset{2}{\smile}$
1585	斯蒂文	3 + 2① + 1②
1591	韦达	x quadr. + x 2 + 3
1637	笛卡儿、高斯	$xx + 2x + 3$
1670	巴歇·德·梅齐里亚克	$Q + 2N + 3$
1765	欧拉、现代	$x^2 + 2x + 3$

《大术》最重要的主题是求解三次和四次方程的新方法。这些方程就像大多数人在中学代数中遇到的二次方程一样，但更复杂。二次方程表达了涉及未知量（通常用字母 x 表示）和它的平方 x^2 的关系。一个典型的例子是

$$x^2 - 5x + 6 = 0$$

它说的是：“把未知数平方，减去未知数的5倍，然后加6：其结果为零。”给定一个涉及未知数的方程，我们的任务是求解方程——找出使方程成立的未知数。

对于随机选择的 x 值，该等式通常不成立。比如我们尝试 $x=1$，那么 $x^2-5x+6=1-5+6=2$，不是零。但是对于少数几个 x 的选择，方程成立。比如，当 $x=2$ 时，我们有 $x^2-5x+6=4-10+6=0$。但这不是唯一的解！当 $x=3$ 时，我们也有 $x^2-5x+6=9-15+6=0$。该方程有两个解，$x=2$ 和 $x=3$，可以证明没有其他解。二次方程可以有两个解、一个解或没有（实数）解。例如，$x^2-2x+1=0$ 仅有一个解 $x=1$，而 $x^2+1=0$ 没有实数解。

卡尔达诺的杰作提供了求解三次方程（除了 x 和 x^2 之外，它还涉及未知数的立方 x^3）和四次方程（还会出现 x^4）的方法。代数变得非常复杂；即使有了现代的符号，也需要一两页才能得出答案。卡尔达诺没有继续讨论涉及 x^5 的五次方程，因为他不知道怎么解。很久以后，事实证明没有（卡尔达诺想要的那种）解法：虽然对任何特定方程都可以计算出高精度的数值解，但除非专门为这项任务发明新的符号，否则没有通用公式。

我将写下几个代数公式，因为我觉得为了把这个话题讲清楚，还是不要去刻意避免它们了。你不需要关注细节，但我想给你看看它是什么样的。使用现代符号，我们可以对于特殊情况 $x^3+ax+b=0$（其中 a 和 b 是特定数字）写出卡尔达诺的三次方程解。（如果存在 x^2 项，那么有一个巧妙的技巧可以把它消掉，所以这个例子实际上解决了所有情况。）答案是：

$$x=\sqrt[3]{-\frac{b}{2}+\sqrt{\frac{b^2}{4}+\frac{a^3}{27}}}+\sqrt[3]{-\frac{b}{2}-\sqrt{\frac{b^2}{4}+\frac{a^3}{27}}}$$

这可能看起来有点儿拗口，但它比许多代数公式简单得多。它告诉我们如何通过计算 b 的平方、a 的立方，加上几个分数，再求几个平方根（$\sqrt{\ }$ 符号）和几个立方根（$\sqrt[3]{\ }$ 符号）来求得未知数 x。一个数的立方根指的是立方后能得到这个数的数。

三次方程解的发现至少涉及另外三位数学家，其中一位愤恨地抱怨卡尔达诺曾承诺不泄露他的秘密。这个故事虽然引人入胜，却太复杂，无法在这里讲述。[1] 四次方程由卡尔达诺的学生洛多维科 · 费拉里（Lodovico Ferrari）解决。我在这里就不写四次方程那个更为复杂的公式了。

《大术》中记述的结果是一场数学上的胜利，是一个跨越千年的故事的高潮。古巴比伦人在公元前 1500 年左右，也许更早，学会了求解二次方程。古希腊人和欧玛尔 · 海亚姆（Omar Khayyam）知道了解三次方程的几何方法，但三次方程的代数解（更不用说四次方程）是前所未有的。数学一举超越了它的古典起源。

然而，还有一个小问题。卡尔达诺注意到了这一点，有几个人试图解释它，但都失败了。有时，这种方法非常好用；但有些时候，这个公式就像是德尔斐的阿波罗神谕一样神秘。比如，我们将卡尔达诺公式应用于方程 $x^3-15x-4=0$。其结果是

$$x=\sqrt[3]{2+\sqrt{-121}}+\sqrt[3]{2-\sqrt{-121}}$$

但是，–121是负数，所以它没有平方根。更令人费解的是，这个方程有一个完美的解：$x = 4$。这个公式没有给出它。

当邦贝利在1572年出版《代数》(*L'Algebra*) 时，灵光闪现。他的主要目的是解释卡尔达诺的书，但当他遇到这个棘手的问题时，他发现了一些卡尔达诺错过的东西。如果忽略符号的含义，就按常规方法计算下去，标准的代数规则表明

$$\left(2+\sqrt{-1}\right)^3 = 2+\sqrt{-121}$$

因此你就可以写下

$$\sqrt[3]{2+\sqrt{-121}} = 2+\sqrt{-1}$$

同样，

$$\sqrt[3]{2-\sqrt{-121}} = 2-\sqrt{-1}$$

现在这个困扰卡尔达诺的公式就可以改写为

$$\left(2+\sqrt{-1}\right)+\left(2-\sqrt{-1}\right)$$

恰好等于4，因为惹麻烦的平方根消掉了。所以邦贝利荒谬的形式计算得到了正确的答案。这是一个完全正常的实数。

不知何故，假装负数的平方根有意义——即使它们很显然没有意义，也可以得出合理的答案。为什么会这样呢?

为了回答这个问题，数学家必须发明好的方法来思考负数的平方根，并对其进行计算。早期的数学家，包括笛卡儿和牛顿在内，都将这

些“虚构”的数解释为问题没有解的标志。如果你想找到一个平方等于负一的数，由于形式解“负一的平方根”是虚构的，所以解不存在。但是邦贝利的计算暗示了虚构的东西不止于此。它们可以用来*求出*解，它们可以在计算*确实存在*的解的过程中出现。

莱布尼茨毫不怀疑虚数的重要性。他在1702年写道：“圣灵在分析的奇迹中找到了一个崇高的出口：理想世界的预兆、存在与非存在之间的两栖动物，我们称之为负一的虚根。”但是他的雄辩并没有掩盖一个根本问题：他不知道虚数到底是什么。

沃利斯是最早提出复数的合理表示的人之一。实数分布在一条线上的图（就像尺子上的刻度那样）已经司空见惯。1673年，沃利斯提议把复数 $x+\mathrm{i}y$ 视为平面中的一个点。在平面中画一条线，并以通常的方式用实数标记线上的点。然后将 $x+\mathrm{i}y$ 想象成位于直线一侧的点，与点 x 的距离为 y。

沃利斯的想法在很大程度上被人们所忽视，更糟的是，它还遭到了批评。弗朗索瓦·达维耶·德·芳瑟涅克斯（François Daviet de Foncenex）在1758年撰写关于虚数的文章时表示，虚数构成了一条线且与实数构成的线成直角的想法毫无意义。但这个想法最终复活了，形式变得稍微明确了一点。实际上，有三个人在几年间提出并发表了完全相同的表示复数的方法，如图5.1所示。一位是挪威测绘员，一位是法国数学家，另一位是德国数学家。他们分别是在1797年发表的卡斯帕·韦塞尔（Caspar Wessel）、在1806年发表的让-罗贝尔·阿尔冈（Jean-Robert Argand）和在1811年发表的高斯。他们的说法基本上和沃利斯一样，但他们添上了第二条线——与实数轴成直角的虚数轴。沿着这第二根轴的是虚数 i、2i、3i 等。一般的复数，例如 $3+2i$ 则落在平面上，沿实轴三个单位，沿虚轴两个单位。

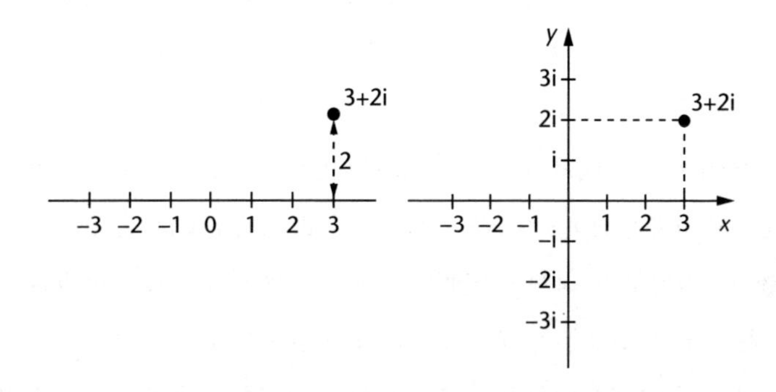

图 5.1　复平面。左：沃利斯的表示。右：韦塞尔、阿尔冈和高斯的表示。

这种几何表示非常好，却没有解释为什么复数能够形成逻辑上自洽的数系。它没有告诉我们复数在什么意义上成为数，只是提供了一种把复数形象化的方法。它并没有定义复数是什么，就像画一条直线并没有定义实数一样。但它确实提供了某种心理支撑，让那些荒诞的虚数和现实世界之间有了一个有点儿人为的联系，但仅此而已。

让数学家相信虚数应该得到认真对待的，并不是因为有了合乎逻辑的描述来解释它们是什么。压倒性的证据表明，不管虚数到底是什么，数学都可以很好地利用它们。如果你每天都拿一个想法来解决问题，还都能得出正确答案，你就不会去费劲琢磨它的哲学基础是怎么回事。当然，关于基础的问题仍然有其意义，但在面对使用新思想解决新老问题的实际考量时，它就退居二线了。

当一些先驱者把注意力转向复分析，即复数而非实数的微积分（见第3章）时，虚数和由此产生的复数系确立了自己在数学中的地位。第一步是把所有常用函数——幂函数、对数函数、指数函数、三角函数——拓展到复数域。如果 $z = x + \mathrm{i}y$，$\sin z$ 是什么？e^z 或 $\log z$ 又是什么？

从逻辑上说，这些东西可以随便是什么。我们开创了一个新的领域，旧的思想并不适用。例如，考虑一个边长为复数的直角三角形没有多大意义，因此正弦函数的几何定义就无关紧要了。我们可以深吸一口气，坚称当 z 是实数的时候，$\sin z$ 就是它通常的值；但是当 z 不是实数时，它就等于42。大功告成。但这将是一个非常愚蠢的定义：不是因为它不精确，而是因为它与实数下的原始定义之间没有合理的联系。对拓展定义的一个要求是，它在应用于实数时必须与原定义一致，但这还不够。我对正弦的愚蠢拓展也满足这一点。另一个要求是，新概念应该尽可能保留旧概念中的特性；它在某种意义上应该是“自然”的。

我们想要保留正弦和余弦的哪些性质呢？很可能我们希望所有那些漂亮的三角学公式依然成立，比如 $\sin 2z = 2\sin z\cos z$。这是加了一个约束，但没有帮助。使用分析（微积分的严格表达）得出的更有趣的性质是无穷级数的存在：

$$\sin z = z - \frac{z^3}{1\times2\times3} + \frac{z^5}{1\times2\times3\times4\times5} - \frac{z^7}{1\times2\times3\times4\times5\times6\times7} + \cdots$$

（这样一个数列的和被定义为有限项之和在项数无限增加时的极限。）余弦也有一个类似的级数：

$$\cos z = 1 - \frac{z^2}{1\times2} + \frac{z^4}{1\times2\times3\times4} - \frac{z^6}{1\times2\times3\times4\times5\times6} + \cdots$$

这两者显然在某种程度上与指数级数相关：

$$e^z = 1 + z + \frac{z^2}{1\times 2} + \frac{z^3}{1\times 2\times 3} + \frac{z^4}{1\times 2\times 3\times 4} + \cdots$$

这些级数可能看起来很复杂，但有一个诱人的特性：我们知道如何在复数的情况下理解它们。它们仅仅涉及了整数幂（通过多次乘法获得）和收敛的技术问题（理解无限项的和）。这两者都自然地拓展到复数域，并具有所有预料之中的性质。因此，我们可以使用适用于实数的级数来定义复数的正弦和余弦。

由于三角学中的所有常用公式都是这些级数的结果，因此这些公式也会自动拓展过来。微积分的基本关系也是如此，例如“正弦的导数是余弦”，还有 $e^{z+w} = e^z e^w$。这一切都非常完美，让数学家们很乐意接受级数定义。一旦他们这样做了，还有很多东西就必须与之相适应。如果你一路做下去，就会发现它会得出什么。

例如，这三个级数看起来非常相似。实际上，如果你把指数级数中的 z 换成 $\mathrm{i}z$，就可以把得到的级数分成两部分——恰好分别是正弦和余弦的级数。所以这个级数定义就意味着

$$e^{\mathrm{i}z} = \cos z + \mathrm{i}\sin z$$

你还可以使用指数表示正弦和余弦：

$$\cos z = \frac{e^{\mathrm{i}z} + e^{-\mathrm{i}z}}{2} \qquad \sin z = \frac{e^{\mathrm{i}z} - e^{-\mathrm{i}z}}{2\mathrm{i}}$$

这个隐藏的关系非常美。但是你如果一直停留在实数域，就永远不会想到有这样的东西。三角公式和指数公式（例如，它们的无穷级数）

之间的奇怪相似性将保持不变。从复数的角度观察，一切都忽然各就各位了。

整个数学中最美丽但最神秘的方程之一几乎是偶然出现的。在三角级数中，数字 z（当它是实数时）必须以弧度为单位表示，其中 360° 的整圆变成了 2π 弧度。180° 角就是 π 弧度。此外，$\sin\pi = 0$ 而 $\cos\pi = -1$。因此

$$e^{i\pi} = \cos\pi + i\sin\pi = -1$$

虚数 i 将数学中最著名的两个数字 e 和 π 融合在一个优雅的等式中。如果你以前从未见过它，并且有任何数学敏感性的话，那你应该会觉得脖子上汗毛直竖，脊背发凉。据称，欧拉提出的这个方程在“最美丽的方程”的民意调查中经常位列榜首。这并不意味着它真的是最美丽的方程，但这确实表明了数学家对它的欣赏程度。

在拥有了复数并了解其性质之后，19 世纪的数学家们发现了一些引人注目的东西：他们可以利用这些东西来解决数学物理中的微分方程。他们可以将这个方法应用于静电、磁和流体。不仅如此，用起来还很容易。

在第 3 章中，我们讨论了函数——一个为给定的数字赋予对应数字的数学规则，比如一个数的平方或正弦。复变函数也是这样定义的，但现在函数中的数可以是复数了。求解微分方程的方法简单得让人高兴。你所要做的就是取一些复变函数，比如称之为 $f(z)$，然后将它分成实部和虚部：

$$f(z) = u(z) + iv(z)$$

现在你就得到了两个实值函数 u 和 v，对复平面上的任何 z 都有定义。此外，无论你从哪个函数出发，这两个分量函数都满足根据物理学得出的微分方程。例如，在流体解释中，u 和 v 确定了流线。在静电解释中，这两个分量决定了电场以及小带电粒子将如何运动；在磁解释中，它们确定了磁场和磁力线。

我只举一个例子：条形磁铁。大多数人记得看过一个著名的实验，把磁铁放在一张纸下面，散落在纸上的铁屑会自动排列成磁力线的形状——微小的测试磁铁被放置在磁场中时将遵循的路径。曲线如图 5.2（左）所示。

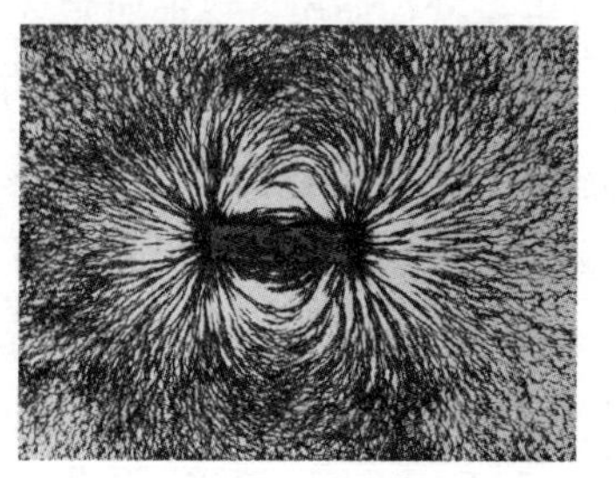

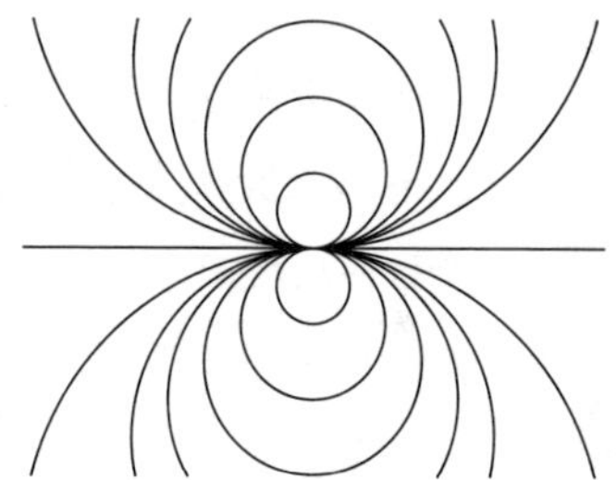

图 5.2　左：条形磁铁的磁场。右：使用复分析得出的场

要使用复变函数得出这张图，我们只需要令 $f(z)=\frac{1}{z}$。磁力线变为圆形，与实轴相切，如图 5.2（右）所示。非常小的条形磁铁的磁场线看起来就像这样。有限大小的磁铁会对应更复杂的函数选择：我选择这个函数是为了让一切尽可能简单。

这太棒了。有无穷无尽的函数可供使用。你决定要看哪个函数，求出它的实部和虚部，画出它们的几何形状……然后，你看啊，磁、电或流体流动的问题都被解决了。经验很快就会告诉你哪个函数用于哪个问题。对数是一个点源，负对数是一个让液体消失的“漏”，就好像厨房水槽中的排水孔一样，i乘上对数是一个点旋涡，液体会在那里转啊，转啊……这太神奇了！这种方法可以解决一个又一个原本看来无从下手的问题。而且它还保证成功，如果你担心复分析出什么问题，你可以直接检查一下自己得出的结果是不是真的代表了答案。

这还只是刚刚开始。除了求出特解之外，你还可以证明一般原理，即物理定律中的隐藏规律。你可以分析波动并求解微分方程。你可以使用复方程将一种形状变换为其他形状，这些方程还会同时变换形状周围的流线。这种方法仅限于平面系统，因为那是复数自然存在的地方，但是以前，哪怕是平面问题都遥不可及，这种方法可谓是及时雨。今天，每个工程师在上大学不久后就会学习如何使用复分析来解决实际问题。茹科夫斯基变换 $z+\frac{1}{z}$ 将圆变成翼形，即基本飞机机翼的横截面，如图5.3所示。因此，它可以将一个圆的绕流（你如果知道窍门就很容易求解）变换为机翼的绕流。在空气动力学和飞机设计的早期阶段，这种计算和更为实际的改进非常重要。

丰富的实践经验让基础问题失去了意义。为什么要吹毛求疵呢？复数肯定有合理的含义，否则它就不会这么好用了。大多数科学家和数学家更感兴趣的是把金子挖出来，而不是仔细研究它是从哪里来的，以及它与“狗头金”有什么区别。但有些人还是坚持不懈。最终，爱尔兰

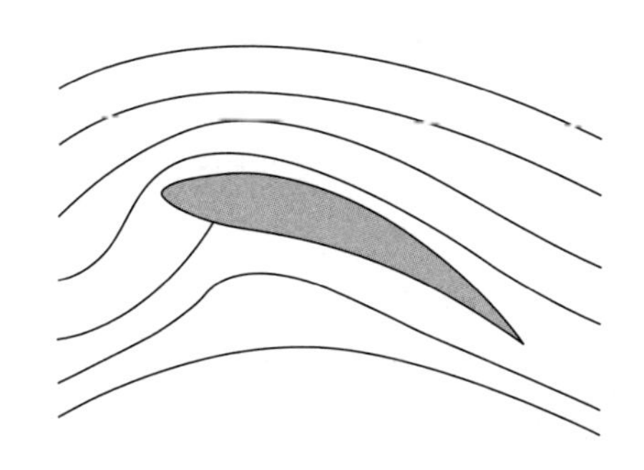

图 5.3　通过茹科夫斯基变换求得的机翼的绕流

数学家威廉·罗恩·哈密顿（William Rowan Hamilton）给整个事情画上了句号。他采用了韦塞尔、阿尔冈和高斯提出的几何表示，并用坐标表示出来。复数就是一对实数 (x, y)。实数是形如 $(x, 0)$ 的数字，虚数 i 是 $(0, 1)$。有一些简单的公式可以对这些数对做加法和乘法。如果你担心某些代数定律，比如交换律 $ab = ba$，那么你可以像平常一样把数对放在两边计算，然后确保它们一样（确实如此）。如果你简单地用 x 表示 $(x, 0)$，那就是把实数嵌入到了复数中。更好的是，$x + \mathrm{i}y$ 算出来就是 (x, y)。

这不仅仅是一种表达，而是一种*定义*。哈密顿说，复数无非是一对普通的实数。使它们变得如此有用的，是对加法和乘法规则的巧妙选择。它们本身毫无新意，神奇之处来自使用的方式。通过这一神来之笔，哈密顿一举终结了几个世纪的热烈争论和哲学辩论。但到那时，数学家已经如此惯于处理复数和复变函数，没有人再关心这个问题了。你需要记住的只是 $\mathrm{i}^2 = -1$。

注释

1. 1535年，数学家安东尼奥·菲奥尔和尼科洛·丰塔纳（绰号“塔尔塔利亚”，意为“口吃者”）公开竞赛。他们给了彼此一些三次方程来解，而塔尔塔利亚大败菲奥尔。那时，三次方程被分为三种不同的类型，因为人们还没有认识到负数。菲奥尔只知道如何解一种类型的方程；塔尔塔利亚最初知道如何解另一种类型的方程，但在比赛前不久，他想出了如何解所有其他类型的方程。接下来，他给菲奥尔的题目全是他知道菲奥尔解不出来的类型。卡尔达诺当时正在写代数书，听说了这场竞赛。他意识到菲奥尔和塔尔塔利亚知道如何解三次方程。这一发现将让他的书大为增色，于是要求塔尔塔利亚揭示自己的方法。

   最终，塔尔塔利亚透露了这个秘密，后来称卡尔达诺承诺永远不会公之于众。但这种方法出现在《大术》一书中，因此塔尔塔利亚指责卡尔达诺剽窃。然而，卡尔达诺有一个借口，他也有充分的理由来圆回自己的承诺。他的学生洛多维科·费拉里已经发现了如何解四次方程，这是一个同样新颖和重大的发现，卡尔达诺也想把它写进自己的书里。然而，费拉里的方法需要解相关的三次方程，因此卡尔达诺无法避开塔尔塔利亚的工作而单独发表费拉里的工作。

   然后卡尔达诺了解到，菲奥尔是希皮奥内·德尔·费罗的学生，传闻他已经解决了所有三种类型的三次方程，却只教给了菲奥尔一种类型。德尔·费罗未发表的论文在安尼巴勒·德拉·纳韦手中，于是卡尔达诺和费拉里于1543年前往博洛尼亚向纳韦求教，并在论文中找到了所有三种三次方程的解法。所以卡尔达诺可以诚实地说他发布的是德尔·费罗的方法，而不是塔尔塔利亚的方法。塔尔塔利亚仍然感到受了骗，并发表了一大篇愤怒的檄文来抨击卡尔达诺。费拉里向他发起公开辩论并轻松地赢得了胜利。之后，塔尔塔利亚再未能真正恢复自己的声誉。

结事生非

欧拉多面体公式

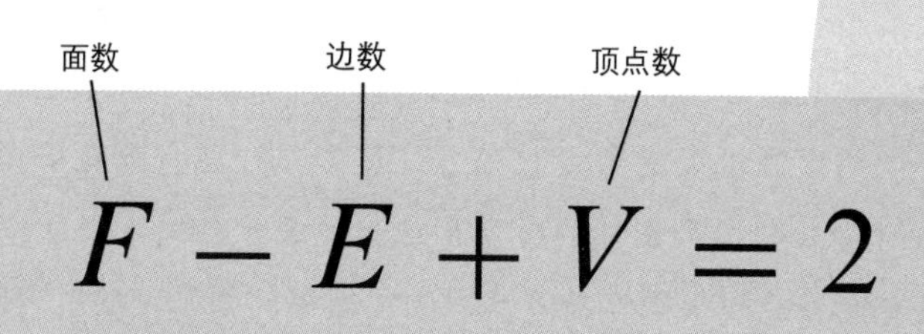

$$F - E + V = 2$$

它告诉我们什么?

立体图形的面、边和顶点的数量不是独立的，而是存在简单的关系。

为什么重要?

它利用最早的拓扑不变量的例子来区分具有不同拓扑的立体图形。这为更一般、更强大的技巧铺平了道路，创造了一个新的数学分支。

它带来了什么?

纯数学中最重要和最强大的领域之一：拓扑学，它研究连续形变下不变的几何性质，比如曲面、纽结与链环。大多数应用是间接的，但它在幕后起的作用十分关键。它有助于我们了解酶如何作用于细胞中的脱氧核糖核酸（DNA），以及为什么天体的运动可能是混沌的。

在19世纪接近尾声时，数学家开始发展一种新的几何。在这种几何里，长度和角度之类我们熟悉的概念不起任何作用，并且三角形、正方形和圆之间没有区别。最初它被称为位置分析（analysis situs），但数学家很快就给了它另一个名字：拓扑学。

拓扑学的根源可以追溯到1639年，笛卡儿在思考欧几里得的五种正多面体时注意到一种奇怪的数字规律。笛卡儿是出生于法国的博学大师，他大部分时间生活在荷兰共和国（如今的荷兰王国）。他的声名主要来自哲学——他的哲学的影响力实在是太大了，使得在很长一段时间里，西方哲学的主要内容都是在回应笛卡儿。他的名言“我思故我在”（cogito ergo sum）已经家喻户晓。但笛卡儿的兴趣不止于哲学，而是延伸到了科学和数学。

1639年，笛卡儿把注意力转向了正多面体，他注意到了一个奇怪的数字规律。立方体有6个面、12条边和8个顶点，$6-12+8=2$；十二面体有12个面、30条边和20个顶点，$12-30+20=2$；二十面体有20个面、30个边和12个顶点，$20-30+12=2$。同样的关系对四面体和八面体也成立。事实上，它适用于任何形状的多面体，不管是不是正多面体。如果一个立体图形具有F个面、E条边和V个顶点，则$F-E+V=2$。笛卡儿只把这个公式看作一个无关紧要的小玩意儿，并没有发表它。过了很久之后，数学家们才把这个简单的小方程看作迈向20世纪数学的巨大成功——拓扑学势不可当的崛起的最早尝试之一。在19世纪，纯数学的三大支柱是代数、分析和几何，到20世纪末，则是代数、分析和拓扑。

拓扑常常被称为“橡胶膜几何”，因为这种几何适用于画在弹性膜上的图形，允许线条弯曲、收缩或拉伸，并且圆可以被揉捏成三角形或正方形。重要的是连续性：你不能把膜撕开。你也许会惊讶于这么诡异的东西居然有意义，但连续性其实是自然界的基本要素，也是数学的基本特征之一。今天我们大多把拓扑学当作众多数学技巧中的一种来间接使用。你在厨房中找不到任何明显使用拓扑学的东西。然而，一家日本公司真的推出了一台“混沌”洗碗机，据他们的营销人员说，它能够更有效地清洗餐具，而我们对于混沌的理解依赖于拓扑学。量子场论和标志性的DNA分子的一些重要方面也是如此。但是，当笛卡儿数了数正多面体最显著的特征，并注意到它们并不独立时，上面所说的都要到很久之后才会出现。

现在轮到不知疲倦的欧拉了——他是历史上最多产的数学家，分别在1750年和1751年证明和发表了这一关系。我会简述一个现代的版本。表达式 $F-E+V$ 看似相当随意，但它的结构非常有趣。面（F）是多边形，维数为2；边（E）是线，维数为1；顶点（V）是点，维数为0。表达式中的符号是交替的 $+-+$，其中偶数维的特征为 $+$，而奇数维的特征为 $-$。这意味着你可以通过合并面或删除边和顶点来化简立体图形，并且这些更改不会改变 $F-E+V$ 的数值，每次去掉一个面的时候，也会去掉一条边，或是在去掉一个顶点的时候，也会去掉一条边。交替的符号意味着这种变化被抵消了。

接下来，我会解释这个巧妙的结构是如何被完成证明的。图6.1展示了关键的几步。拿起你的立体图形，将其变形为一个漂亮的球体，边就变成了球面上的曲线。如果两个面沿公共边相交，则可以去掉这条边，并将两个面合二为一。由于这一合并让 F 和 E 同时减少1，因此不会改变 $F-E+V$。继续这样做，直到你得到一个覆盖几乎整个球体的面。除了这个面之外，你只剩下边和顶点。它们必然会形成一棵树——一个没有闭环的网络，因为球体上的任何闭环都会划分出两个面：一个在环内，一个在环外。树的分支是立体图形剩下的边，在剩余的顶点处连接在一起。这时就只剩下一个面：整个球面，减去树。这棵树的一些分支两端都连接到其他分支，但有一些终端处的分支会终止于一个顶点，而没有其他分支连接到这个顶点上。如果你把这些终端的分支与相应的顶点一起去掉，则树会变小，但由于 E 和 V 同时减少1，因此 $F-E+V$ 依然保持不变。

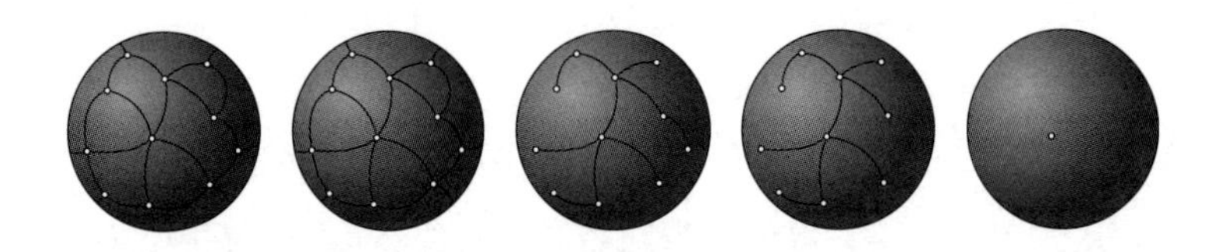

图 6.1　化简立体图形的关键步骤。从左到右：(1) 开始；(2) 合并相邻的面；(3) 所有面合并后剩下的树；(4) 从树中去掉边和顶点；(5) 结束

这个过程可以一直持续下去，直到剩下唯一一个顶点，落在一个除此之外毫无特征的球面上。现在 $V=1$，$E=0$，$F=1$。所以 $F-E+V=1-0+1=2$。但由于每一步都让 $F-E+V$ 保持不变，因此它在开始时的值也必须为2，这就是我们想要证明的。

这是一个非常精巧的想法，其中包含了一个影响深远的原理的萌芽。证明有两个要素。一个是化简的过程：去除面和相邻边，或去除顶点和连接的边。另一个是不变量，一个在化简过程中执行步骤时保持不变的数学表达式。只要这两个要素同时存在，你就可以尽可能地化简任何初始对象，然后计算化简后版本的不变量的值，由此计算初始对象的不变量的值。因为它是一个不变量，所以这两个值必须相等。因为最终结果很简单，所以不变量很容易计算。

现在我不得不承认，有一个技术问题我一直藏着没讲。实际上，笛卡儿的公式并不适用于所有立体图形。最常见的不成立的立体图形是相框。想象一下由四根木条制成的相框，每根木条的横截面都是矩形，在四角上以 45° 斜角连接，如图 6.2（左）所示。每根木条有 4 个面，所以 $F = 16$。每根木条还有 4 条边，但是四角上的斜角接头还会在每个角上产生 4 条边，因此 $E = 32$。每个角上还有 4 个顶点，因此 $V = 16$。所以 $F - E + V = 0$。

错在什么地方呢?

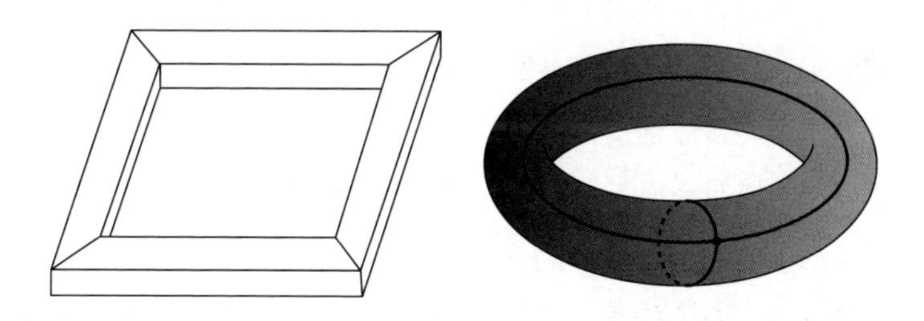

图 6.2　左：$F - E + V = 0$ 的相框。右：平滑相框再化简后的最终结果

$F - E + V$ 不变是没有问题的。化简的过程也没有太大问题。但是如果你对相框进行这个操作，每次都是同时消掉一个面和一条边，或是

一条边和一个顶点，化简得到的最终结果并不是单个面上的单个顶点。以最明显的方式消去的话，就会得到图6.2（右），$F=1$，$V=1$，$E=2$。我已经使面和边都变得圆滑了，你很快就会知道这是为什么。到了这一步，去掉边只会将剩下的唯一一个面与自身合并，因此数字不再会被消去了。这就是我们停下来的原因，但无论如何，我们都达到目标了：对于这种形态，$F-E+V=0$。所以这个方法还是很好用的。它只会对相框得到不同的结果。相框和立方体之间必然存在一些根本的区别，而不变的 $F-E+V$ 恰恰揭示了这一点。

差异原来是拓扑上的。在前文我的版本的欧拉证明中，我告诉你要把立体图形“变形成一个漂亮的圆形球体”。但这对于相框来说是不可能的。即使经过化简，它的形状也不像球体。它是一个环面，看起来像一个充气橡胶圈，中间有一个洞。这个洞在原始形状中也清晰可见：相片就是放在这里的。相比之下，球体没有洞。相框中的洞是化简过程得出不同结果的原因。然而，我们还可以化腐朽为神奇，因为 $F-E+V$ 仍然是一个不变量。所以证明告诉我们，任何可变形为环面的立体图形都将满足一个略微不同的方程：$F-E+V=0$。这样，我们就有了一个严格的证明，说明环面不能变形为球体。也就是说，这两个曲面在拓扑上是不同的。

当然，这一眼就能看出来，但现在，我们的直觉有了逻辑支撑。就像欧几里得从点和线显然存在的性质出发，将它们形式化为严格的几何理论一样，19世纪和20世纪的数学家现在可以发展出严格的形式拓扑理论了。

从哪里开始再明显不过了。我们知道存在像环面一样，但有两个或更多个洞的立体图形，如图6.3所示，这个不变量应该能告诉我们一些有用的东西。事实证明，任何可变形为2洞环面的立体图形都满足 $F-E+V=-2$，任何可变形为3洞环面的立体图形都满足 $F-E+V=-4$，并且一般而言，任何可变形为 g 洞环面的立体图形都满足 $F-E+V=2-2g$。符号 g 是“亏格”（genus，“洞数”的学名）的缩写。沿着笛卡儿和欧拉开创的思路，就引出了立体图形的定量性质（面、顶点和边的数量）和“有洞”的定性性质之间的联系。我们将 $F-E+V$ 称为立体图形的欧拉示性数，并注意到它仅取决于考察的立体图形，而不取决于如何将其切割成面、边和顶点。这使其成为立体图形本身的固有特征。

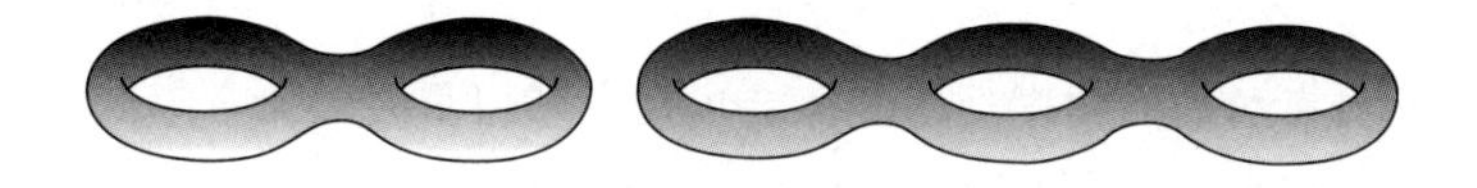

图6.3　左：2洞环面。右：3洞环面

确实，我们数了数有几个洞，这是一个定量操作，但“洞”本身是定性的，因为它是立体图形的特征这一点并不是显然的。直观地说，它是空间中不属于立体图形的一个区域。但也不是随便一个这样的区域。毕竟，这种描述也适用于立体图形周围的所有空间，没有人会认为那都是洞。而且它还适用于球体周围所有的空间……而球体上并没有洞。事实上，你越思考“洞”是什么，就越能意识到“洞”多么难定义。我最喜欢的一个例子是图6.4所示的形状，它展示了这件事可以费解到什么程度——它是一个“穿过洞中洞的洞”。显然，你可以让一个洞穿过另一个洞，而那个洞本身是第三个洞里的洞。

这简直要让人疯掉了。

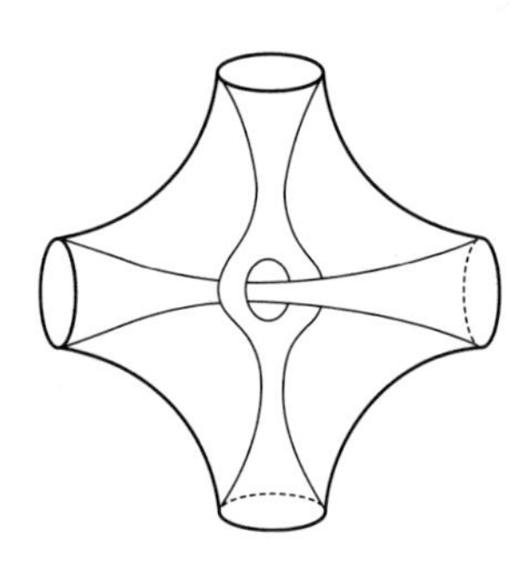

图 6.4　穿过洞中洞的洞

如果有洞的立体图形永远不会出现在任何重要的地方，那这也无所谓了。但是到了19世纪末，它们在数学中到处冒出来——复分析、代数几何和黎曼微分几何。更糟糕的是，在纯数学和应用数学的所有领域中，立体图形的高维类比都占据了中心位置；我们前面讲过，太阳系的动力学需要每个物体有6个维度，它们都有高维的类似于洞的东西。看起来这个领域得被整顿一下了……结果发现，答案是……不变量。

拓扑不变量的概念可以追溯到高斯在磁学方面的工作。他对磁场和电场线如何连接在一起感兴趣，并且他定义了环绕数（linking number）来计算一条场线环绕另一条场线几周。这是一个拓扑不变量：在曲线连续变形时保持不变。他使用积分找到了这个数的公式，并且他经常表示希望更好地理解图的“基本几何性质”。难怪高斯的学生约翰·利斯廷（Johann Listing）和助手奥古斯特·默比乌斯（August Möbius）的工作最早针对这种理解取得了重大的进展。利斯廷在1847年发表的《拓扑学研究》（*Vorstudien zur Topologie*）一书引入了“拓扑学”这个词，而默比乌斯则明确了连续变换的作用。

利斯廷有一个绝妙的想法：寻求欧拉公式的推广。表达式 $F-E+V$ 是一个组合不变量：一种把立体图形切割为面、边和顶点的特定方式的一个特征。洞的数量 g 是一个拓扑不变量：只要变形是连续的，不管立体图形如何变形，它都不会变。拓扑不变量描述的是图形的定性概念特征，组合不变量提供了计算它的方法。两者结合起来可以非常强大，因为我们可以使用概念上的不变量来思考图形，然后使用组合版本来具体计算我讨论的东西。

事实上，这个公式让我们彻底避开了如何定义“洞”的棘手问题。相反，我们整体定义了“洞数”，而不是定义一个洞或是数有多少个洞。怎么做呢？太简单了。只要把欧拉公式 $F-E+V=2-2g$ 的广义版本变形为

$$g=1-\frac{F}{2}+\frac{E}{2}-\frac{V}{2}$$

现在我们就可以在立体图形上画上面、边、顶点，数一数 F、E、V，再把这些值代入公式里，求出 g。由于这个表达式是一个不变量，因此如何切割立体图形并不重要：答案总是一样的。但我们所做的事不依赖对“洞”的定义。相反，“洞数”就成了一种直观的解释，只要看看简单的例子，我们就会觉得自己知道这个说法应该是什么意思了。

这可能看起来像是作弊，但它在拓扑学的核心问题上取得了重大进展：一个形状何时可以连续变形为另一个？也就是对拓扑学家来说，两个形状是不是一样的？如果是一样的，那它们的不变量也必须相同；相反，如果不变量不同，形状就不同。（但是，有时两个形状可能具有相同的不变量，两者却不一样，这取决于不变量是哪一个。）由于球体的欧拉示性数特征是2，但环面的欧拉示性数却是0，所以球体无法连续变形为环面。这似乎显而易见，因为环面有一个"洞"……但我们已经看到了这种思维方式可能带来什么样的麻烦。你并不是非得解释欧拉示性数才能用它来区分图形，而这一点十分关键。

不那么明显的是，欧拉示性数表明，令人费解的穿过洞中洞的洞（图6.4）实际上只是一个改头换面的三洞环面。大多数表观上的复杂性并非源于曲面内蕴的拓扑结构，而是源于将其嵌入空间的方式。

拓扑学中第一个非常重要的定理来自欧拉示性数的公式。它对曲面（弯曲的二维形状，如球面或圆环面）做出了完整的分类。它还提出了几个技术条件：曲面应该没有边界，并且它的范围应该是有限的（用行话来说，是"紧致"的）。

这样就从本质上描述了曲面；也就是说，我们并不认为它存在于某些周围空间中。一种方法是将表面视为若干个多边形区域（拓扑等价于圆盘），按照特定规则沿边缘黏合在一起，就像你在组装纸模时"把凸舌A粘到凸舌B上"的说明。例如，球面可以被描述为沿边缘粘在一起的两个圆盘。一个圆盘成为北半球，另一个成为南半球。圆环的描述特别优雅：把正方形的对边相互黏合。这种结构可以在周围空间中画出来

（图6.5），解释了为什么它会得到一个圆环，但在数学上，只用正方形和黏合规则就够了。它的好处恰恰在于这是内蕴（intrinsic）的。

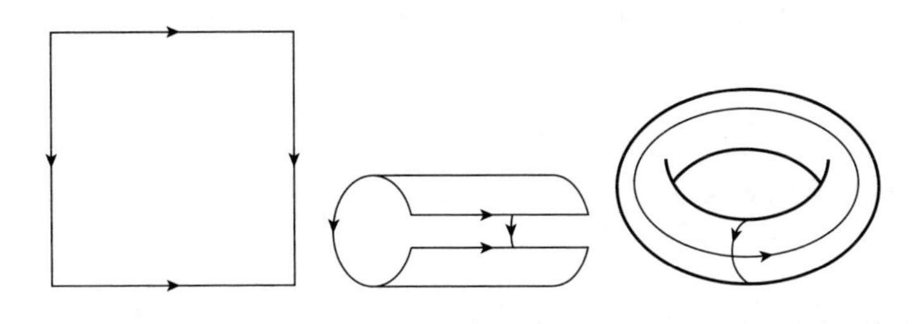

图6.5　把正方形的边缘粘起来，得到环面

把边缘粘在一起引发了一种相当奇怪的现象：只有一个面的曲面。最著名的例子是默比乌斯和利斯廷1858年发现的默比乌斯带，它是一个矩形条带，把末端扭转180°黏合在一起（通常也称为扭转半圈，因为惯例上认为360°是一圈）。默比乌斯带如图6.6（左）所示，它有一条边，就是矩形没有黏合的那条边。这也是唯一一条边，因为矩形的两条分离的边因扭转半圈而首尾相连，变成了一个闭合的环。

我们可以用纸来制作默比乌斯带的模型，因为它可以自然地嵌入三维空间。这个环只有一个面，意思是说，如果从一个面上开始不断涂色，你最终会涂满整个曲面的正面和反面。之所以发生这种情况，是因为扭转半圈把正、反面连在了一起。这不是一个内蕴描述，因为它依赖于将默比乌斯带嵌入空间；但还有一种等价的、更具技术性的性质，称为可定向性——而它是内蕴的。

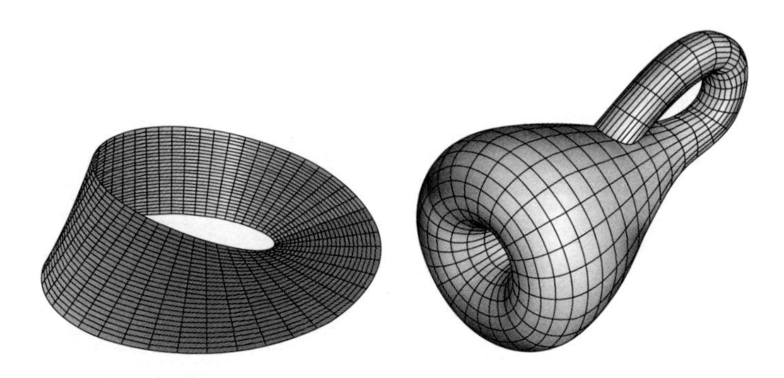

图6.6 左：默比乌斯带。右：克莱因瓶。瓶子看起来发生了自交，这是因为这张图将其嵌入三维空间中

还有一个相关的曲面只有一面，根本没有边缘，如图6.6（右）所示。如果我们将矩形的两边像默比乌斯带一样粘在一起，并且不加扭转，将另外两边也粘在一起，就可以得到它。三维空间中的模型必须要穿过自身，即使从内蕴的角度来看，黏合规则并不会引发自交。如果画出这样相交的表面，它看起来像一个瓶子，瓶颈穿过侧壁，连到瓶底上。它是由费利克斯·克莱因（Felix Klein）发明的，被称为“克莱因瓶”——有一个德语“谐音梗”的笑话，说克莱因的曲面（Kleinsche Fräche）变成了克莱因瓶（Kleinsche Flasche）。

克莱因瓶没有边界，并且是紧致的，因此任何曲面分类都必须包含它。它是所有单侧曲面中最著名的一个，而令人惊讶的是，它并不是最简单的一个。这个荣誉归于实射影平面，如果你将正方形的两组对边都扭转半圈粘在一起，就可以得到它（这用纸很难做，因为纸太硬了；像克莱因瓶一样，它需要曲面自交。最好是在“概念”中完成，也就是在正方形上画图，但是画到边上的时候要记得黏合规则并“绕回来”）。约翰·利斯廷在 1860 年前后证明了曲面分类定理，得出了两个曲面族。有两侧的曲面是球面、圆环面、双洞环面、三洞环面，等等。只有单侧的曲面也形成了一个类似的无限族，简单的例子包括实射影平面和克莱因瓶。我们可以通过在相应的双侧表面上挖掉一个小圆盘并粘上一个默比乌斯带来得到它们。

曲面自然地出现在许多数学领域中。它们在复分析中很重要，其中曲面与函数的表现奇怪（如导数不存在）的奇点相关。奇点是复分析中许多问题的关键；从某种意义上说，它们捕捉到了函数的本质。由于奇点与曲面相关，因此曲面拓扑为复分析提供了一种重要的技术。从历史上看，这促成了曲面分类。

大多数现代拓扑高度抽象，其中很多是在四维或更高维度上发生的。我们可以在一个更常见的环境——纽结中感受到这个主题。在现实世界中，纽结是一团缠绕在一起的绳子。拓扑学家需要一种方法来阻止结打好后松脱，因此他们将绳的两端连接起来，形成一个闭合环。现在纽结就是一个嵌入空间中的圆了。从本质上讲，纽结在拓扑上与圆相同，但就此而言，重要的是圆如何嵌入周围空间里。这似乎与拓扑精神相反，但纽结的本质在于绳圈与围绕它的空间之间的关系。不仅考虑绳圈，而且考虑它与空间的关系，拓扑学可以解决关于纽结的重要问题，比如：

- 怎么知道结真的打结了？

- 如何区分拓扑结构不同的结?
- 能够对所有可能的结进行分类吗?

经验告诉我们，有许多不同类型的结。图6.7展示了其中的一些：反手结或三叶结、平结、祖母结、八字结、码头工人结等等。还有“平凡结”——一个普通的圆圈；顾名思义，这个圈没有打结。一代代水手、登山者和童子军使用了很多不同种类的结。任何拓扑理论当然都应该反映出这种丰富的经验，但是必须在拓扑的形式环境中严格证明一切，正如欧几里得必须证明毕达哥拉斯定理，而不是仅仅画出几个三角形量一量。值得注意的是，第一个纽结存在，也就是存在一种不能变形为平凡结的圆的嵌入的拓扑证明，首次于1926年出现在德国数学家库尔特·赖德迈斯特（Kurt Reidemeister）的《纽结与群》(*Knoten und Gruppen*）一书中。“群”这个词是抽象代数中的一个技术名词，它很快成为拓扑不变量的最有效来源。1927年，赖德迈斯特，以及美国人詹姆斯·沃德尔·亚历山大（James Waddell Alexander）与他的学生G. B. 布里格斯（G. B. Briggs)，分别独立使用“纽结图”找到更简单的方法，来证明纽结的存在。“纽结图”是描述纽结的图，在绳圈中画出微小的断点，来显示各股绳是如何重叠的，如图6.7所示。断点并不存在于打结的绳圈本身，但我们在二维图中会用它们来表示三维结构。现在我们可以使用断点将纽结图分成若干块（部分)，然后我们对图做些操作，看看各部分会发生什么。

如果回顾一下我是如何利用欧拉示性数的不变性的，你就会发现我用了一系列特定的动作来化简立体图形：通过去掉边来合并两个面，通过去掉顶点来合并两条边。同样的技巧也适用于纽结图，但现在你需

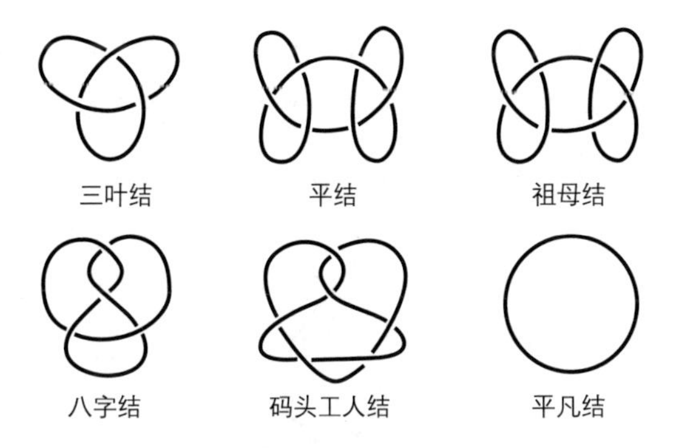

图 6.7　五种结和平凡结

要三类移动来化简，称为赖德迈斯特移动（Reidemeister move），如图 6.8 所示。每次移动都可以在任一方向上进行：添加或移除扭曲，重叠两股绳或将它们拉开，让一股绳越过另外两股绳交叉的位置。

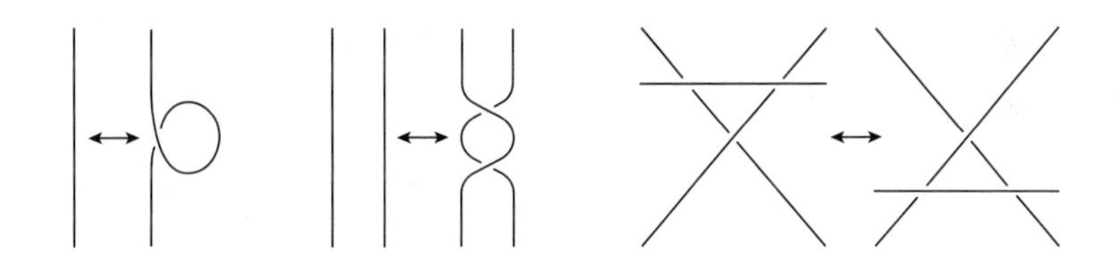

图 6.8　赖德迈斯特移动

通过对纽结图做一些初步的调整和清理，比如修改三条曲线重叠的位置（如果真是这样的话），可以证明对纽结的任何变形都可以表示为对相应纽结图的有限步赖德迈斯特移动。现在就可以用欧拉那套办法了——我们只需要找到一个不变量。其中一个是纽结群，但还有一个简单得多的不变量，可以证明三叶结真的是一个结。我可以给纽结图中的各部分着色来解释它。为了说明这个思想的一些特征，我从一个稍微复杂一点儿的图开始讲起，图中的结额外扭转了一圈，如图6.9所示。

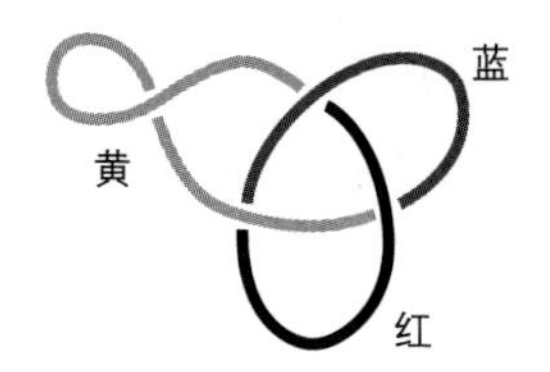

图6.9　额外扭转一圈的着色三叶结

额外的扭转产生了四个隔开的部分。假设我使用三种颜色为各部分着色，如红色、黄色和蓝色（图中显示为黑色、浅灰色和深灰色）。这种着色遵循两个简单的规则：

- 使用至少两种不同的颜色。（这里实际有三种颜色，但这是我不需要的额外信息。）
- 在每个交叉点处，附近的三条线要么颜色都不同，要么颜色全相同。在我额外扭转的一圈产生的交叉点附近，所有三个部分都是黄色的。其中两个部分（黄色）在其他地方是连接的，但在交叉点附近是分开的。

一个非常棒的发现是，如果纽结图可以按照这两条规则使用三种颜色着色，那么在任何赖德迈斯特移动之后也是如此。只要看看赖德迈斯特移动如何影响着色，就可以非常容易地证明这一点。例如，如果我解开图片中额外扭转的一圈，那么可以保持颜色不变，一切仍然成立。

为什么这很棒？因为它证明三叶结确实是打结的。为了说明问题，假设它可以解开，那么某些赖德迈斯特移动就可以把它变换为一个不打结的圈。由于三叶结可以按照这两条规则着色，因此它也必须适用于不打结的圈。但不打结的圈就是一根没有重叠的绳，因此唯一的着色方法是在所有地方都涂同一种颜色。但这违反了第一条规则。由此反证不存在这样的赖德迈斯特移动；也就是说，三叶结是无法解开的。

这证明三叶结确实是打结的，但不能将其与诸如平结或码头工人结之类的其他纽结区分开。最早的有效方法之一是由亚历山大发明的。它源自赖德迈斯特的抽象代数方法，但它带来了一种在更常见的中学代数意义上的代数不变量。它被称为亚历山大多项式，把每一种纽结都和一个由变量 x 的幂组成的公式关联起来。严格来说，“多项式”这个说法仅适用于幂是正整数的情况，但我们在这里也允许负数幂。表 6.1 列出了一些亚历山大多项式。如果列表中的两个纽结具有不同的亚历山大多项式（这里除了平结和祖母结之外都不同），那么纽结一定在拓扑上不同。相反的情况并不成立：平结和祖母结有相同的亚历山大多项式，但在 1952 年，拉尔夫 · 福克斯（Ralph Fox）证明了它们在拓扑上是不同的。证明需要的拓扑学异常复杂，比所有人预想的都困难得多。

大约在 1960 年之后，纽结理论进入了拓扑学的停滞期，徘徊在一片未解决的问题的海洋中，等待着一丝创造性的灵光闪现。灵感在 1984 年终于来临，新西兰数学家沃恩 · 琼斯当时想到了一个如此简单的想法——赖德迈斯特之后的任何人本都可以想到它。琼斯不是一个纽结理论家，他甚至不是一个拓扑学家。他是一位分析学家，致力于算子代

表 6.1　纽结的亚历山大多项式

纽结	亚历山大多项式
平凡结	1
三叶结	$x-1+x^{-1}$
八字结	$-x+3-x^{-1}$
平结	$x^2-2x+3-2x^{-1}+x^{-2}$
祖母结	$x^2-2x+3-2x^{-1}+x^{-2}$
码头工人结	$-2x+5-2x^{-1}$

数，这是一个与数学物理有着密切联系的领域。这些思想可以应用于纽结并不算太奇怪，因为数学家和物理学家已经知道算子代数和辫子（一种特殊的多股纽结）之间有趣的联系。他发明的新的纽结不变量称为琼斯多项式，也使用纽结图和三种移动来定义。但是，这些移动并不能保持结的拓扑，它们并不保持新的“琼斯多项式”。然而，令人惊讶的是，这个思想仍然可以发挥作用，而琼斯多项式是一个纽结不变量。

对于这个不变量，我们必须选择一个沿着结的特定方向，如箭头所示。平凡结的琼斯多项式 $V(x)$ 定义为 1。给定纽结 L_0，将两股绳靠在一起而不改变图中的任何交叉。注意，它的方向要如图 6.10 所示。这就是需要箭头的原因，如果没有箭头，这个过程就没法进行了。把 L_0 的区域换成以两种可能的方式交叉的两股绳。把得到的纽结图分别称为

L_+ 和 L_-。现在定义

$$(x^{\frac{1}{2}} - x^{-\frac{1}{2}})V(L_0) = x^{-1}V(L_+) - xV(L_-)$$

从平凡结出发，并以正确的方式进行移动，就可以计算任何纽结的琼斯多项式。神秘的是，事实证明它是一个拓扑不变量。它优于传统的亚历山大多项式；例如，它可以区分平结和祖母结，因为它们的琼斯多项式不同。

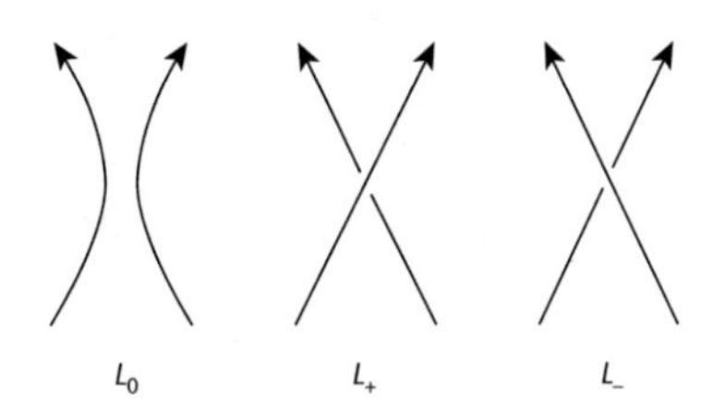

图 6.10　琼斯移动

琼斯的发现为他赢得了菲尔兹奖——数学界最负盛名的奖项。它还引发了新的纽结不变量的爆发。1985 年，四组不同的数学家，总计八人，同时发现了琼斯多项式的相同推广，并将他们的论文独立提交给了同一期刊。所有四个证明都不同，编辑说服八位作者联名发表一篇文章。它们的不变量通常被称为 HOMFLY 多项式，这是用作者们名字的首字母命名的。但即使是琼斯多项式和 HOMFLY 多项式也没有完全回答纽结理论的三个问题。目前尚不清楚琼斯多项式为 1 的结是否必须是平凡结，尽管许多拓扑学家认为很可能是这样的。存在具有同一琼斯多项式但在拓扑上不同的结。已知最简单的例子的纽结图有十个交叉点。对所有可能的纽结进行系统性分类仍然只是数学家的幻想。

这很漂亮，但有用吗？拓扑有许多用途，但通常是间接的。拓扑原理为其他有更直接应用的领域提供了深刻的思想。例如，我们对混沌的理解建立在动力系统的拓扑性质之上，比如庞加莱在重写他的获奖回忆录时所指出的奇怪行为（见第4章）。行星际高速公路是太阳系动力学的一个拓扑特征。

拓扑学更为深奥的应用出现在基础物理学的前沿。在这里，拓扑学的主要使用者是量子场理论家，因为超弦理论（即人们希望能够统一量子力学和相对论的理论）是基于拓扑学的。在这里，类似于纽结理论中的琼斯多项式的东西出现在费曼图的背景下，而费曼图展示了诸如电子和光子的量子粒子如何在时空中运动，同时相互碰撞、合并和分离。费曼图有点儿像纽结图，琼斯的想法可以拓展到这个领域上。

对我来说，拓扑学中最迷人的应用之一是它在生物学中越来越多的用途，帮助我们理解生命分子DNA是怎么工作的。之所以出现拓扑学，是因为DNA是双螺旋，就像两个相互缠绕的螺旋形楼梯一样。这两条链错综复杂地交织在一起，重要的生物过程，特别是细胞分裂时复制DNA的方式，必须考虑到这种复杂的拓扑结构。当弗朗西斯·克里克（Francis Crick）和詹姆斯·沃森（James Watson）在1953年发表关于DNA分子结构的研究时，他们简短地暗示了一种可能的复制机制（很可能在细胞分裂时涉及）：两条链被解开，分别用作模板来得到新的副本。他们不愿意解释太多，因为他们意识到，解开缠绕的两根线存在拓扑上的障碍。在这么早的阶段把猜测说得太过具体可能纯属添乱。

事实证明，克里克和沃森是对的。拓扑障碍是真实存在的，但进化提供了克服它们的方法，例如切割和粘贴 DNA 链的特殊酶。其中一种酶被称为拓扑异构酶并非巧合。在 20 世纪 90 年代，数学家和分子生物学家使用拓扑学来分析 DNA 的迂回曲折，并研究它在细胞中是如何工作的。这里不能使用通常的 X 射线衍射方法，因为这种方法要求 DNA 呈结晶形式。

一些称为重组酶的酶切开了两条 DNA 链，然后换一种方式将它们重新连接起来。为了确定这种酶在细胞中的作用，生物学家将酶应用于 DNA 的闭环。然后他们用电子显微镜观察改变后的环。如果酶将不同的链连接在一起，得到的图像就是一个纽结，如图 6.11 所示。如果酶使链保持分离，则图像会显示两个链环。来自纽结理论的方法，例如琼斯多项式和另一种称为“缠结”（tangle）的理论，可以确定出现了哪些纽结和链环，详细地告诉我们酶起了什么作用。他们还做出了经过实验验证的新预测，让人们对拓扑计算展示的机制的正确性有了一些信心。[1]

总的来说，除了我在本章开头提到的洗碗机之外，你不会在日常生活中遇到拓扑学。但拓扑学在幕后影响了整个主流数学，让其他有更明显实际用途的技术得以发展。这就是为什么数学家认为拓扑非常重要，而其他人几乎没有听说过它。

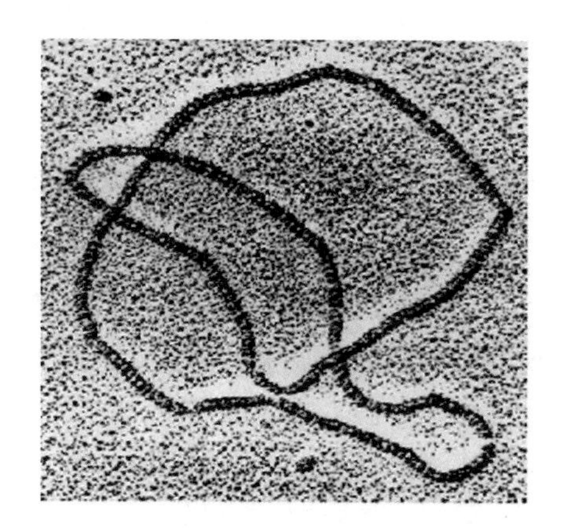

图 6.11　形成三叶结的 DNA 环

注释

1. 在 Ian Stewart. *Mathematics of Life*, Profile, London 2011 一书第 12 章中有总结。

偶然的规律

正态分布

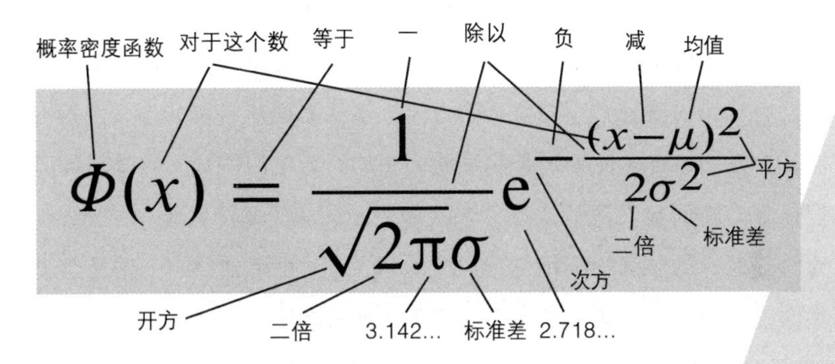

$$\Phi(x)=\frac{1}{\sqrt{2\pi}\sigma}e^{-\frac{(x-\mu)^2}{2\sigma^2}}$$

它告诉我们什么?

观测到特定数据值的概率在均值附近最大，随着数据值与均值的差异增大而迅速减小。减小得多快取决于标准差的大小。

为什么重要?

它定义了一族特殊的钟形概率分布，这种分布往往能很好地反映常见的实际观测。

它带来了什么?

“普通人”的概念，测试实验结果（如医学试验）的显著性检验，以及（很不幸）默认形成钟形曲线的倾向，就好像别的分布都不存在一样。

数学讲的就是规律，但偶然带来的随机性似乎是离规律最远的东西了。事实上，如今对“随机”的定义之一就归结为“找不出任何规律”。几个世纪以来，数学家们一直在研究几何、代数和分析中的规律，然后才意识到，即使是随机性也有自己的规律。但是偶然有规律，与随机事件没有规律的观点并不冲突，因为随机事件的规律是统计意义上的。它们是一系列事件（比如一长串试验的平均行为）的特征，却没有告诉我们在哪个瞬间会发生哪个事件。例如，如果你反复掷骰子[1]，那么有大约六分之一的时间会扔出1，而2、3、4、5、6也是如此——这是一个明确的统计规律。但这并没有告诉你下一次掷骰子会出现哪个数字。

直到19世纪，数学家和科学家才意识到统计规律在偶然事件中的重要性。即使是人类行为，例如自杀和离婚，平均、长期来看也会受到定量规律的影响。人们过了好久才适应这些乍看上去违背了自由意志的东西。但今天，这些统计规律构成了医学试验、社会政策、保险费率、风险评估和职业体育的基础。

赌博，是这一切开始的地方。

这一切都是恰如其分地从赌博学者吉罗拉莫·卡尔达诺开始的。卡尔达诺可以说是个花花公子，通过在国际象棋和赌博游戏中投注获得了急需的现金。他把自己强大的智慧用在了这两个游戏上。国际象棋不依赖于偶然性：获胜取决于对标准位置和走法的良好记忆，以及对游戏整体趋势的直观把握。然而，在赌博游戏中，玩家会受到幸运女神随心所欲的摆布。卡尔达诺意识到，即使在这种风云变幻的关系中，他也可以利用自己的数学天赋来取胜。他可以通过比对手更好地把握胜率（输赢的可能性）来改善自己在游戏中的表现。他整理了一本关于这个主题的书《论赌博游戏》(*Liber de Ludo Aleae*)，直到1633才出版。其学术内容是人类第一次系统性地探讨概率数学，不那么光彩的内容则是关于如何作弊和不被抓住的一章。

卡尔达诺的一个基本原则是，在公平的赌博中，赌注应该与每个玩家获胜方式的数量成正比。比如掷骰子，如果掷出6，则第一个玩家获胜，而掷出其他任何数字都是第二个玩家获胜。要是二人都下相同数额的注，这个游戏将非常不公平：因为第一个玩家只有一种获胜方式，而第二个玩家有五种方式。但如果第一个玩家下注1英镑而第二个玩家下注5英镑，赔率就变得公平了。卡尔达诺意识到，这种计算公平赔率的方法取决于获胜的各种方式具有同样的可能性，但在掷骰子、纸牌或掷硬币的游戏中，如何确保这个条件成立是很明显的。掷硬币有两个结果，正面或反面。如果硬币是均匀的，那出现这两个结果的可能性是一样的。如果硬币掷出的正面经常多过反面，那它肯定有偏重——硬币不是均匀的。同样，公平骰子出现六个结果的可能性是一样的，就像从一包牌中抽出一张牌的52个结果一样。

这里公平概念背后的逻辑稍微有点儿循环论证的意思，因为我们通过不符合明显的数值条件来推断偏差。但支撑这些条件的不仅仅是数目。它们还基于对称性。如果硬币是一枚平的金属片，密度均匀，则两种结果与硬币的对称性相关（将它翻转）。对于骰子，六个结果与立方体的对称性相关。而对于纸牌来说，对称性是除了纸牌上写的数字之外，没有任何牌与其他牌显著不同。出现任何给定结果的 $\frac{1}{2}$、$\frac{1}{6}$ 和 $\frac{1}{52}$ 的频率取决于这些基本的对称性。通过隐蔽地插入重物，可以做出有偏硬币或有偏骰子；使用背面的细微标记可以制作有偏纸牌，来向知情人士展示其数值。

还有其他一些依靠手上功夫的作弊方式，比如换进、换出一个有偏骰子，直到有人发现它总是掷出6。但最安全的“作弊”方法——通过诡计赢得胜利，是完全诚实的，但你要比对手更好地了解胜率。从某种意义上说，你占据了道德制高点，但你可以通过操纵对手对胜率的期望（而非胜率本身），来提高找到一个合适的幼稚对手的机会。赌博游戏的实际胜率显著不同于许多人的自然判断的例子有很多。

一个例子是18世纪在英国海员中非常流行的“皇冠和锚”的游戏。它使用三个骰子，每个骰子上不是数字1到6，而是六个符号：一个皇冠、一个锚，还有纸牌上的四种花色——方块、黑桃、草花和红心。这些符号也标在垫子上。玩家通过在垫子上放钱并掷出三个骰子来下注。如果出现了他们下注的任何一个符号，庄家就支付他们的赌注，再乘以出现该符号的骰子的数量。例如，如果他们在皇冠上下注1英镑，而出现了两个皇冠，则除了赢回自己的赌注之外，他们还赢得2英镑；如果出现了三个皇冠，则除了自己的赌注之外，他们还赢得3英镑。这一切听起来都很合理，但概率论告诉我们，从长远来看，玩家可能会输掉8%的赌注。

当它引起布莱兹·帕斯卡（Blaise Pascal）的注意时，概率论开始腾飞。帕斯卡是一位鲁昂税吏的儿子，也是一个神童。1646年，他改信杨森教派，这个罗马天主教派在1655年被教皇英诺森十世视为异端。前一年，帕斯卡经历了他所谓的“第二次皈依”，这可能是由于他的马从讷伊桥的边上掉下来，差点儿把他的马车也拉下桥，几乎要了他的命。他在那之后的大部分作品是关于宗教哲学的。但就在事故发生前，他和费马正在就赌博的数学问题进行书信往来。自称是骑士的法国作家梅雷骑士（尽管他不是）是帕斯卡的朋友，他问，在一系列赌博游戏中，如果游戏必须半途终止，赌注应该如何分配。这个问题并不新鲜，它可以追溯到中世纪。新鲜的是它的解答。在信件交流中，帕斯卡和费马找到了正确的答案。在此过程中，他们创造了一个新的数学分支：概率论。

他们的解答中的核心概念，就是我们现在所谓的"期望"。在赌博游戏中，这是玩家从长远来看的平均回报。例如，对于赌注为 1 英镑的"皇冠和锚"，期望是 92 便士。在"第二次皈依"之后，帕斯卡把赌博抛在了脑后，但他在一个著名的哲学论证"帕斯卡的赌注"中让赌博帮了忙。[2] 他故意唱反调，说有人可能认为上帝存在的可能性极低。在出版于 1669 年的《思想录》中，帕斯卡从概率的角度分析了后果：

> 让我们权衡一下赌上帝［存在］的得失吧。让我们来评估一下这两种可能性：假如你赢了，你就赢得了一切；假如你输了，你却一无所失。那么不要迟疑，去赌上帝存在吧。……这里确乎可以赢得一场无限幸福的无限生命，这对于有限的输的机会是一次赢的机会，而你所赌的又是有限的。……因此在一场得失机会相等的博弈中，当所赌有限而所赢无限的时候，我们的命题便有无限的力量。

到了 1713 年，雅各布·伯努利（Jacob Bernoulli）发表《猜度术》（*Ars Conjectandi*）时，概率论已成为一个完全成熟的数学领域。他先是给出了事件概率常见的初步定义：从长远来看，事件在几乎所有时间都会发生的比例。我之所以说这是个“初步定义”，是因为如果你真的一切从它出发，那么这种研究概率的方法会遇到麻烦。比如，我有一枚公平硬币，并不停地抛掷，大多数时间会得到一个随机的正、反面序列，如果我继续掷足够长的时间，大约一半的时间会掷出正面。但是，我很少能够恰好有一半时间掷出正面：比如，如果掷奇数次，那这就是不可能的。如果我试图从微积分中汲取灵感来修改这个定义，那么掷出正面的概率就是掷硬币的次数趋于无穷大时正面比例的极限，那我就必须证明这个极限存在。但有时它并不存在。比如，假设正反面的顺序是

反正正反反反正正正正正正反反反反反反反反反反反反……

一次反面、两次正面、三次反面、六次正面、十二次反面，等等。三次反面后，每个阶段的数字翻倍。掷三次后，正面比例为 $\frac{2}{3}$，掷六次后为 $\frac{1}{3}$，掷十二次后又变成 $\frac{2}{3}$，掷二十四次后为 $\frac{1}{3}$……因此比例在 $\frac{2}{3}$ 和 $\frac{1}{3}$ 之间来回摆动，没有定义良好的极限。

当然，我知道掷出这样的序列是不太可能的，但是为了定义“不太可能”，我们就需要定义概率，而这正是极限所要做的。这样就变成了循环逻辑。而且，即使存在极限，它可能也不是 $\frac{1}{2}$ 这个“正确”的值。硬币总是掷出正面就是一个极端情况，现在极限是1。还是那句话，我知道这个可能性非常非常小，但……

伯努利决定从另一个方向来处理整个问题。首先简单地把出现正面和反面的概率定义为0和1之间的某个数字 p。如果 $p=\frac{1}{2}$，那我们就说硬币是公平的，否则就是有偏的。伯努利现在证明了一个基本定

理，即大数定律。引入合理的规则，来为一系列重复事件指定一个概率。大数定律表明，从长远来看，除了任意小的那一部分试验，正面出现的比例确实有一个极限，而这个极限就是 p。从哲学上讲，这个定理表明，通过自然地指定概率，即数字，“长远来看，忽略罕见的例外之后发生的比例”这样的解释是成立的。因此，伯努利认为，被指定为概率的数字为反复抛掷硬币的过程提供了逻辑连贯的数学模型。

伯努利的证明依赖于帕斯卡非常熟悉的一个数字规律。它通常被称为“帕斯卡三角形”[①]，即使帕斯卡并不是第一个发现它的人。历史学家将它的起源追溯到据称是青目（Pingala）所著的梵文《阐陀经》（*Chandas Shastra*），写于公元前500年与公元前200年之间。原文已佚，但10世纪时印度教的注释让我们知道了这部作品。帕斯卡三角形如下所示。

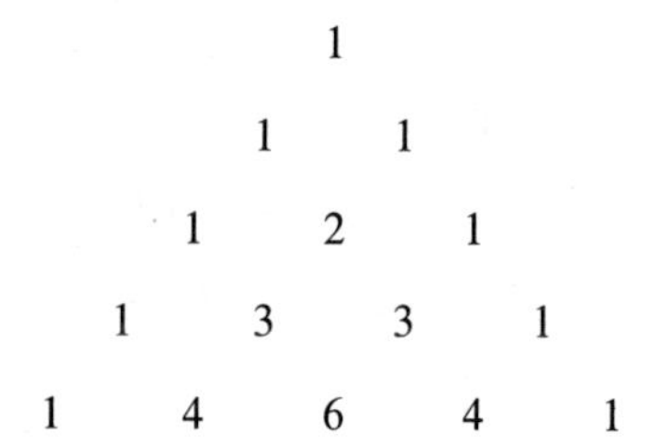

其中每一行都以1开头和结尾，每个数是其上方的两个数之和。我们现在将这些数称为二项式系数，因为它们出现在二项（双变量）表达式

① 也称“杨辉三角形”。——译者注

$(p+q)^n$ 中。也就是说，

$$(p+q)^0 = 1$$

$$(p+q)^1 = p+q$$

$$(p+q)^2 = p^2 + 2pq + q^2$$

$$(p+q)^3 = p^3 + 3p^2q + 3pq^2 + q^3$$

$$(p+q)^4 = p^4 + 4p^3q + 6p^2q^2 + 4pq^3 + q^4$$

而等式右边各项的系数就体现为帕斯卡三角形。

伯努利的关键见解在于，如果我们掷硬币 n 次，掷出正面的概率为 p，那么掷出特定数量的正面的概率是 $(p+q)^n$ 的对应项，其中 $q = 1 - p$。比如说我掷三次硬币，那么八个可能的结果是：

正正正

正正反　正反正　反正正

正反反　反正反　反反正

反反反

我根据其中正面的次数进行了分组。所以在八个可能的序列中，有

1 个 3 次正面序列

3 个 2 次正面序列

3 个 1 次正面序列

1 个 0 次正面序列

它与二项式系数之间的关系并非巧合。如果你展开代数式$(正+反)^3$但不合并同类项，你就会得到

正正正+正正反+正反正+反正正+正反反+反正反+反反正+反反反

然后根据正面的数量合并同类项，就得到

$$正^3+3正^2反+3正反^2+反^3$$

之后，只要把“正”和“反”分别换成概率p和q就好了。

即使在这种情况下，极端的“正正正”和“反反反”在八次试验中各仅出现一次，而在另外六种情况下出现的数字则更平均。利用二项式系数的标准性质进行更复杂的计算就可证明伯努利的大数定律。

数学的进步往往是因为无知而产生的。当数学家不知道如何计算某个重要的东西时，他们就会找到某种间接方法来迂回解决。这里的问题是计算那些二项式系数。确实有一个显式的公式，但是，比方说你想知道掷100次硬币时正好掷出42次正面的概率，你就得算200次乘法，然后给一个非常复杂的分数约分（有简便的做法，但仍然非常麻烦）。我的计算机一眨眼就告诉我答案是

$$28,258,808,871,162,574,166,368,460,400p^{42}q^{58}$$

但计算机却不是伯努利可以享受的，直到20世纪60年代之前都没人用过，而计算机代数系统直到20世纪80年代后期才真正普及。

由于这种直接计算不可行，伯努利的接班人试图找到好的近似值。大约在1730年，亚伯拉罕·棣莫弗（Abraham De Moivre）得出了一个近似的公式，用于计算反复抛掷有偏硬币时的概率。这引出了误差函数，或者说是正态分布，这种分布由于其形状通常被称为“钟形曲线”。他证明的是：通过下面的公式，定义具有均值 μ 和方差 σ^2 的正态分布 $\Phi(x)$

$$\Phi(x)=\frac{1}{\sqrt{2\pi}\sigma}\mathrm{e}^{-\frac{(x-\mu)^2}{2\sigma^2}}$$

然后，对于很大的 n，在 n 个有偏硬币中掷出 m 个正面的概率非常接近 $\Phi(x)$，其中

$$x=\frac{m}{n}-p,\quad \mu=np,\quad \sigma=npq$$

这里的“均值”指的是平均值，“方差”衡量的是数据散得有多开，即钟形曲线的宽度。方差的平方根 σ 本身称为标准差。图7.1（左）显示了 $\Phi(x)$ 的值如何取决于 x。这个曲线看起来有点儿像一口钟，它的昵称由此而来。钟形曲线是概率分布的一个例子；它意味着数据落在两个给定值之间的概率，等于曲线之下这两个值对应的垂直线之间的面积。因子 $\sqrt{2\pi}$ 不期而至，让曲线下的总面积为1。

这个想法用一个例子来说明就更容易理解。图7.1（右）把掷15次一枚公平硬币时出现的正面次数的概率图（矩形条）与近似的钟形曲线叠在一起。

当钟形曲线不只是一种理论数学，而是出现在社会科学的经验数据中时，它开始获得偶像般的地位。1835年，比利时人阿道夫·凯特勒

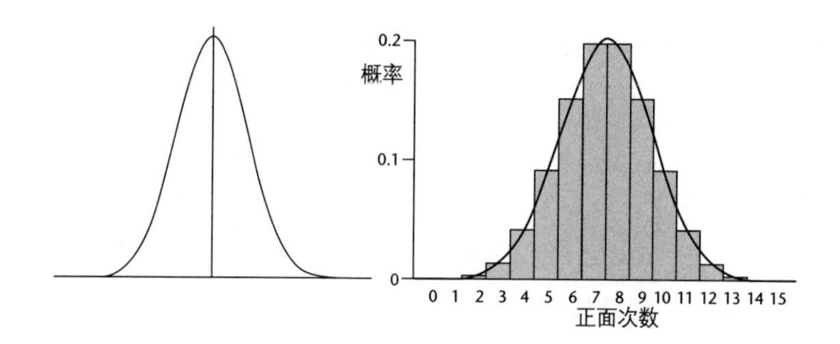

图 7.1　左：钟形曲线。右：它如何近似于掷 15 次公平硬币时的正面次数

（Adolphe Quetelet）开创了社会学定量方法，收集并分析了大量关于犯罪、离婚、自杀、出生、死亡、身高、体重等的数据——没人想到这些变量会符合任何数学定律，因为它们背后的原因太过复杂，还涉及个人的选择，比如，想一想促使某人自杀的情绪折磨因素。认为这可以简化为一个简单公式似乎太荒谬了。

如果你想准确地预测谁会在什么时候自杀，那么这些反对意见是很有道理的。但当凯特勒专注于统计问题时，例如不同人群、不同地点和不同年份的自杀比例，他开始发现规律。这引发了争议：如果你预测明年巴黎将发生六起自杀事件，但每个自杀者都有自由意志，这怎么说得通呢？他们每个人都可以改变主意。但是那个由自杀者组成的人群并未被事先指明；影响这一结果的不仅仅是那些自杀的人做出的选择，还有想过却没有自杀的人所做的选择。人们会在许多其他因素的背景下行使自由意志，而这些因素会影响他们自由做出的决定。这里的约束包括财务问题、婚恋问题、心理状态、宗教背景……不管怎么说，钟形曲线做出的并不是精确的预测，它只是说明最有可能的数字。可能会发生五起或七起自杀事件，留下了很多余地，让任何人都可以行使自由意志并改变主意。

数据最终赢得了胜利：不管出于什么原因，人们的集体表现比个人行为更可预见。也许最简单的例子就是身高。当凯特勒画出了各个身高的人的比例时，他得到了一条漂亮的钟形曲线，如图 7.2 所示。对于许多其他社会变量，他也得到了同样形状的曲线。

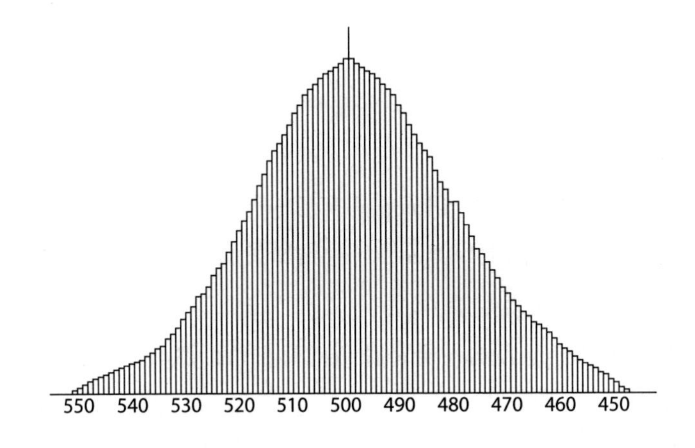

图 7.2　凯特勒绘制的给定身高（横轴）有多少人（纵轴）的图表

凯特勒对他的结果感到非常震惊，于是他写了一本书《论人类与其能力之发展》，出版于 1835 年。他在书中引入了“平均人”的概念，这是一个虚构的人，在各方面都是平均的。人们早就注意到这并不完全奏效：平均的“人”——任何人，所以计算包括男性和女性——有（略少于）一个乳房、一个睾丸、2.3个孩子，等等。然而，凯特勒认为他的“平均人”是社会正义的目标，而不仅仅是一个引发联想的数学构造。它并不像听起来那么荒谬。例如，如果人类财富被平等地分配给所有人，那么每个人都将拥有平均财富。这个目标不切实际，除非发生巨大的社会变革，但具有强烈平等主义观点的人可能会将其视为理想的目标。

钟形曲线迅速成为概率论的一个标志，特别是它的应用分支——统计。主要原因有两个：钟形曲线的计算相对简单，而且它在实践中出现有理论上的理由。这种思维方式的主要来源之一是18世纪的天文学。不管是因为设备的些微变化还是人为错误，甚至仅仅是大气中气流的运动，观测数据很容易有误差。这一时期的天文学家想要观察行星、彗星和小行星并计算它们的轨道，就需要找到最能够拟合数据的轨道，而拟合永远不会是完美的。

首先出现的是这个问题的实际解决方案。它可以归结为：让一条直线穿过数据，并且选择的这条直线让总误差尽可能小。这里的误差必须是正的，有一种简单又好算的方法可以实现这一点，就是将误差平方。因此，总误差是所有观测值与直线模型之间的偏差的平方和，而我们想要的直线会让它最小。1805年，法国数学家阿德里安-马里·勒让德（Adrien-Marie Legendre）发现了这条直线的简单公式，使其易于计算。这一结果称为“最小二乘法”。图7.3用关于压力（通过问卷得出）和血压的人工数据展示了这个方法。图中的直线使用勒让德的公式求出，以误差的平方来衡量的话，它能够最好地拟合数据。不出十年，最小二乘法就在法国、普鲁士和意大利的天文学家中成为标准。再过二十年，它也成了英格兰的标准。

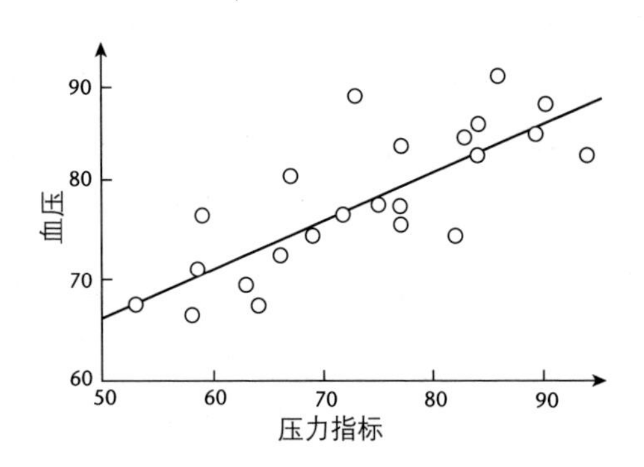

图 7.3　使用最小二乘法来将血压和压力指标关联起来。点：数据。实线：最佳拟合线

高斯把最小二乘法作为其天体力学工作的基石。他进入这一领域是在 1801 年，他成功地预测了隐藏在太阳眩光中的小行星谷神星会返回，而当时大多数天文学家认为已有的数据不足。这一成功一举奠定了他在公众中的数学声望，并让他当上了哥廷根大学的天文学教授。在这个预测中，高斯没有使用最小二乘法，他的计算归结为求解八次代数方程——他用了一种专门发明的数值方法来求解。但是在他后来的作品中——以 1809 年的《天体运动论》（*Theoria Motus Corporum Coelestium in Sectionibus Conicis Solem Ambientum*）为巅峰代表，他非常重视最小二乘法。他还表示，他在勒让德之前十年就已经产生了这个想法并使用过它，这引发了一些争议。不过这很可能是真的，而且高斯对这种方法的解释完全不同。勒让德将其视为曲线拟合中的一个步骤，而高斯将它视作一种拟合概率分布的方法。他对公式的解释认为，直线拟合背后的数据遵循钟形曲线。

那么这个解释也需要解释。为什么观测误差应该呈正态分布？1810年，拉普拉斯提供了一个惊人的答案，同样是受到了天文学的激励。在许多科学分支中，独立多次进行同一观察，然后取平均值是标准做法。因此，以数学方式对这一过程进行建模是很自然的。拉普拉斯使用傅里叶变换（见第9章），证明了多次观测的平均值可用钟形曲线描述，哪怕个别观测并不符合钟形曲线。他的结果“中心极限定理”是概率和统计学的一个重要转折点，因为它为在分析检测误差时使用数学家最喜欢的分布（钟形曲线）提供了理论依据。[3]

中心极限定理单把钟形曲线挑选出来，说它是唯一适合多次重复观测的均值的概率分布。它因此获得了“正态分布”的名字，并被视为概率分布的默认选择。正态分布不仅具有令人愉快的数学特性，而且人们还有坚实的理由认为它能成为反映实际数据的模型。这两个性质结合起来，对于希望深入了解让凯特勒感兴趣的那些社会现象的科学家来说非常有吸引力，因为这提供了一种分析官方记录的数据的方法。1865年，弗朗西斯·高尔顿研究了孩子身高与父母身高之间的关系。他的目标比这还要更宏大：了解遗传——人类的特征如何从父母传给孩子。讽刺的是，拉普拉斯的中心极限定理最初导致高尔顿怀疑这种遗传是否存在。而且即使它确实存在，证明起来也会很困难，因为中心极限定理是一把双刃剑。凯特勒为身高找到了一条漂亮的钟形曲线，但它似乎没有给出关于影响身高的各种因子的任何信息，因为中心极限定理无论如何都会预测正态分布，而不管这些因子自身的分布如何。即使父母的特征是这些因子之一，也可能被其他因子所淹没，例如营养、健康、社会地位，等等。

然而，到1889年，高尔顿找到了摆脱这个困境的方法。对拉普拉斯这条精彩的定理的证明是要把许多不同因子的影响平均开来，但它们必须满足一些严格的条件。1875年，高尔顿称这些条件“高度人为”，并指出这些被平均的影响必须满足

(1) 效果完全独立；

(2) 全部等同（具有相同的概率分布）；

(3) 全都可以用简单的替代品“高于平均”或“低于平均”来处理；

(4) ……计算时要假设影响的变量无穷多。

这些条件都不适用于人类遗传。条件(4)对应于拉普拉斯的假设，即添加的因子的数量趋向于无穷大，所以要说它“无穷多”是有点儿夸张了。然而数学证明的是，为了得到正态分布的良好近似，你必须把大量因子结合在一起。这些因子中的每一个都对平均值有一点点贡献，比如有一百个因子，每个因子贡献了平均值的百分之一。高尔顿说这些因子是“微不足道的”，单独来看都没有显著的影响。

有一条可能的出路，高尔顿抓住了它。中心极限定理为正态分布提供了一个充分条件，而不是必要条件。即使其假设不成立，出于其他原

因，这个分布依然可能是正态的。高尔顿的任务是找出这些原因可能是什么。为了有希望与遗传联系在一起，它们必须适用于几个大的、不相干的影响，而不是大量微不足道的影响。他慢慢地摸索着解决方案，并通过 1877 年的两次实验找到了它。其中一个是被他称为“梅花机”的装置，小珠子从斜坡上滚下来，在一个钉阵中弹跳，往左或往右的机会相等。理论上，珠子应该按照二项式分布堆积在底部（这是对正态分布的离散近似），因此它们应该——并且确实——形成一个大致钟形的堆，如同图 7.1（右）。他关键的见解在于，想象一下在珠子落到一半时让它们暂停。底部仍然形成钟形曲线，只是比最终的曲线来得窄。想象一下只释放一小盒珠子。它们会落到底部，形成一个小小的钟形曲线。任何其他几盒珠子也一样。这意味着最终的大钟形曲线可以被视为许多微小曲线的总和。当几个按照自己独立的钟形曲线分布的因子组合在一起时，钟形曲线会再次出现。

高尔顿培育豌豆的时候，决定性的时刻到来了。1875 年，他向七位朋友分发了一些种子。每个人收到 70 粒种子，但第一个人收到的种子很轻，第二个人收到的种子稍重，依此类推。1877 年，他测量了所得子代种子的重量。每组均呈正态分布，但每组的平均重量都不同，并与原始组中每粒种子的重量相当。当他把所有组的数据结合起来，结果再次呈正态分布，但方差更大——钟形曲线更宽。同样，这意味着组合几个钟形曲线会得到另一个钟形曲线。高尔顿追踪了这背后的数学原因。假设两个随机变量是正态分布的，不一定具有相同的均值或相同的方差。那么它们的和也呈正态分布；其均值是两个均值的和，方差是两个方差的和。三个、四个或更多个正态分布的随机变量的和显然也是如此。

这个定理在少数几个因子组合时成立，并且每个因子可以乘以常数，所以它实际上适用于任何线性组合。即使每个因子的影响很大，正态分布也成立。现在，高尔顿可以看到这个结果如何适用于遗传。假设代表孩子身高的随机变量是其父母身高对应的随机变量的某种组合，并且这些随机变量是呈正态分布的。如果认为遗传因子会做加法，那么孩子的身高也将呈正态分布。

高尔顿于1889年在《自然遗产》(*Natural Inheritance*)一书中总结了他的观点。特别是，他讨论了一个被他称为“回归”的思想。当父母一个个子高，另一个个子矮时，他们的孩子的平均身高应该居于两者身高中间——事实上，它应该是父母身高的平均值。方差同样应该是方差的平均值，但父母身高的方差似乎大致相等，因此方差没有太大变化。一代代传下去后，平均身高将“回归”到固定的中间值，而方差将几乎保持不变。因此，凯特勒漂亮的钟形曲线可以代代相传。其峰值很快会稳定到一个固定值，即整体均值，而其宽度将保持不变。因此，尽管回归均值，但每一代人的身高都会有相同的多样性。多样性会由那些未能回归均值的罕见个体保持，如果人群足够大的话，多样性会一直维持下去。

钟形曲线的核心地位被牢牢地树立在当时被认为坚实的基础之上，于是统计学家就可以从高尔顿的见解出发并更进一步，而其他领域的工作者则可以使用研究结果。社会科学最先受益，但生物学也很快跟上，而且由于有勒让德、拉普拉斯和高斯，物理学也已抢先一步。很快，任何想从数据中找到规律的人都有了一整套统计工具箱可用。我这里就着重讲一种技巧，因为它广泛用于确定药物和疗法的功效，以及许多其他应用——它叫作假设检验，目标是评估数据中表观规律的显著性。它由四个人创立：英国人罗纳德·艾尔默·费希尔（Ronald Aylmer Fisher）、卡尔·皮尔逊（Karl Pearson）和他的儿子埃贡·皮尔逊（Egon Pearson），以及一位在俄罗斯出生、一生大部分时间在美国生活的波兰人耶日·内曼（Jerzy Neyman）。我这里着重讲费希尔，他在罗森斯得实验站担任农业统计员，在分析植物新品种时提出了假设检验的基本思想。

假设你正在培育一种新的马铃薯。你的数据表明，该品种对某些害虫抵抗力更强。但是所有这些数据都会受到许多误差来源的影响，因此你并不能完全确信这些数字支持这一结论——当然不像物理学家那么有信心，因为他们可以非常精确地测量并消除大多数误差。费希尔意识到，关键问题在于把真正的差异与纯粹偶然产生的差异区分开来，而方法就是问一问，如果只涉及偶然，出现这种差异的概率有多高。

比如，假设新品种的马铃薯似乎具有双倍的抗虫性，也就是说，新品种能够在虫害中存活的比例是旧品种的两倍。可以想象，这种效果或许是偶然的，你可以计算它的概率。你计算的实际上是，获得至少与在数据中观察到的结果一样极端的结果的概率。新品种在这种虫害中存活的比例至少是旧品种的两倍的概率是多少？这里允许更高的比例，因为恰好两倍的概率势必会非常小。你的结果范围越广，偶然的影响就越大，所以如果计算表明它不是偶然的结果，你就可以对结论更有信心。如果这个计算得出的概率很低，比如0.05，那么它就不太可能是偶然的结果；我们就说它在5%的水平上显著。如果概率比这还低，比如0.01，那么结果极不可能是偶然造成的，我们就说它在1%的水平上显著。这个百分比表明，仅凭偶然性，在95%或者99%的试验中，结果不会像观察的结果那样极端。

费希尔将他的方法描述为两种截然不同的假设之间的比较：数据在某个水平上显著的假设，以及结果归于偶然性的所谓零假设。他坚持认为，他的方法不能被解释为确认数据显著的假设，而是应该被解释为拒绝零假设。也就是说，它提供的是反对数据不显著的证据。

这似乎是一个非常细微的区别，因为一个证据反对数据不显著，那肯定算是支持数据显著了。但这种说法并不完全正确，原因是零假设还蕴含了一个额外的假设。为了计算出于偶然而达到至少这样极端的结果的概率，你需要一个理论模型。最简单的方法就是推定一个特定的概率分布。这个推定仅适用于零假设，因为你计算时用的就是它。你并没有假设数据本身呈正态分布。但零假设的默认分布是正态的——钟形曲线。

这种蕴含的模型有一个重要的影响，这是从"拒绝零假设"中不容易看到的。零假设是"数据出于偶然"。所以这句话很容易被理解为"拒绝'数据出于偶然'"，这反过来意味着你认可它不是偶然的。而事实上，零假设是"数据出于偶然，并且偶然的影响呈正态分布"，所以拒绝零假设可能有两个原因：数据不是出于偶然，或者它们不呈正态分布。第一个原因支持数据的显著性，但第二个不支持——它说你可能使用了错误的统计模型。

在费希尔的农业工作中，通常有大量证据表明数据呈正态分布。所以我提出的区别并不重要。但这一点在假设检验的其他应用中可能就很重要。说计算结果拒绝了零假设本身可能是对的，但由于没有明确提到正态分布的推定，因此很容易忘记在得出“结果统计显著”的结论之前要检查数据分布的正态性。随着使用这个方法的人越来越多，他们知道怎么算，却不知道背后的推定，那么错误地认为试验表明数据显著的危险就越来越大，特别是当正态分布已经自动成了默认推定的时候。

在公众意识中，“钟形曲线”这个术语，与 1994 年出版的备受争议的《钟形曲线》（*The Bell Curve*）一书之间具有不可磨灭的关系。该书的作者是两位美国人：心理学家理查德·赫恩斯坦（Richard Herrnstein）和政治学家查尔斯·默里（Charles Murray）。这本书的主题是声称以智商（IQ）衡量的智力，与收入、就业、怀孕和犯罪等社会变量之间有联系。作者认为，比起父母的社会和经济状况或教育水平，智商水平能更好地预测这些变量。引起争议的原因和所涉及的论点都很复杂，很难用三言两语来很好地描述这些讨论，但这个问题可以追溯到凯特勒，值得一提。

无论这本书在学术上有什么优缺点，争议都是不可避免的，因为它触及了人们敏感的神经：种族与智力之间是否有关系？媒体报道倾向于强调智商差异主要来源于遗传的说法，但该书对这一联系更加谨慎，并没有对基因、环境和智力之间的相互作用下定论。另一个有争议的问题是，有一个分析认为，在整个 20 世纪，美国（实际上还有其他地方）社会分层显著加剧的主要原因是智力差异。另一个争议是解决这一所谓的问题的一系列政策建议。其中之一是减少移民——书中声称这降低了居民的平均智商。最有争议的建议也许是，应该停止据称会鼓励贫穷妇女生孩子的社会福利政策。

讽刺的是，这个想法可追溯到高尔顿本人。他在1869年出版的《遗传天才》（*Hereditary Genius*）一书从之前的著作出发，形成了一种思想："人的自然能力是通过继承而得到的，它受到的限制与整个有机世界的形式和物理特征完全相同。因此……在连续几代人中通过审慎的婚姻培养一个极具天赋的种族是非常切实可行的。"他认为不那么聪明的人的生育率较高，但对根据智力进行有意选择避而不谈。相反，他希望社会可以改变，让更多聪明人明白需要多生孩子。

对许多人来说，赫恩斯坦和默里关于重新设计福利制度的提议，与20世纪初的"优生运动"相似得令人不安。在这场运动中，有6万名美国人因为所谓的"精神疾病"而被绝育。当与纳粹德国和大屠杀联系在一起时，优生学变得臭名昭著，许多做法在今天看来就是违背人权，甚至称得上是反人类罪。有选择地培育人类的建议被很多人视为本质上就是种族主义。一些社会科学家赞同该书的科学结论，但对种族主义的指责提出异议；一些人则对政策提案不太确定。

《钟形曲线》激发了关于用来编制数据的方法、用于分析数据的数学方法、对结果的解释，以及基于这些解释的政策建议的漫长辩论。美国心理学会设立的一个工作组得出的结论是，书中提出的一些观点是成立的：一方面，智商分数有助于预测学业成绩——这与就业状况有关，而男性和女性的表现没有显著差异；另一方面，该工作组的报告重申，基因和环境都会影响智商，并且没有发现任何显著的证据能够表明，智商分数的种族差异是由遗传决定的。

其他批评者认为，科学方法存在缺陷，例如不合意的数据会被忽略，研究及其对此的一些反应可能在某种程度上出于政治动机。例如，美国的社会分层确实加剧，但可以说主要原因是富人拒绝纳税，而不是智力差异。所谓的问题与提出的解决方案似乎也不一致。如果贫穷导致人们生育更多的孩子，并且你认为这是一件坏事，那么你到底为什么想要削减福利，让他们变得更穷呢？

背景中一个经常被忽略的重要部分是智商的定义。它不像身高或体重那样可以直接测量，而是从智商测试中用统计方法推断出来的。受试者拿到固定的问题，然后研究者使用一种称为"方差分析"的方法（源自最小二乘法）分析他们的分数。和最小二乘法一样，这种做法假定数据是正态分布的，并且试图区分出那些引发数据的最大变异性，因此对于数据建模最为重要的因素。1904 年，心理学家查尔斯 · 斯皮尔曼（Charles Spearman）将这种技术应用于几种不同的智商测试。他观察到，在不同测试中获得的分数高度相关；也就是说，如果有人在一个测试中表现很好，就往往在所有测试中都成绩不错。从直觉上看，它们似乎衡量的是同样的东西。斯皮尔曼的分析表明，一个共同因素——一个被他称为 *g*（代表"通用智力"）的数学变量，解释了几乎所有相关性。智商（IQ）就是斯皮尔曼的 *g* 的标准化版本。

一个关键问题是：*g* 到底是真实的量，还是数学上虚构的量？选择智商测试的方法让这个答案变得复杂。这些方法认定人群中智力的"正确"分布是正态的，也就是符合钟形曲线，并通过数学方法操纵分数来标准化平均值和标准差，以此校准测试。这里潜在的危险在于，你得到的就是你所期望的，因为你采取措施过滤掉了任何与之矛盾的东西。斯蒂芬 · 杰伊 · 古尔德（Stephen Jay Gould）在 1981 年《人类的误测》（*The*

Mismeasure of Man）一书中对此类危险进行了广泛的批评，并指出智商测试中的原始分数通常根本不是正态分布的。

认为 g 代表人类智力的某个真正特征的主要原因在于，它是一个因素：在数学上，它定义了单一的维度。如果许多不同的测试似乎都在测量相同的东西，那么很容易得出结论：这个东西必然是真实的。如果不是这样，那为什么结果都如此相似？部分答案可能是，智商测试的结果都被化简为一个分数。这就把一组多维问题和可能的性质压缩成了一维的回答。此外，选择测试时，得分与设计师认为什么样的答案算是聪明的看法密切相关——否则就没有人会用它了。

做个类比，想象一下收集动物王国中几个不同方面的“大小”数据。一个测量的是质量，另一个测量的是高度，还有长度、宽度、左后腿的直径、牙齿的大小，等等。每个测量值都是一个数字。它们通常是密切相关的：高大的动物往往体重更重、牙齿更大、腿更粗……如果对数据做方差分析，你很可能会发现这些数据的某个组合解释了绝大多数变异性，就像斯皮尔曼的 g 对于被认为与智力相关的东西所做出的各种测量一样。这是否必然意味着动物的所有这些特征背后都有同一个原因？一切都由某一件事控制吗？比如，也许是生长激素水平？但也可能不是。动物形态如此多样，并不能很好地压缩成一个数字。许多其他特点与大小根本无关：会不会飞，有条纹还是有斑点，吃肉还是吃素。测量值的某个特殊的组合能解释大部分变异性，可能是由求出它的数学方法导致的——特别是如果在选择这些变量的时候，一开始就有很多共同点，就像这里的例子一样。

回到斯皮尔曼，我们看到他大肆吹嘘的 g 可能是一维的，因为智商测试是一维的。智商作为一种统计方法，量化了解决特定类型的问题的能力，在数学上很方便；但这并不意味着它对应于人类大脑的真实属性，也不一定代表我们所谓的“智力”。

《钟形曲线》关注了一个问题——智商，并使用它来制定政策，却忽略了更大的背景。即使在基因上对一个国家的人口进行改造是合理的，这个过程又为什么只限于穷人？即使平均而言，穷人的智商低于富人，但一个聪明的穷孩子却不管什么时候都会比一个愚蠢的有钱孩子表现好，尽管富人的孩子享有明显的社会和教育优势。如果你能更精确地解决你号称要解决的真正的问题（智力本身），为什么要去削减福利呢？为什么不是去改善教育？说到底，为什么要把你的政策目标定位为提高智力？人类还有许多其他值得拥有的特质。为什么不去减少轻信、侵略性或贪婪呢？

把数学模型想象成现实是一个错误。在物理学中，模型通常非常符合现实，这可能是一种方便的思维方式，也不会造成什么伤害。但在社会科学中，模型往往比讽刺漫画好不到哪里去。选择《钟形曲线》这样的书名，似乎有把模型与现实混为一谈的倾向。仅仅因为智商这个概念源自数学，就认为它是人类能力的某种精确衡量，这种观念也犯了同样的错误。基于简单化、有缺陷的数学模型来制定一刀切且非常有争议的社会政策是不明智的。《钟形曲线》一书无意但反复体现的重要一点是，机灵、智力和智慧并不是一回事儿。

概率论被广泛用在新药和治疗的医学试验中，用以检验数据的统计显著性。试验通常（但并非总是）基于背后的分布正态的假设。典型的例子是对癌症聚集发病的检测。对于某些疾病而言，聚集发病指的是某个群体的疾病发生频率高于整体人群预期。聚集可以是地理上的，也可以指代具有特定生活方式或处于特定时期的人。例如，退休的职业摔跤运动员，或 1960 年与 1970 年之间出生的男孩。

表观的聚集可能完全出于偶然。随机数很少以大致均匀的方式散开；相反，它们经常聚集在一起。英国国家彩票是随机抽取 1 与 49 之间的 6 个数字，在随机模拟中，超过一半的情况显示了某种规律，例如两个数字是连续的，或三个数字呈等差分布，如 5、9、13。与一般人的直觉相反，随机是有聚集性的。当发现明显的聚集时，医疗机构会尝试评估这是出于偶然，还是存在某种可能的因果关系。有一段时间，以色列的战斗机飞行员大多生了男孩。很容易想到可能的解释：飞行员非常英武，而英武的男性更容易生男孩（顺便说一句，事实不是这样），飞行员比常人暴露在更多的辐射之中，他们会承受更高的 g 力。但这种现象是短暂的，这只是一个随机的聚集。在后来的数据中，它就消失了。在任何一群人中，总归是要么生男孩多，要么生女孩多；精确的平等是极少出现的。要评估聚集的显著性，你应该继续观察，并看看它是否持续存在。

然而，观察不能无限期地拖延下去，特别是如果这个群体涉及严重疾病的话。例如，艾滋病最初是因 20 世纪 80 年代，美国同性恋男性中高发肺炎而被检测到的。石棉纤维会引发间皮瘤（一种肺癌），是因前石棉工人聚集发病而被发现的。因此，人们会使用统计方法，来评估这样的聚集发病纯粹出于偶然的可能性。费希尔的显著性测试和相关方法在这方面应用得很广泛。

概率论对于我们理解风险也十分关键。“风险”这个词具有特定的技术含义，指的是某些行为可能导致不良后果的潜力。例如，飞行可能导致坠机事故，吸烟可能导致肺癌，建造核电站可能在事故或恐怖袭击中导致释放辐射，建造水电站大坝可能在大坝垮塌时导致死亡。这里的“行为”可以指不做某事，例如未能给孩子接种疫苗可能导致其死于某种疾病。这里还存在与给孩子打疫苗相关的风险，例如过敏反应。这种风险在整个人口中较低，但对于特定群体而言可能更高。

在不同的背景下，人们会使用许多不同的风险定义。通常的数学定义是，与某些行为或不作为相关的风险，是产生不利结果的概率乘以可能带来的损失。按照这个定义，有十分之一的机会杀死十个人的风险，与有一百万分之一的机会杀死一百万人的风险相同。数学定义在某种意义上是理性的，因为它背后有一套特定的理由，但这并不意味着它必然是合理的。我们已经看到，“概率”指的是“长期”，但对于罕见的事件，“长期”真的很长。人类和社会可以适应少数人的死亡，但一个突然失去一百万人的国家将陷入严重困境，因为所有公共服务和行业都会同时承受重大压力。如果被告知在接下来的一千万年中，这两种情况的总死亡人数是可比的，这可给不了人多少安慰。因此，人们正在开发新的方法来量化此类情况下的风险。

统计方法源自关于赌博的问题，用途极为广泛。它们提供了工具来分析社会、医学和科学数据。像所有工具一样，得到什么结果取决于怎么用。任何使用统计方法的人都需要了解这些方法背后的假设及其含义。盲目地将数字输入计算机并将结果奉为“圣旨”，却不了解所使用的方法的局限性，注定要造成灾难。不过，合理使用统计学让我们的世界变得更好。这一切都始于凯特勒的钟形曲线。

注释

1. 是的，我知道“dice”一词其实是“die”（骰子）的复数，但现在所有人都将它用作单数，我已经放弃了与这种潮流抗衡。还有更糟糕的呢：有人刚刚给我发了一封电子邮件，仔细地使用“dice”代表单数，“die”代表复数。
2. 帕斯卡的论证有很多谬误。主要的一点是，它适用于任何假设中的超自然存在。
3. 该定理指出，在某些（相当常见的）条件下，大量随机变量之和将具有近似正态的分布。更确切地说，如果 $(x_1, x_2, \cdots, x_n)$ 是一系列独立同分布的随机变量，每个变量都具有均值 μ 和方差 σ^2，则中心极限定理表明，当 n 变得任意大时，

$$\sqrt{n}\left(\frac{1}{n}\sum_{i=1}^{n}x_i - \mu\right)$$

收敛到均值为 0、标准差为 σ 的正态分布。

愉快的共鸣

波动方程

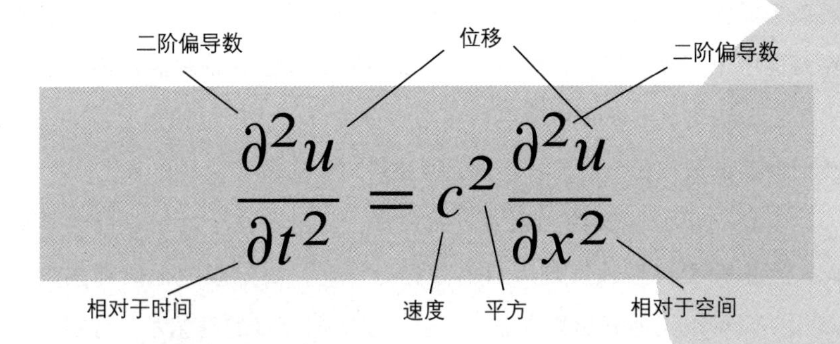

$$\frac{\partial^2 u}{\partial t^2} = c^2 \frac{\partial^2 u}{\partial x^2}$$

它告诉我们什么？

小提琴琴弦上某个小段的加速度，与相邻段相对于该段的平均位移成正比。

为什么重要？

它预测弦将会呈波浪般运动，并且它自然地推广到其他会出现波的物理系统。

它带来了什么？

我们对水波、声波、光波、弹性振动等的理解有了一个飞跃……地震学家使用它的改进版本，由地球的振动方式推断其内部结构。石油公司使用类似的方法寻找石油。在第 11 章中，我们将看到它如何预测电磁波的存在，从而带来了无线电、电视、雷达和现代通信。

我们生活在一个波的世界里。耳朵检测到空气中的压缩波，我们称之为“听见”。眼睛检测到电磁辐射的波动，我们称之为“看见”。当地震袭击城镇或城市时，破坏是由地球实心部分中的波导致的。当一艘船在海洋中上下晃动时，它是对水中的波做出反应。冲浪者利用海浪进行娱乐；无线电、电视和移动电话网络中很多部分使用电磁辐射波——和我们看到的波类似，但波长不同。微波炉……从名字就看出来了，对吧？

有这么多波的实例影响着日常生活，甚至在几个世纪以前也是如此，在牛顿史诗般地发现大自然遵循定律后，决定跟随他的那些数学家几乎无可避免地开始思考波。不过，让他们起步的是艺术，特别是音乐。小提琴的弦是如何发声的？它做了什么？

从小提琴出发是有理由的，这个理由会吸引数学家，但不大会吸引那些考虑给数学家投资并希望赚快钱的机构或商人。小提琴琴弦可以合理地被建模为一根无限细的线，而它的运动——这显然是乐器产生声音的原因——可以被认为发生在一个平面中。这让问题变得“低维”，这意味着你有机会解决它。一旦你理解了这个简单的波的例子，就很有可能（通常是一小步一小步地）将这种理解应用于更真实、更实际的波的例子中。

另一种方法是直接去解决高度复杂的问题，这在政治家和工业领袖眼中可能很有吸引力，但往往会陷入复杂的困境之中。简单让数学蓬勃发展，如果有必要，数学家会人为地发明简单的东西，为更复杂的问题提供一个跳板。他们把这些模型蔑称为“玩具”，但这些玩具有严肃的目的。波的玩具模型带来了今天的大量电子产品和高速全球通信、宽体喷气式客机和人造卫星、广播、电视、海啸预警系统……但如果不是有几个数学家试图去搞清楚小提琴是怎么回事，使用一种哪怕对小提琴也不真实的模型，那上述任何一个成就都不可能实现。

毕达哥拉斯学派认为世界是基于数字的——他们的意思是整数，或是整数之比。他们的一些信仰倾向于神秘的东西，给一些特定的数字赋予了人类的属性：2 是男性，3 是女性，5 象征婚姻，等等。数字 10 对毕达哥拉斯学派非常重要，因为它是 1 + 2 + 3 + 4，而他们认为世界是由四个元素组成的：土、气、火、水。这种猜测在现代人看来简直有点儿疯狂，至少在我看来是如此，但在一个人类刚刚开始研究周遭世界、寻找重要规律的时代，这也算合情合理。只是要花些时间来确定哪些规律是重要的，哪些则应该被抛弃。

毕达哥拉斯世界观的重大成就之一来自音乐。流传的故事五花八门，其中一篇说毕达哥拉斯经过一家铁匠铺，他注意到不同大小的锤子发出不同音高的声音，而有简单数字关系的锤子（例如一个锤子是另一个的两倍大）发出了和谐的声音。虽然这个故事很有趣，但任何实际用真的锤子试过的人都会发现，铁匠的操作并不特别具有音乐性，而且锤子的形状太复杂，不能和谐地振动。但是其中还是有一点儿道理的：总的来说，小的物体比大的物体产生的音调更高。

在提到毕达哥拉斯学派使用张紧的弦（一种称为卡龙琴的简单乐器）进行的一系列实验时，这些故事就变得更加可信了。我们之所以知道这些实验，是因为托勒密于公元 150 年左右在他的《谐和论》中提到了它们。通过将支撑物移动到琴弦上的各个位置，毕达哥拉斯学派发现，当两根张力相等的弦的长度成简单比例，例如 2 : 1 或 3 : 2 时，它们会产生异常和谐的音符。更复杂的比例就不和谐了，听起来也让人不愉快。后来的科学家们极大地推进了这个想法，可能有点儿过头了：什么东西听起来舒服取决于耳朵的物理结构，这要比单根弦来得复杂，而且还有一个文化因素，因为成长中的儿童的耳朵会受到周围常见的声音的训练。我预测，今天的孩子们会对手机铃声的差异异常敏感。然而，这些复杂性背后还有一个扎实的科学故事，故事在很大程度上证实并解释了毕达哥拉斯学派早期利用单弦实验乐器获得的发现。

音乐家利用“音程”来描述成对的音符，它衡量的是某种音阶中两个音相距几度。最基本的音程是八度，即钢琴上跨越八个白键的音。注意，除了一个音比另一个高之外，相距八度的音听起来非常相似，它们非常和谐。事实上，基于八度音阶的和声可能听起来有点儿乏味。在小提琴上，要演奏比空弦高一个八度的音，方法是将琴弦的中点压在指板上。弦长缩短一半，音就高一个八度。因此，八度音程对应的是简单的2 : 1数值比。

其他和谐音程也对应着简单的数值比。西方音乐中最重要的是四度，比例为4 : 3；还有五度，比例为3 : 2。如果考虑C D E F G A B C的音阶，这些音程的名字就说得通了。以C为根音，对应的四度的音符是F，五度是G，八度是C。如果我们将音符连续编号，根音为1，那么这些音就对应音阶上的第4、第5和第8个音符。几何关系在吉他这样的乐器上特别清晰，它在不同的相对位置上安装了金属条，也就是“品格”。四度的品格就在弦长的四分之一处，五度是三分之一处，八度是中点处。你可以用卷尺来检查一下。

这些比例为音阶提供了理论基础，并得出了如今大多数西方音乐中使用的音阶。这个故事很复杂，所以我会给出一个简化的版本。为了下文的方便，我从现在开始会把比例 3 : 2 写成分数 $\frac{3}{2}$。从根音开始，每升高五度，就可以得到一系列弦长

$$1 \quad \frac{3}{2} \quad \left(\frac{3}{2}\right)^2 \quad \left(\frac{3}{2}\right)^3 \quad \left(\frac{3}{2}\right)^4 \quad \left(\frac{3}{2}\right)^5$$

计算出这些分数的乘方，就变成

$$1 \quad \frac{3}{2} \quad \frac{9}{4} \quad \frac{27}{8} \quad \frac{81}{16} \quad \frac{243}{32}$$

除了前两个音符之外，其他这些音符都太高了，没法保持在八度音程内，但我们可以反复将分数除以 2，来把它们降低一个或多个八度，直到结果落在 1 和 2 之间。这就得到了分数

$$1 \quad \frac{3}{2} \quad \frac{9}{8} \quad \frac{27}{16} \quad \frac{81}{64} \quad \frac{243}{128}$$

最后，把它们按升序排列，得到

$$1 \quad \frac{9}{8} \quad \frac{81}{64} \quad \frac{3}{2} \quad \frac{27}{16} \quad \frac{243}{128}$$

这些比例与钢琴上的 C D E G A B 音符非常接近。请注意，没有 F。事实上，在人耳中，$\frac{81}{64}$ 和 $\frac{3}{2}$ 之间的距离听起来比其他音程要大。为了填补这个空白，我们插入 $\frac{4}{3}$，即四度的比例，这与钢琴上的 F 非常接近。用

高八度、比例为 2 的第二个 C 来补齐这套音阶也很好。现在我们就完全基于四度、五度和八度得到了一套音阶，各个音的比例如下：

$$1 \quad \frac{9}{8} \quad \frac{81}{64} \quad \frac{4}{3} \quad \frac{3}{2} \quad \frac{27}{16} \quad \frac{243}{128} \quad 2$$

C D E F G A B C

长度与音高成反比，因此我们必须把分数颠倒才能得到相应的长度。

我们现在已经解释了钢琴上所有白键的音，但还有黑键的音。它们之所以会出现，是因为音阶中挨着的两个音之间具有两种不同的比例：$\frac{9}{8}$（全音）和 $\frac{256}{243}$（半音）。例如，$\frac{81}{64}$ 与 $\frac{9}{8}$ 的比例是 $\frac{9}{8}$，而 $\frac{4}{3}$ 与 $\frac{81}{64}$ 的比例是 $\frac{256}{243}$。“全音”和“半音”表示的是音程的近似比较。对应的比例数字分别是 1.125 和 1.05。第一个比例更大，所以全音对应的音调变化比半音更大。两个半音构成的比例是 1.05^2，约为 1.11，距离 1.25 不远。所以两个半音接近一个全音。我承认，不是很接近。

继续这样做下去的话，我们可以将每个全音分成两个音程，每个音程都接近一个半音，从而得到 12 音的音阶。这有几种不同做法，可以得到些微不同的结果。不管怎么做，当改变乐曲的调号时，都可能出现细微但可以听到的问题：如果我们将每个音符向上移动半音，则音程会略有改变。如果我们把半音定为一个特定比例，令其 12 次幂等于 2，则可以避免这种效应。这样一来，两个半音就可以精确地构成一个全音，而 12 个半音将形成一个八度，你可以通过向上或向下移动所有音符来改变音阶。

确实有一个这样的数字，即 2 的 12 次根，大约是 1.059，它得到了所谓的“平均律音阶”。这是一种妥协。例如，在平均律音阶中，四度的 $\frac{4}{3}$ 比例是 $1.059^5 \approx 1.335$，而不是 $\frac{4}{3} \approx 1.333$。训练有素的音乐家可以发现这种差异，但很容易就习惯了，而大多数人从来没有注意到它。

由此看来，西方音乐的基础实际上融入了毕达哥拉斯的和谐理论。为了解释为什么简单的比例对应音乐的和谐，我们必须看一下振动弦的物理特性。故事里还有人类感知的心理学，不过我们还没讲到那儿呢。

关键在于将加速度与力联系起来的牛顿第二运动定律。你还需要知道，随着弦的运动，也就是轻微地拉伸或收缩时，张紧的弦的拉力如何变化。为此，我们要使用牛顿那个不情不愿的对手胡克于 1660 年发现的东西，它称为胡克定律：弹簧长度的变化与施加给它的力成正比。（小提琴琴弦实际上相当于一种弹簧，所以适用相同的法则。）还有一个障碍。我们可以将牛顿定律应用于由有限个质点组成的系统：我们为每个质点列出一个方程，然后尽力解出最终得到的方程组。但是小提琴琴弦是一个连续体，一条由无限多个点组成的线。因此，当时的数学家把弦看成大量排列紧密的质点，由遵循胡克定律的弹簧连接在一起。他们写下了方程，略微简化以使它们可解；然后解出了方程；最后，他们让质点的数量变得任意大，并搞清楚解会有什么变化。

约翰·伯努利在 1727 年实施了这个计划，如果想想有多少困难被隐藏了起来，这个结果算得上非常漂亮。为了避免在下面的描述中出现混淆，想象把小提琴平放，弦是水平的。拨弦时，弦会在与小提琴垂直的方向上下振动。这是你要记住的一个情景。用弓拉弦会导致弦侧向振动，而且弓的存在也十分麻烦。在数学模型中，没有小提琴，只有一根弦，两端固定；弦在平面内上下振动。在这个情景中，伯努利发现，在任何时刻，振动中的弦的形状都是正弦曲线。振动的幅度（曲线的最大高度）也遵循正弦曲线，不过是随时间而不是随空间变化的正弦曲线。用符号表示的话，他的解形如 $\sin ct \sin x$，其中 c 是常数，如图8.1 所示。空间项 $\sin x$ 告诉我们形状，但它在 t 时刻要缩放的倍数是因子 $\sin ct$。这个式子表示琴弦上下振动，一遍又一遍地重复相同的动作。振荡周期，也就是连续两次重复之间的时间，是 $\frac{2\pi}{c}$。

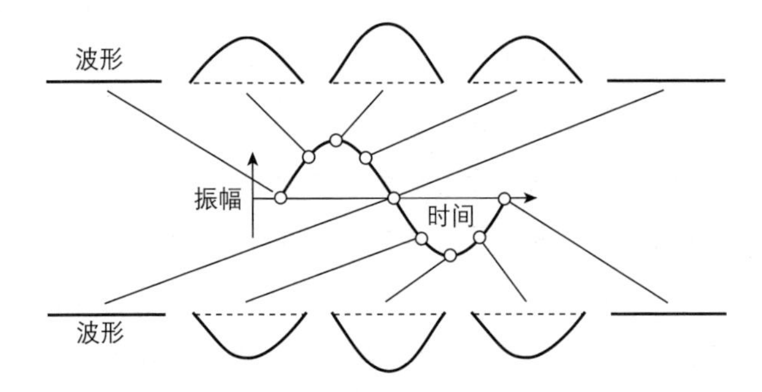

图 8.1 振动弦的连续快照。每个瞬间的形状都是正弦曲线。振幅也随时间正弦变化

这是伯努利得到的最简单的解，但还有其他解；所有解都是正弦曲线，也就是不同的振动“模态”，指的是沿着弦的长度方向有 1、2、3 或更多个波浪，如图 8.2 所示。同样，任何时刻形状的快照都是正弦曲线，振幅要乘上一个和时间相关的因子，而这个因子也是正弦变化的。公式

是 $\sin 2ct \sin 2x$、$\sin 3ct \sin 3x$……依此类推。振动周期则是 $\frac{2\pi}{2c}$、$\frac{2\pi}{3c}$，等等。所以波浪越多，弦振动越快。

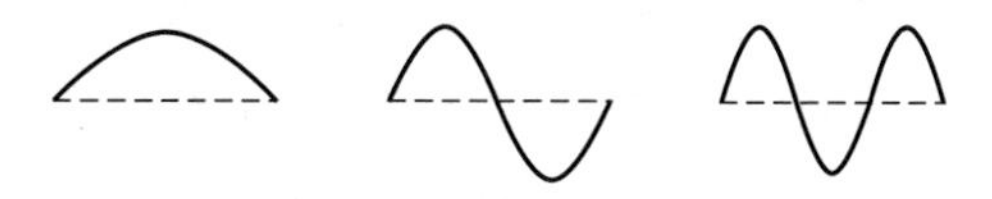

图 8.2　弦振动一次、二次、三次模的快照。在所有情况下，弦都上下振动，其振幅随时间正弦变化。波浪越多，振动越快

按照乐器的构造和数学模型的假设，弦的末端总是处于静止状态。除第一个模态之外，在所有模态中，弦上还有其他的点是不振动的，也就是曲线与水平轴相交的地方。这些"节点"是毕达哥拉斯实验中出现简单数值比的数学原因。例如，由于振动二次模和三次模出现在同一根弦上，因此二次模曲线中连续节点之间的间隔，是三次模曲线中相应间隔的 $\frac{3}{2}$ 倍。这就解释了为什么振动的弹簧的运动会自然产生 3 : 2 这样的比例，但没有解释为什么这些比例是和谐的，而其他比例不是。在解决这个问题之前，我们先介绍一下本章的主要内容：波动方程。

如果我们将伯努利的方法用于方程而不是解，那么根据牛顿第二运动定律就可以得到波动方程。1746 年，让 · 勒朗 · 达朗贝尔（Jean Le Rond d'Alembert）遵循标准步骤，将振动的小提琴琴弦作为质点的集合处理，但是当质点数趋于无穷大时，他没有求解方程并寻找模态，而是研究了方程本身发生了什么。他推导出了一个方程，描述了弦的形状随时间的变化。但在我向你展示它是什么样之前，我们需要一个新的思想，称为“偏导数”。

想象一下自己在大海中央，看着各种形状和大小的波浪经过。当波浪经过时，你会上下晃动。在物理上，你可以通过几种不同的方式描述周围环境的变化。特别是，你可以专注于时间的变化或空间的变化。随着时间的推移，在你的位置上，高度随着时间变化的速率就是高度对时间的导数（见第3章介绍的微积分）。但这并没有描述你附近海洋的形状，只描述了经过你身下的波浪有多高。要描述形状，你可以（从概念上）冻结时间并计算波浪的高度：不仅是在你的位置，还包括附近的位置。然后就可以使用微积分来计算波浪在你所在位置的倾斜程度。你是处于高峰或低谷吗？如果是的话，则斜率为零。你是在波浪的一半之处吗？如果是的话，则斜率非常大。用微积分的话来说，你可以通过计算波的高度对空间的导数来求出这个斜率的值。

如果函数 u 仅依赖于一个变量（称之为 x），我们将导数写为 $\frac{\mathrm{d}u}{\mathrm{d}x}$：$u$ 的微小变化除以 x 的微小变化。但是就海浪而言，函数 u（波高）不仅取决于空间 x，还取决于时间 t。在任何给定时刻，我们仍然可以计算出 $\frac{\mathrm{d}u}{\mathrm{d}x}$；它告诉我们波浪的局部斜率。但我们可以固定时间让空间变化，也可以固定空间让时间变化，这告诉我们上下摆动的速度。我们可以使用符号 $\frac{\mathrm{d}u}{\mathrm{d}t}$ 来表示这个“时间导数”，并将其解释为“u 的微小变化除以 t 的微小变化”。但是这种记法隐藏了一个模糊的地方：在这两种情况下，高度的微小变化 $\mathrm{d}u$ 可能并且通常是不同的。如果你忘了这一点，计算就可能出错。当我们对空间微分时，是让空间变量稍微改变，看看高度如何变化；当我们对时间微分时，则是让时间变量稍微改变，看看高度如何变化。随时间的变化没有理由非要等于随空间的变化。

因此，数学家决定把符号 d 改成一种不会（直接）让他们想到是“微小变化”的东西，以此提醒自己注意这种模糊的问题。他们选择了一个非常可爱的花体的 d，写作 ∂；然后把这两种导数分别写作 $\frac{\partial u}{\partial x}$ 和 $\frac{\partial u}{\partial t}$。你可能会说，这并不是一个很大的进步，因为 ∂u 的两种不同的含义还是一样容易混淆。对这种批评有两个回应：其一是在这种情况下，你不应该认为 ∂u 是 u 的特定微小变化；其二是使用花哨的新符号提醒你不要混淆。第二个回应肯定是有效的：只要你看到 ∂，它就会告诉你，你会看到相对于几个不同变量的变化率。这些变化率称为偏导数，因为从概念上讲，你只让部分变量变化，而让其余变量保持不变。

当达朗贝尔计算出振动弦的方程时，他就恰恰遇到了这种情况。弦的形状取决于空间（沿着弦的距离）以及时间。牛顿第二运动定律告诉他，一小段弦的加速度与作用于它的力成正比。加速度是对时间的（二阶）导数。但是力是由相邻的弦段作用于我们研究的弦产生的，而“相邻”意味着空间的微小变化。当他计算这些力时，就得出了方程

$$\frac{\partial^2 u}{\partial t^2} = c^2 \frac{\partial^2 u}{\partial x^2}$$

其中 $u(x,t)$ 是 t 时刻弦上 x 位置处的垂直位置，c 是与弦的张力以及弹性大小有关的常数。这个计算实际上比伯努利所做的更容易，因为它避免了引入特解带来的特殊性质。[1]

达朗贝尔优雅的公式就是*波动方程*。和牛顿第二运动定律一样，它是一个微分方程——涉及 u 的（二阶）导数。由于它们是偏导数，因此波动方程是*偏微分方程*。空间二阶导数表示作用在弦上的净力，而时间二阶导数是加速度。波动方程开创了一个先例：经典数学物理学中的大多数关键方程，以及许多现代数学物理方程，是偏微分方程。

达朗贝尔一写下波动方程，就做好了把它解出来的准备。这项任务因为它是一个*线性*方程而变得很容易。偏微分方程有许多解（通常是无限多组解），因为每个初始状态都会导致一个不同的解。例如，小提琴琴弦原则上可以在释放之前弯曲成你喜欢的任何形状，然后由波动方程接管。“线性”意味着如果 $u(x,t)$ 和 $v(x,t)$ 是解，则任何线性组合 $au(x,t)+bv(x,t)$ 也是解，其中 a 和 b 是常数。另一个术语是“叠加”。波动方程的线性来源于伯努利和达朗贝尔必须做出的近似——这样才能得到他们可以解的东西：假设所有干扰都很小。现在，弦施加的力可以用各个质点位移的线性组合来良好地近似。更好的近似将得出非线性偏微分方程，那可就麻烦得多了。从长远来看，这些复杂性必须被正面解决，但先驱们已经有足够的东西要对付了，所以他们选择了近似但非常优雅的方程，并将注意力限制在振幅很小的波上。这个方法很好用。事实上，对于振幅较大的波，它通常也很好用，这是一个幸运的奖励。

达朗贝尔知道自己的方向是正确的，因为他找到了固定的形状沿着弦线像波浪般行进的解。[2] 结果他发现，波速就是等式中的常数 c。波可以向左或向右传播，于是叠加原理发挥了作用。达朗贝尔证明了所有解都是向左传播或向右传播的两个波的叠加。而且每个单独的波可以具有任何形状。[3] 在小提琴琴弦上看到的两端固定的驻波，其实是两列形状相同但颠倒的波的组合，一列向左传播，另一列（颠倒地）向右传播。两列波在末端处完全抵消：一列波的波峰与另一列波的波谷重合。因此它们符合物理边界条件。

数学家现在面临着一个过犹不及的窘境。波动方程有两种解法：伯努利的解法会得出正弦和余弦，而达朗贝尔的解法会得出任意形状的波。乍看起来，似乎达朗贝尔的解法肯定更加通用：正弦和余弦都是函数，但大多数函数不是正弦和余弦。然而波动方程是线性的，所以你可以将伯努利的解叠加在一起，也就是把解的常数倍加在一起。为了简单起见，我们只考虑某个固定时刻的快照，这样就不依赖于时间了。例如，图 8.3 展示的是 $5\sin x + 4\sin 2x - 2\cos 6x$。这是一个相当不规则的形状，它扭来扭去，但仍然光滑并呈波浪状。

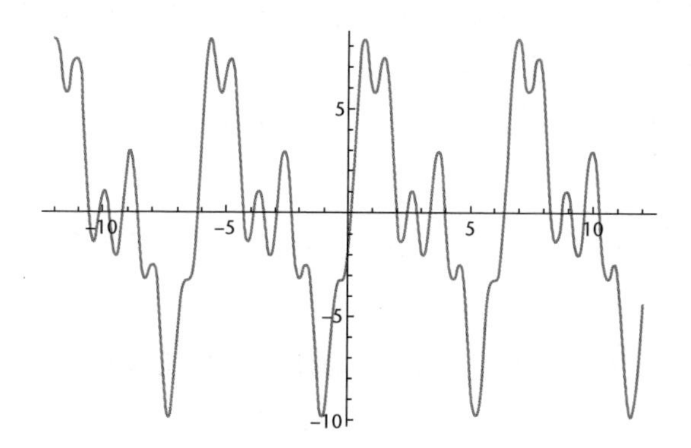

图 8.3　各种振幅和频率的正弦和余弦的典型组合

让那些思维更为缜密的数学家感到困扰的是，有些函数非常粗糙，如锯齿般参差不齐，你没有办法把它们表示成正弦和余弦的线性组合。好吧，如果你使用有限项的话是没办法——而这就指明了一条出路。正弦和余弦的无穷级数如果收敛（即无穷项之和是有意义的）也满足波动方程。它是不是能同时表达锯齿状的函数和平滑的函数呢？一流的数学家们就此进行了争论，在热学理论中出现同样的问题时终于有了头绪。关于热流的问题自然会涉及有突变的不连续函数，这比锯齿状的函数还要糟糕。我将在第9章讲述这个故事，但最终结果是，大多数"合理的"波形可以用正弦和余弦的无穷级数来表示，也就是可以通过正弦和余弦的有限组合无限近似。

正弦和余弦解释了让毕达哥拉斯学派印象深刻的和谐比例。这些特殊形状的波在声学理论中很重要，因为它们代表了"纯"音——理想乐器上的单音。任何真正的乐器都会产生纯音的混合。如果你拨动小提琴的弦，你听到的主音是 $\sin x$ 的波，但叠加在上面的还有一点儿 $\sin 2x$ 的波，或许还有一点儿 $\sin 3x$ 的波，依此类推。主音称为基音，其他的音称为泛音。x 前面的数字称为波数。伯努利的计算告诉我们，波数与频率成正比，即在基波振动一次的时间里，弦产生的那个特定的正弦波振动了多少次。

特别是 $\sin 2x$，它的频率是 $\sin x$ 的两倍。它听起来是什么样的？是高八度的音符。这是与基音一起演奏时听起来最和谐的音符。如果你看一下图8.2中二次模（$\sin 2x$）的弦的形状，你会注意到它在中点和两端横穿轴。中点（也就是所谓"波节"）是固定的。如果你用手指压住那个点，两侧的半根弦依然能够以 $\sin 2x$ 的模式振动，但不能以 $\sin x$ 的模式振动。这解释了毕达哥拉斯的发现，即弦长缩短一半，音高就高八度。类似的解释也适用于他们发现的其他简单比例：它们都对应频率具有这一比例的正弦曲线，并且这样的曲线都能整齐地排列在固定长度、两端不能移动的弦上。

为什么这些比例听起来很和谐？部分原因在于，如果正弦波的频率不成简单比例，叠加后就会产生一种叫作“拍音”的效果。例如，像 11 : 23 这样的比例对应 $\sin 11x + \sin 23x$，如图 8.4 所示，形状有很多突然的变化。另一部分原因在于，耳朵对传入的声音的响应方式与小提琴琴弦大致相同——鼓膜也会振动。当两个音符产生拍音时，对应的声音就像是嗡嗡的噪声，一会儿响，一会儿轻。所以它听起来并不和谐。然而，还有第三种解释：婴儿的耳朵会适应他们最常听到的声音。从大脑到耳朵的神经连接比从耳朵到大脑的更多。因此，大脑会调整耳朵对传入声音的反应。换句话说，我们认为和谐的东西里面含有文化因素。但最简单的比例自然是和谐的，所以大多数文化会使用它们。

数学家首先在他们能想到的最简单的条件下推导出了波动方程：一条振动的线，这是一个一维系统。现实中的应用需要更一般性的理论，在二维和三维中对波建模。即使只谈音乐领域，鼓也需要两个维度来模拟鼓皮振动的规律。海洋表面的水波也是如此。地震发生时，整个地球像钟声一样响起，而我们的星球是三维的。许多其他物理领域涉及二维或三维的模型。人们发现，将波动方程扩展到更高维度十分简单、直接，你所要做的就是重复类似于对小提琴琴弦的计算。学会在简单的条件下玩这个游戏之后，在真实环境中玩就不难了。

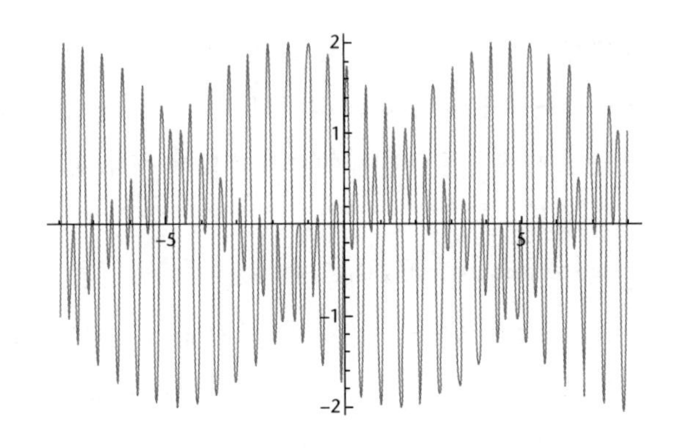

图 8.4　拍音

例如，在三维空间中，我们使用三个空间坐标 (x, y, z) 和时间 t。波用函数 u 来描述，这个函数取决于这四个坐标。例如，它可以描述声波穿过空气时空气中的压力变化。利用和达朗贝尔相同的假设，特别是扰动的振幅很小，用同样的方法可得出同样漂亮的方程：

$$\frac{\partial^2 u}{\partial t^2} = c^2 \left(\frac{\partial^2 u}{\partial x^2} + \frac{\partial^2 u}{\partial y^2} + \frac{\partial^2 u}{\partial z^2} \right)$$

括号内的公式称为 u 的拉普拉斯算子，它对应于所讨论的点与其附近的点之间 u 值的平均差。这种表达在数学物理学中出现得如此频繁，以至于拥有了自己的特殊符号：$\nabla^2 u$。如果要得到二维拉普拉斯算子，我们只要略去涉及 z 的项就可以得出二维条件下的波动方程。

高维条件下出现的新东西主要在于发生波的区域（称为方程的定义域）可能很复杂。在一维条件下，唯一连通的形状是区间，也就是线段。然而，在二维情况下，它可以是你在平面中画出的任何形状；在三维情况下，它就可以是空间中的任何形状。你可以对方形鼓、矩形鼓、圆形鼓[4]或轮廓像猫的鼓建模。对于地震，你可以使用球形定义域，或者为了得到更高精度，使用在极点处略微压扁的椭球体。如果你正在设计汽车并希望消除不必要的振动，那么定义域应该是汽车的形状，或者工程师想要关注的汽车的任何部分。

对于任何选定形状的定义域，都有类似于伯努利的正弦和余弦的函数——最简单的振动模式。这些模式被称为“模态”，或更为精确地说是“简正模”。所有其他波都可以通过简正模的叠加得到，而如果有必要的话，还可以再次使用无穷级数。简正模的频率表示定义域的自然振动频率。如果定义域是矩形，则这些函数是 $\sin mx \cos ny$ 形式的三角函数，其中 m 和 n 是整数，产生如图 8.5（左）所示的波形。如果定义域是圆形，则由称为贝塞尔函数的新函数确定，具有更有趣的形状，如图 8.5（右）所示。由此产生的数学不仅适用于鼓，也适用于水波、声波、电磁波或光（见第 11 章）甚至量子波（见第 14 章）。这是所有这些领域的基础。拉普拉斯算子也出现在其他物理现象的方程中，特别是电场、磁场和引力场。“从玩具问题（一个如此简单以至于不可能符合现实的问题）入手”，这个数学家们最喜欢的技巧在波上取得了巨大的成功。

这就是不应该用一个数学概念最初出现时的背景来评判它的原因。如果你想要了解的是地震，那么对小提琴琴弦进行建模似乎毫无意义。但是如果你直接跳入深渊，并试图解决真实地震的所有复杂性，那你就会被淹死。你应该先开始在浅水区划水，培养在游泳池游几个来回的信心，然后你就可以做好准备爬上高高的跳板了。

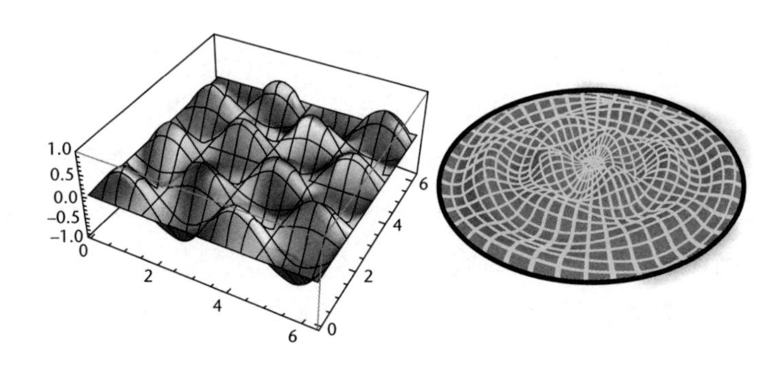

图8.5　左：振动的矩形鼓的一种模式的快照，波数分别为2和3。右：振动的圆形鼓的一种模式的快照

波动方程取得了辉煌的成功，在某些物理领域，它非常精确地描述了现实。但是，它的推导需要几个简化的假设。当这些假设不切实际时，可以修改相同的物理概念以适应条件，从而得出波动方程的不同版本。

地震就是一个典型的例子。这里的主要问题不在于达朗贝尔假设波动的振幅很小，而是在于定义域的物理性质起了变化。这些性质可以对地震波——通过地球传播的振动产生强烈的影响。通过了解这些效应，我们可以深入了解我们的星球，并搞清楚它是由什么组成的。

地震波有两种主要类型：压力波和剪切波，通常缩写为P波和S波（还有很多其他波：这是一个简化版本，只介绍一些基础知识）。两者都可以在固体介质中发生，但S波不会在流体中发生。P波是压力的波，类似于空气中的声波，压力变化的方向是沿着波传播的方向，我们把这种波叫作“纵波”。S波则是“横波”，压力变化方向与传播方向垂直，就像小提琴琴弦上的波一样。它们会导致固体发生剪切，其形变就类似一沓被侧向推动的扑克牌，牌与牌之间会相互滑动。流体的行为和一沓牌可不一样。

当地震发生时，它会产生两种波。P 波传播速度更快，因此地表其他地方的地震学家会首先观察到它们。然后较慢的 S 波才会到达。1906 年，英国地质学家理查德 · 奥尔德姆（Richard Oldham）利用这种差异，做出了关于地球内部的重大发现。粗略地说，地球有一个铁芯，周围是岩石地幔，大陆漂浮在地幔顶部。奥尔德姆认为地核的外层必须是液体。如果是这样，S 波不能通过这些区域，但 P 波可以。所以有所谓的 S 波阴影区，你可以通过观察地震信号来计算出它的位置。英国数学家哈罗德 · 杰弗里斯（Harold Jeffreys）在 1926 年对细节进行了整理，并确认奥尔德姆是正确的。

如果地震足够强烈，它可能导致整个地球以其一种简正模振动——类似于琴弦上的正弦和余弦。整个地球像钟声一样响起，在某种意义上说，如果我们真能听到它极低的频率的话，这甚至都不是一个比喻。能够记录这些模式的仪器出现在 20 世纪 60 年代，它们被用于观察有科学记载的两次最猛烈的地震：1960 年的智利地震（9.5 级）和 1964 年的阿拉斯加地震（9.2 级）。第一次地震造成了约 5000 人死亡，第二次地震由于发生在偏远地区，造成了约 130 人死亡。两次地震都引发了海啸并造成了巨大的破坏。通过激发地球的基本振动模式，两次地震都前所未有地让我们了解到了地球的内部深处。

波动方程的复杂版本使地震学家能够看到我们脚下数百千米处发生的事情。他们可以绘出地球的一个构造板块滑动到另一个板块之下的情况，称为“俯冲”。俯冲作用会导致地震，尤其是所谓的“大型逆冲区地震”，就像前面提到的两次地震一样。它还会产生安第斯山等沿着大陆边缘的山脉，以及火山——板块下沉得如此之深以至于开始融化，导致岩浆上升到地表。最近的一个发现是，板块不需要作为一个整体隐没，而是可以分解成巨大的岩板，沉入地幔的不同深度。

这个领域最有价值的东西，就是可靠地预测地震和火山爆发的方法。地震和火山难以捉摸，因为触发此类事件的条件是许多地点的许多因素的复杂组合。然而研究有所进展，而地震学家使用的波动方程描述是许多正在被研究的方法的基石。

这些方程还有更多的商业应用。为了寻找地下几千米处的液体黄金，石油公司会在地表引发爆炸，并利用爆炸产生的地震波的回波来描绘地下的地质情况。这里的主要数学问题是用接收到的信号重建地质图，这有点儿像把波动方程反过来使用。数学家不是在已知的定义域中求解方程来计算波的运动，而是使用观测到的波的模式来重建定义域中的地质特征。通常情况下，像这样倒推（用行话说是解决逆问题）要比解决正问题更难。但是实用的方法确实存在。一家大型石油公司每天要进行25万次这样的计算。

钻探石油有其自身的问题，2010年深水地平线石油钻井的井喷事件已经明确告诉了我们这一点。但目前，人类社会严重依赖石油，即使每个人都想大幅减少石油使用量，也需要数十年才能做到。下次你给汽车加油的时候，想想那些想知道小提琴如何发声的数学先驱。那不是一个实际的问题，到今天仍然不是。但如果没有他们的发现，你的汽车哪里也去不了。

注释

1. 考虑三个连续的质点，编号分别为 $n-1$、n、$n+1$。假设在 t 时刻，它们相对于水平轴上的初始位置的位移分别是 $u_{n-1}(t)$、$u_n(t)$ 和 $u_{n+1}(t)$。根据牛顿第二运动定律，每个质点的加速度与作用于它的力成正比。简化假设，设每个质点仅在垂直方向上移动很小的距离。那么一个很好的近似是，质点 $n-1$ 施加在质点 n 上的力与差值 $u_{n-1}(t)-u_n(t)$ 成正比，类似地，质点 $n+1$ 施加在质点 n 上的力与差值 $u_{n+1}(t)-u_n(t)$ 成正比。将这些全都加在一起，施加在质点 n 上的总力与 $u_{n-1}(t)-2u_n(t)+u_{n+1}(t)$ 成正比。这就是 $u_{n-1}(t)-u_n(t)$ 与 $u_n(t)-u_{n+1}(t)$ 之差，而这两个表达式又都是连续质点的位移之差。因此，对质点 n 施加的力是*差值的差值*。

   现在假设质点非常紧密。在微积分中，差值——除以适当的小常数——是对导数的近似。差值的差值是对导数的导数的近似，即二阶导数。那么在质点数量趋于无穷大、质点之间距离趋于无穷小的极限，弦上某一点所受的力就与 $\frac{\partial^2 u}{\partial x^2}$ 成正比，其中 x 是沿弦长度方向的空间坐标。根据牛顿第二运动定律，它与垂直于轴线方向的加速度成正比，也就是时间的二阶导数 $\frac{\partial^2 u}{\partial t^2}$。将比例常数写作 c^2 可得

$$\frac{\partial^2 u}{\partial t^2} = c^2 \frac{\partial^2 u}{\partial x^2}$$

   其中 $u(x,t)$ 是在 t 时刻弦上 x 位置处的垂直位置。

2. 动画可见于维基百科“wave equation”词条。

3. 对于任意函数 f 和 g，用符号表达的解是

$$u(x,t) = f(x-ct) + g(x+ct)$$

4. 圆形鼓的前几个简正模的动画可见于维基百科“vibrations of a circular membrane”词条。

波纹与尖峰

傅里叶变换

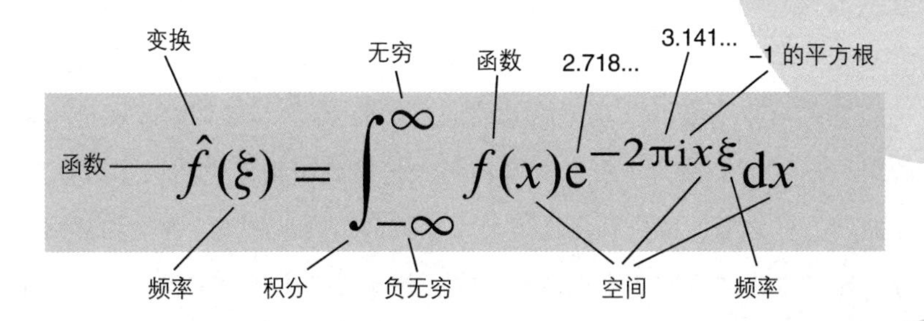

$$\hat{f}(\xi)=\int_{-\infty}^{\infty} f(x)\mathrm{e}^{-2\pi \mathrm{i} x \xi}\mathrm{d}x$$

它告诉我们什么？

空间和时间中的任何模式都可以被看作不同频率的正弦模式的叠加。

为什么重要？

频率分量可用于分析模式、定制模式、提取重要特征，以及消除随机噪声。

它带来了什么？

傅里叶的技巧应用极为广泛，比如图像处理和量子力学。它用于发现 DNA 等大型生物分子的结构、压缩数码照片中的图像数据、清理古老或损坏的录音，以及分析地震。现代技术用于高效地存储指纹数据和改进医疗扫描仪。

牛顿的《自然哲学的数学原理》为针对自然的数学研究打开了大门，但他的同胞们过分沉迷于谁先发明了微积分的争议，而不是去做出进一步的发现。在英格兰的精英们眼中，自己国家在世的最伟大的数学家遭受了这种可耻的指控，真是太让人义愤填膺了（这很大程度上可能是因为听了出于善意但愚蠢的朋友们的话）。与此同时，欧洲大陆的同事们则将牛顿关于自然法则的观点拓展到了物理学的大多数领域。在波动方程之后，很快就出现了非常相似的引力、静电、弹性和热流方程。许多方程都用发明者的名字命名：拉普拉斯方程、泊松方程。关于热的方程则没有用人名命名，这个方程的名字缺乏想象力，还不完全准确——“热方程”。它由约瑟夫·傅里叶（Joseph Fourier）提出，而他的思想引出一个新的数学领域，其影响远远超出了问题最初的来源。波动方程本来也可能引出这一思想，类似的方法在人们的数学意识中早有浮现，但历史却选择了热学。

这种新方法有一个前途光明的开端：1807年，傅里叶根据一个新的偏微分方程向法国科学院提交了一篇关于热流的文章。虽然这所著名的机构拒绝发表文章，但它鼓励傅里叶进一步研究他的思想并再试一次。当时，科学院有一个年度研究奖项，颁发给他们认为足够有趣的任何主题。他们选择热学作为1812年奖项的主题。傅里叶正式提交了他经过修订和扩充的文章，并赢得了奖项。他的热方程是这样的：

$$\frac{\partial u}{\partial t}=\alpha\frac{\partial^2 u}{\partial x^2}$$

这里的 $u(x,t)$ 是一根金属杆在时刻 t、位置 x 处的温度，其中杆无限细，α 是一个常数，指热扩散率。所以它真的应该被称为温度方程。他还给出了一个更高维的版本：

$$\frac{\partial u}{\partial t} = \alpha \nabla^2 u$$

对平面或空间中的任何指定区域都成立。

热方程与波动方程惊人地相似，但有一处重要的区别。波动方程用的是对时间的二阶导数 $\frac{\partial^2 u}{\partial t^2}$，但到了热方程里则变成了一阶导数 $\frac{\partial u}{\partial t}$。这个区别可能看起来很小，但其物理意义是巨大的。和会永远振动的小提琴琴弦不同（根据波动方程，假设没有摩擦或其他阻尼），热量并不会无限期持续存在。相反，随着时间的推移，热量会耗散衰减，除非有热源可以给它补充热量。因此，一个典型的问题可能是这样的：加热杆的一端以保持其温度恒定，冷却另一端并同样保持恒定，求出杆达到稳定状态后温度如何分布。答案是以指数方式下降。另一个典型的问题是，指定沿杆的初始温度分布，然后问这个分布随时间如何变化。也许开始时左半部分温度高，右半部分温度低。这个方程就会告诉我们高温部分的热量如何扩散到低温的部分。

傅里叶的获奖回忆录中最有趣的部分并不是这个方程，而是他如何求解它。如果初始分布是一个三角函数，例如 $\sin x$，则方程（对那些有处理此类问题的经验的人来说）很容易求解，答案是 $\mathrm{e}^{-\alpha t}\sin x$ 。这和波动方程的基模有些相似，但那个公式是 $\sin ct \sin x$。琴弦的永恒振荡对应的 $\sin ct$ 因子被指数代替，并且指数 $-\alpha t$ 中的负号告诉我们，整体温度分布沿着杆以相同的速率衰减。（这里的物理差异是波会保存能量，但热流不会。）类似地，比如对于 $\sin 5x$ 的初始分布，解是 $\mathrm{e}^{-25\alpha t}\sin 5x$：同样会消失，但速度快得多。式中的 25 是 5^2，这是一般模式的一个例子，适用于 $\sin nx$ 或 $\cos nx$ 形式的初始分布。[1] 要求解热方程，只要乘上 $e^{-n^2\alpha t}$ 就行了。

接下来，故事大体上就和波动方程差不多了。热方程是线性的，因此我们可以把解叠加起来。如果初始分布是

$$u(x,0) = \sin x + \sin 5x$$

那么解就是

$$u(x,t) = e^{-\alpha t}\sin x + e^{-25\alpha t}\sin 5x$$

并且两种模以不同的速率衰减。但像这样的初始分布有点儿刻意。为了解决我在前面提到的问题，我们想要这样一个初始分布：其中杆有一半是 $u(x,0)=1$，另一半是 -1。这样的分布是不连续的，用工程术语来说叫作“方波”。但正弦和余弦曲线是连续的。因此，正弦和余弦曲线的任何叠加都不能代表方波。

当然，任何有限的叠加都不行。但是，如果我们允许*无穷多*项呢？那么我们可以尝试将初始分布表示为一个无穷级数，形如

$$\begin{aligned} u(x,0) = {} & a_0 + a_1\cos x + a_2\cos 2x + a_3\cos 3x + \cdots \\ & + b_1\sin x + b_2\sin 2x + b_3\sin 3x + \cdots \end{aligned}$$

其中 $a_0, a_1, a_2, a_3, \cdots$、$b_1, b_2, b_3, \cdots$ 是合适的常数（因为 $\sin 0x = 0$，所以没有 b_0）。现在看来有可能得到方波了（见图 9.1）。实际上，大多数系数可以设为零。只有 n 为奇数的 b_n 需要保留，并且 $b_n = \frac{8}{n\pi}$。

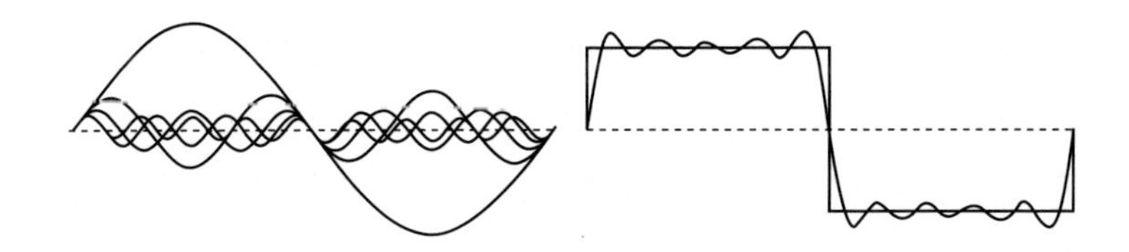

图 9.1　如何利用正弦和余弦得到方波。左：正弦波分量。右：它们的和及方波。在这里，我们展示傅里叶级数的前几项。更多的项可以更好地近似方波

傅里叶甚至给出了一般分布 $f(x)$ 的系数 a_n 和 b_n 的积分通项公式：

$$a_n = \frac{1}{\pi}\int_0^{2\pi} f(x)\cos(nx)\mathrm{d}x, \qquad b_n = \frac{1}{\pi}\int_0^{2\pi} f(x)\sin(nx)\mathrm{d}x$$

在经历了对三角函数进行幂级数展开的周折之后，他意识到还有简单得多的方法可以推导出这些公式。如果你取两个不同的三角函数，比如 $\cos 2x$ 和 $\sin 5x$，将它们相乘，并从 0 到 2π 积分，就会得到零。哪怕它们看起来是 $\cos 5x$ 和 $\sin 5x$ 也是一样。但如果两个函数是相同的，比如都是 $\sin 5x$，那积分就不是零——实际上是 π。如果你设 $f(x)$ 是三角级数的和，将所有数字乘以 $\sin 5x$ 并积分，则所有项都会消失，除了对应于 $\sin 5x$ 的那一项，即 $b_5 \sin 5x$。这一项的积分结果是 π。那么除以 π 之后就得出了 b_5 项的傅里叶公式。所有其他系数也是如此。

虽然这个公式赢得了法国科学院的奖项，但傅里叶的回忆录因不够严谨而受到广泛批评，科学院也拒绝发表。这件事极不寻常，令傅里叶非常愤慨，但科学院不为所动。傅里叶怒火中烧。物理的直觉告诉他自己是对的，如果你把他的级数代入这个等式，它显然是一个解。它成立了。真正的问题是，他不知不觉间揭开了一个旧伤疤。正如我们在第8章中看到的那样，欧拉和伯努利多年来一直就波动方程争论类似问题，只不过方程里不是傅里叶提出的随时间的指数耗散，而是波幅的无限正弦振荡。背后的数学问题是同一个。事实上，欧拉已经针对波动方程发表了系数的积分公式。

然而，欧拉从未说过该公式适用于不连续函数 $f(x)$，这是傅里叶的工作中最具争议的一点。无论如何，小提琴琴弦的模型并不涉及不连续的初始条件——那样的话，模型将是一根断掉的弦，根本不会振动。但是对于热来说，考虑将杆的一个区域保持在一个温度，而让相邻区域保持在另一个温度是很自然的。实际的过渡将是平滑且非常陡峭的，但是不连续的模型也是合理且更便于计算的。事实上，热方程的解就解释了为什么过渡会迅速变得平滑且非常陡峭，因为热量会横向扩散。因此一个欧拉不需要担心的问题变得无可避免，而这让傅里叶遭了殃。

数学家开始意识到无穷级数是个危险的东西。它们并不总是好好表现为有限和。最终，这些纠结的复杂性得到了解决，但这用到了一个新的数学观，花费了一百年的艰苦努力。在傅里叶的时代，每个人都觉得自己已经了解了积分、函数和无穷级数是什么，但实际上这些理解都很模糊——“我看到它的时候就认得。”因此，当傅里叶提交他的划时代论文时，科学院的官员有充分的理由保持警惕。他们拒绝让步，所以1822年，傅里叶通过出版《热解析理论》(*Théorie analytique de la chaleur*)一书来绕过他们的反对。1824年，傅里叶出任科学院秘书，狠狠打了批评者一耳光，并在科学院声誉卓著的期刊上发表了他 1811 年的原版回忆录，不刊一字。

我们现在知道，虽然傅里叶在精神上是正确的，但他的批评者也有充分的理由担心严谨性。问题很微妙，答案也不是非常直观。我们现在所谓的“傅里叶分析”非常好用，但它涉及傅里叶没有意识到的深层问题。

问题似乎是：傅里叶级数什么时候会收敛到自己要代表的那个函数？也就是说，取的项越多，函数就近似得更好吗？甚至连傅里叶都知道，答案并不是“一定会”。它似乎是“通常会，但在不连续点处可能出现问题”。例如，在温度跃变的中点，方波的傅里叶级数是收敛的——但数字错了。级数和是 0，但方波取值为 1。

对于大多数物理应用而言，在一个孤立点改变了函数值无关紧要。经过修改的方波看起来仍然是方的。它只是在不连续性上稍有区别。对傅里叶来说，这种问题并不重要。他当时正在对热流进行建模，不介意模型是否有点儿刻意，或者是否需要做些对最终结果没有重大影响的技术性改动。但是，收敛问题不能轻易被忽略，因为函数可能具有比方波更复杂的不连续性。

然而，傅里叶声称他的方法适用于任何函数，所以它甚至应该适用于这样的函数：当 x 是有理数时 $f(x) = 0$，当 x 是无理数时则 $f(x) = 1$。这个函数到处都是不连续的。当时对于这样的函数，人们甚至不清楚积分意味着什么，结果人们发现这才是争议的真正原因。没有人定义积分是什么，至少没有人定义像这样的奇怪函数。更糟糕的是，没有人定义函数是什么。即使你清理了那些遗漏的情况，这个问题也不仅仅关于傅里叶级数是否收敛。真正的困难在于理解它在什么意义下收敛。

这些问题解决起来很棘手。它需要一种由亨利·勒贝格（Henri Lebesgue）提出的新的积分理论、由格奥尔格·康托尔（Georg Cantor）从集合理论的角度重新设计的数学基础（还惹出了一堆新的麻烦）、来自黎曼等巨匠的重要见解，还需要一点儿20世纪的抽象来解决收敛问题。最终的结论是，利用正确的解释，傅里叶的想法可以变得很严谨。它适用于非常广泛但并不普遍的一类函数。级数是否对所有的 x 值都会收敛到 $f(x)$ 并不是完全正确的提法；只要在一种特定的技术意义下，不收敛的 x 的值足够罕见就万事大吉了。如果函数是连续的，则级数会对任何 x 收敛。在跃变不连续处，如方波从1到−1跃变时，级数会非常平等地收敛到紧邻跃变任一侧处的平均值。有了对“收敛”正确的解释，级数确实总是会收敛到函数。它是作为一个整体收敛，而不是逐点收敛。如果要严格说明这一点，需要找到合适的方式来衡量两个函数之间的距离。有了这一切之后，傅里叶级数确实解决了热方程。但它真正的意义远不止于此，纯数学之外的主要受益者不是热物理学，而是工程学，特别是电子工程学。

在其最通用的形式中，傅里叶方法将由函数 f 确定的信号表示为所有可能频率的波的组合。这称为波的傅里叶变换。原始信号被替换成了它的频谱——一系列正弦和余弦分量的振幅和频率，相当于以另一种方式对同一信息进行了编码。工程师会谈论从时域到频域的转换。当以不同方式表示数据时，在一种表示中难以进行或不可能的操作可能在另一种表示中变得很容易。例如，你可以取一次电话交谈，对它做傅里叶变换，并去除信号中所有频率太高或太低导致人耳无法听到的傅里叶分量。这使得同样的信道可以发送更多的对话，这也是如今的电话费相对来说如此低廉的一个原因。你无法在未转换的原始信号上搞这一套，因为它没有“频率”这样一个明显的特征。你不知道该去掉什么。

这种技术的一个应用是设计能够在地震中幸存的建筑物。对典型地震产生的振动做傅里叶变换，我们就可以知道，振动的地面在哪些频率上传递的能量最大。建筑物有其自然的振动模态，这会与地震产生共振，也就是做出异常强烈的响应。因此，使建筑物防震的第一个合理的步骤，就是确保建筑物喜欢的频率与地震波的频率不同。地震的频率可以从观测中获得，建筑物的频率则可以使用计算机模型来计算。

这只是傅里叶变换在幕后影响我们的生活的许多方式之一。在地震区建筑物中居住或工作的人们不需要知道如何计算傅里叶变换，但因为有人了解，所以这些居民在地震中幸存的机会大为提高。傅里叶变换已成为科学和工程学中的常规工具，其应用包括去除老旧录音中的噪声（如黑胶唱片上的划痕造成的咔嗒声）、使用X射线衍射找到发现生化分子（如DNA）的结构、改善无线电接收、修饰从空中拍摄的照片、搭建声呐系统（比如潜艇使用的那种），以及在设计阶段就防止汽车发生不必要的振动。在傅里叶辉煌思想的成千上万种日常应用中，我在这里就专门谈一种，是大多数人在度假时会不知不觉使用的——数码摄影。

在最近一次去柬埔寨的旅行中，我使用数码相机拍摄了大约1400张照片，全都塞进了一张2 GB的存储卡，还有空间可以再装400多张照片。确实，我拍的照片分辨率不是特别高，所以每个照片文件的质量大约是1.1 MB。但是图片是全彩色的，在27英寸[①]的计算机屏幕上看不出任何明显的颗粒感，因此质量的损失并不明显。我的相机用了某种办法把十倍于这张2 GB存储卡容量的数据塞进了卡里，这就像把一升牛奶倒进一个蛋杯里。然而它还装下了。问题是：怎么装进去的呢？

答案是数据压缩。描述图像的信息经过处理来减小它的体积。这些处理中有一些是“无损”的，这意味着如果必要的话，可以从压缩的版本中恢复出原始信息。之所以能够做到这一点，是因为真实世界的大多数图像包含冗余信息。例如，大片的天空往往是相同的蓝色（这也是我们喜欢的地方）。你可以存储矩形的两个对角坐标，以及“将整个区域设为蓝色”的短代码，而不是一次又一次地重复蓝色像素的颜色和亮度信息。当然，实际的做法并不完全是这样，但它说明了为什么有时能够进行无损压缩。如果不是无损的，“有损”压缩也通常可以接受。人眼对图像的某些特征并不特别敏感，这些特征可以记录在较粗糙的尺度上，而我们大多数人不会注意到，特别是没有原始图像可供比较的时候。以这种方式压缩信息就像是打鸡蛋：在一个方向上很容易，也完成了所需的工作，但它是不可逆的。非冗余信息丢失了。只是考虑到人类视觉的工作原理，这些信息一开始就没起太大作用罢了。

---

① 1英寸＝2.54厘米。——译者注

与大多数随拍相机一样，我的相机将图片保存在带有类似于“P1020339.JPG”的标签的文件中。后缀指的是“联合图像专家组”（JPEG，joint photographic experts group），表明已使用特定的数据压缩系统。用于调整和打印照片的软件（例如 Photoshop 或 iPhoto）都可以解码 JPEG 格式，并将数据再转换成图片。数以百万计的人经常使用 JPEG 文件，但知道它们被压缩了的人就不那么多了，而想知道工作原理的人就更少了。这并不是批评：你不必知道原理就可以使用它，这才是重点。相机和软件可以为你处理一切。但是，大致了解软件的作用以及原理往往是个好主意，哪怕只是为了了解有些软件是多么巧妙。如果你想的话，这里的细节可以跳过：我想让你体会一下相机存储卡中的每一张图片里融入了多少数学，但具体是哪些数学就不那么重要了。

JPEG 格式[2]融合了五个不同的压缩步骤。第一步将颜色和亮度信息（开始时是红色、绿色和蓝色的强度）转换为另外三个在数学上等效，却更适合人类大脑感知图像的方式的信息。一个（亮度）代表整体亮度——同一图片的黑白或“灰度”版本。另外两个（色度）分别是亮度与蓝光量和红光量之差。

接下来，色度数据被粗粒化：压缩到更小的数值范围。仅这一步就可将数据量减半。它没有造成可感知的损失，因为人类视觉系统对色差的敏感度远低于相机。

第三步使用了傅里叶变换的一种变体。这不是用于随时间变化的信号，而是用于二维空间中的图案。数学基本上是一样的。所涉及的空间是图片中的 8 × 8 子像素块。为简单起见，只考虑亮度分量：同样的想法也适用于颜色信息。我们从一个 64 像素的块开始，对于每一个像素，我们需要存储一个数字，即该像素的亮度值。离散余弦变换是傅里叶变换的一种特殊情况，它将图像分解为标准“条纹”图像的叠加。其中一半图像的条纹是水平的，另一半是垂直的。条纹有不同的间隔，就像普通傅里叶变换中的各种谐波一样，其灰度值与余弦曲线非常接近。在块的坐标下，它们是各种整数 m 和 n 的 $\cos mx \cos ny$ 的离散版本，如图9.2所示。

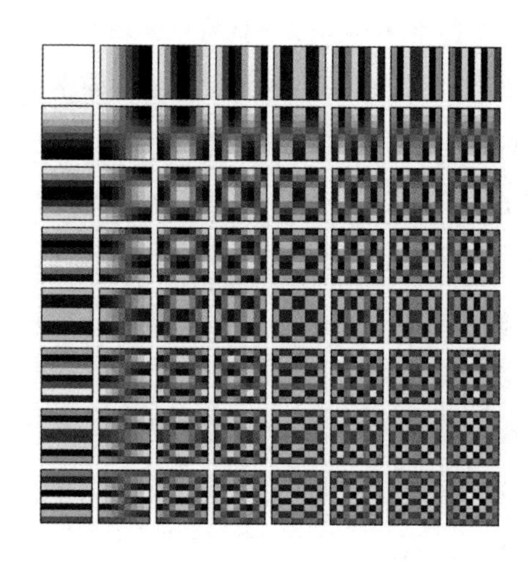

图9.2　可以获得任何 8×8 像素块的64种基本图案

这一步为第四步铺平了道路，而第四步再次利用了人类视觉的不足。我们对大区域的亮度（或颜色）变化比对排列紧密的变化更敏感。因此，随着条纹的间距变得更精细，图中的图案就可以不用记录得那么精确。这进一步压缩了数据。第五步，也是最后一步，使用“霍夫曼编码”来以更高效的方式表达64种基本图案的强度列表。

每次使用 JPEG 拍摄数码图像时，相机中的电子装置都会执行所有这些操作，也许除了第一步。（专业人士现在转而使用 RAW 文件，它们记录实际数据而不压缩，再加上常见的“元数据”，如日期、时间、曝光等。这种格式的文件会占用更多存储空间，但存储器每个月都在越变越大，越来越便宜，所以这也不再重要。）当数据量减少到原始数量的 10% 时，训练有素的眼睛可以发现 JPEG 压缩造成的图像质量损失，未经训练的眼睛可以在文件大小降低到 2%～3% 时清楚地看出质量损失。因此，与原始图像数据相比，你的相机可以在存储卡上记录大约十倍的图像数据，除非是专家，大多数人对此毫无觉察。

由于这些应用，傅里叶分析已成为工程师和科学家的本能反应，但对于某些用途，该技术有一个重大缺陷：正弦和余弦会延伸到无穷。傅里叶的方法在试图表示短信号时会遇到问题。它需要大量的正弦和余弦才能模仿局部的尖峰。问题不在于把尖峰的基本形状搞对，而是要让尖峰之外的所有东西都等于零。你必须砍掉所有那些正弦和余弦无限长的波动尾巴，做法是添加更多的高频正弦和余弦来拼命抵消不必要的垃圾。因此傅里叶变换对于类似尖峰的信号是非常糟糕的：变换后的版本比原始版本更复杂，需要更多数据来描述它。

挽救局面的是傅里叶方法的一般性。正弦和余弦可以用在这里，因为它们满足一个简单条件：它们在数学上是独立的。正式来说，这意味着它们是正交的：在一种抽象但容易理解的意义上，它们彼此成直角。欧拉的技巧（最终由傅里叶重新发现）就在这里派上了用场。将两个基本正弦波形相乘并在一个周期内积分，就可以衡量它们之间的关系是否密切。如果积分结果很大，说明它们非常相似；如果积分结果是零（正交性的条件），说明它们相互独立。傅里叶分析之所以成立，是因为它的那些基本波形既正交又完备：它们是独立的，而且有足够多种，适当地叠加后足以表达任何信号。实际上，它们相当于所有信号构成的空间上的一个坐标系，就像普通空间中的三个轴一样。主要的新性质是我们现在拥有*无限*多个轴：每个基本波形都是一个轴。一旦你适应了这种思想，它就不会在数学上造成多少困难。它只是意味着，你必须使用无穷级数而不是有限和，并且稍微留意一下级数什么时候收敛。

即使在有限维空间中，也存在许多不同的坐标系。例如，旋转轴可以指向新方向。所以在信号的无限维空间中，存在与傅里叶非常不同的另外一些坐标系也就不足为奇了。近年来，整个领域中最重要的发现之一就是一种新的坐标系，其基本波形被限制在有限的空间区域里。它们被称为“小波”，可以非常有效地表达尖峰，因为它们*本身*就是尖峰。

直到最近才有人意识到，可以进行类似尖峰的傅里叶分析。起步很简单：选择特定形状的尖峰，即“母小波”（图9.3）。然后将母小波侧向滑动到各个位置，并改变比例来扩展或压缩，从而生成子小波（以及孙小波、曾孙小波，等等）。同样道理，傅里叶的基本正弦和余弦曲线是“母小正弦波”，而高频率的正弦和余弦曲线是“子小正弦波”。不过这些曲线是周期性的，和尖峰看起来不一样。

小波被设计用于有效地描述类似尖峰的数据。此外，由于子小波和孙小波只是母小波的缩放版，因此可以聚焦于特定的细节水平。如果你不想看到细微的结构，只需从小波变换中删除所有的曾孙小波就好了。要用小波表达豹子，你需要用几个大的小波表示豹子的身体，用较小的

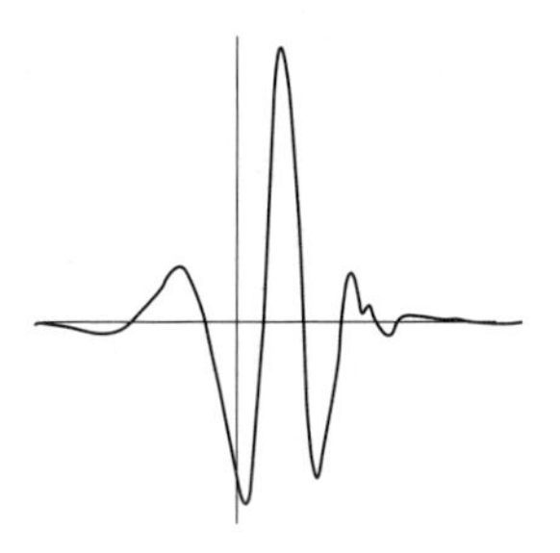

图 9.3　多贝西小波

小波表示眼睛、鼻子，当然还有斑点，用非常小的小波来表示一根根毛发。要压缩表达豹子的数据，你可能会认为单根毛发无关紧要，因此只需删除这些特定的小波分量。最棒的是，图像仍然看起来像豹子，它仍然有斑点。如果你尝试使用豹子的傅里叶变换进行这个操作，那么分量列表会很长，你也不清楚应删除哪些项，结果可能认不出来那是只豹子了。

这一切都非常好，但母小波应该是什么形状呢？在很长一段时间里，没有人可以解决这个问题，甚至也没法证明这样好的形状存在。但在 20 世纪 80 年代初，地球物理学家让 · 莫莱（Jean Morlet）和数学物理学家亚历山大 · 格罗斯曼（Alexander Grossmann）发现了第一个合适的母小波。1985 年，伊夫 · 梅耶尔（Yves Meyer）发现了一个更好的母小波。1987 年，贝尔实验室的数学家英格丽 · 多贝西（Ingrid Daubechies）彻底颠覆了整个领域。虽然之前的母小波看起来很像尖峰，但它们都有一个非常微小的数学尾巴，一直摆动到无限远。多贝西发现了一个没有尾巴的母小波：在某个时间间隔之外，母小波总是恰好为零——这是一个真正的尖峰，完全局限于一个有限的空间区域内。

小波类似于尖峰的特征使它们特别适合压缩图像。它们最初的大规模实际用途之一是存储指纹，客户是美国联邦调查局（FBI）。FBI的指纹数据库包含3亿条记录，每条记录有8个指纹和2个拇指纹，最初存储在纸卡上。这种存储介质使用不便，于是他们把图像数字化并将结果存储在计算机上。明显的优势包括能够快速自动搜索与犯罪现场发现的指纹相匹配的指纹。

每张指纹卡的计算机文件长度为10兆字节（MB）：8000万位二进制数字。因此整个存档占用3000 TB的存储空间：2.4亿亿个二进制数字。更糟糕的是，每天要增加3万个新指纹。因此存储需求每天将增加2.4万亿位二进制数字。FBI明智地判断自己需要一些数据压缩方法。由于各种原因，JPEG不适合，因此在2002年，FBI决定使用小波，即“小波/标量量化（WSQ）方法”来开发一种新的压缩系统。WSQ通过删除整个图像中的细节，将数据减少到其大小的5%。这丝毫不影响眼睛或计算机识别指纹的能力。

小波最近还有许多在医学成像方面的应用。医院现在使用几种不同类型的扫描仪来获得人体或重要器官（如大脑）的二维横截面。这些技术包括CT（计算机断层扫描术）、PET（正电子发射体层成像）和MRI（磁共振成像）。在断层扫描术中，机器在身体的单一方向上观察总组织密度或类似的量，就像你在固定位置看看所有组织是不是会变得稍微透明一样。通过从许多不同角度拍摄一系列这样的“投影”，再用上一些巧妙的数学，就可以重建二维图像。在 CT 中，每个投影都需要 X 射线暴露，因此有充分的理由来限制所获取的数据量。一方面，在所有这些扫描方法中，较少的数据在获取时所需的时间也较少，同样的设备就可以用于更多的患者。另一方面，良好的图像需要更多的数据，才能让这种重建方法工作得更好。小波提供了一种折中方案，减少的数据量也带来同样可接受的图像。通过小波变换去除不需要的分量，再次“反变换”得到图像，就可以平滑和清理不良的图像。小波还从根本上改进了扫描仪获取数据的方式。

事实上，小波几乎到处都是。地球物理学和电气工程领域虽然相隔遥远，研究人员却都在把小波引入自己的领域。罗纳德 · 考夫曼（Ronald Coifman）和维克多 · 魏克尔豪斯（Victor Wickerhauser）用它们来消除录音中不想要的噪声：最近的一次成功是一场演出——勃拉姆斯演奏他自己的《匈牙利舞曲》。录音最初于 1889 年记录在蜡筒上，而蜡筒已经部分熔化；之后它被重新录制到 78 转的唱片上。考夫曼从唱片的一次无线电广播入手，当时音乐几乎已经完全湮没在周围的噪声里。在利用小波进行“清洗”之后，你就可以听到勃拉姆斯的演奏了——并不完美，但至少听得见。对于一个 200 年前首次在热流物理学中出现，并被拒绝发表的想法来说，这样的战绩可谓辉煌。

注释

1. 设 $u(x,t)=\mathrm{e}^{-n^2\alpha t}\sin nx$，则

$$\frac{\partial u}{\partial t}=-n^2\alpha\mathrm{e}^{-n^2\alpha t}\sin nx=\frac{\partial^2 u}{\partial x^2}$$

因此 $u(x,t)$ 满足热方程。

2. 这是用于网络的 JFIF 编码。用于相机的 EXIF 编码还包括描述照相机设置的“元数据”，例如日期、时间和曝光度。

人类的攀升

纳维-斯托克斯方程

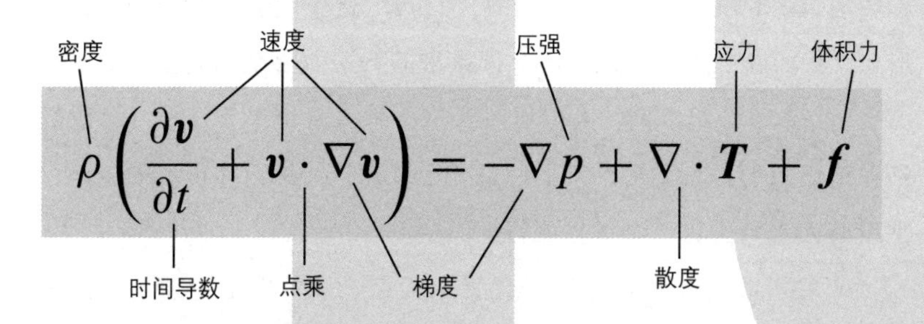

$$\rho\left(\frac{\partial \boldsymbol{v}}{\partial t}+\boldsymbol{v}\cdot\nabla\boldsymbol{v}\right)=-\nabla p+\nabla\cdot\boldsymbol{T}+\boldsymbol{f}$$

它告诉我们什么?

它的外衣下就是牛顿第二运动定律。方程左侧是小流体区域的加速度。右侧是作用于它的力:压强、应力和内部体积力。

为什么重要?

它提供了一种非常准确的方法来计算流体的运动方式。这是无数科学和技术问题的关键特征。

它带来了什么?

现代客机、快速而安静的潜艇、以高速保持在赛道上的一级方程式赛车,以及针对静脉和动脉血流的医学进步。用于求解这一方程的计算机方法,称为计算流体动力学(CFD),被工程师广泛用于这些领域的技术改进。

从太空看，地球是一个闪闪发光、蓝白相间的美丽球体，有绿色和棕色的斑块，与太阳系中的任何其他行星（或者现在已知的绕其他恒星旋转的500多颗行星）都完全不同。“Earth”这个词会立即让你想到这一形象。然而在五十多年前，这个词带来的普遍印象是园艺里说的“一抔泥土”。在20世纪之前，人们看着天空，思考着恒星和行星，但他们是站在地面上的。人类飞行只不过是一个梦想，是神话和传说的主题。几乎没有人想到去另一个世界旅行。

一些勇敢的开拓者开始慢慢攀上天空。最早的是中国人。公元前500年左右，鲁班发明了木鹊，可能是一种原始的滑翔机。公元559年，新帝高洋将废帝的儿子元黄头（违背了他的意愿）绑在风筝上，让他从高空侦察敌人。元黄头幸存下来，但后来被处决了。随着17世纪氢气的发现，飞行的冲动传播到欧洲，启发一些勇敢的人乘气球升入地球大气层的下层。因为氢气容易爆炸，1783年，法国兄弟约瑟夫-米歇尔·蒙戈尔菲耶（Joseph-Michel Montgolfier）和雅克-艾蒂安·蒙戈尔菲耶（Jacques-Etienne Montgolfier）公开展示了他们更安全的新想法——热气球。首先是无人驾驶试飞，然后是由艾蒂安驾驶飞行。

进步的速度和人类可以攀升的高度开始迅速提升。1903年，奥维尔（Orville）和威尔伯·莱特（Wilbur Wright）利用飞机进行了首次动力飞行。第一家航空公司DELAG（德国飞艇旅行公司）于1910年开始运营，使用齐柏林公司生产的飞艇载乘客从法兰克福飞往巴登-巴登和杜塞尔多夫。到1914年，圣彼得堡-坦帕航线在佛罗里达州的两个城市之间进行商业飞行，这一旅程在托尼·扬努斯（Tony Jannus）的“飞行船”上耗时23分钟。商业航空旅行很快变得司空见惯，喷气式飞机也随之而来：德·哈维兰“彗星”客机于1952年开始执飞定期航班，但金属疲劳引发了多次坠毁。自1958年推出以来，波音707成为市场领导者。

如今，普通人达到8000米的高度已是司空见惯，这是他们目前的极限，至少在维珍银河太空船开始低轨道飞行之前如此。军用飞机和实验飞机可攀升到更高的高度。太空飞行迄今还是个别远见者的梦想，但也开始成为一个看似可行的主张。1961年，苏联宇航员尤里·加加林（Yuri Gagarin）在“东方一号”上首次实现载人环绕地球。1969年，美国国家航空航天局的“阿波罗11号”任务把两名美国宇航员——尼尔·阿姆斯特朗（Niel Armstrong）和巴兹·奥尔德林（Buzz Aldrin）送上了月球。航天飞机于1982年开始运营，虽然预算限制使其无法实现快速返回、可重复载人的最初目标，但它与俄罗斯的“联盟号”宇宙飞船一起成为低轨道航天飞行的主力之一。“亚特兰蒂斯号”航天飞机已经完成了航天飞机计划的最后一次飞行，但已有新的运载工具（主要由私营公司制造）被纳入计划。欧洲、印度、中国和日本都有自己的太空计划和部门。

人类的这种切实的“攀升”，改变了我们对自己是谁，以及我们生活在哪里的看法——这也是“Earth”现在意味着这个蓝白相间的地球的主要原因。也许正是这两种颜色带来了人类新获得的这种飞行能力。蓝色是水，白色是云状的水蒸气。地球是一个水世界，有大洋、海、河流和湖泊。水最善于*流动*，而且往往流到不需要它的地方。流动可以是从屋顶上滴下的雨水，也可以是瀑布奔涌的急流。它可以是温和平顺的，也可以是汹涌湍急的——若没有尼罗河，它平稳流经的地方将变为沙漠；但它的六大瀑布却有着白浪翻涌的激流。

水（或者更普遍来说，任何流动的液体）形成的模式，引起了 19 世纪数学家的注意。当时他们得出了第一个关于流体流动的方程。飞行中的关键流体不如水那么容易看到，但也一样无处不在：空气。空气流在数学上更复杂，因为空气可以被压缩。通过修改方程以便应用于可压缩流体，数学家提出的科学——空气动力学让飞行时代最终到来。早期的先驱者可能是根据经验飞行，但商业客机和航天飞机之所以成行，是因为工程师已经完成了使之安全可靠的计算（除非发生偶然事故）。飞机设计需要深入了解流体流动的数学。流体动力学的先驱是著名数学家莱昂哈德 · 欧拉，他在蒙戈尔菲耶兄弟进行首次气球飞行的那一年去世。

多产的欧拉很少有不感兴趣的数学领域。有人说，他能有多面的天才产出的原因之一是政治，或者更准确地说，是避免政治。他曾为俄罗斯帝国叶卡捷琳娜二世的宫廷工作多年，而避免陷入可能造成灾难性后果的政治阴谋的一种有效方法，就是忙于数学，以至于没有人会相信他有任何时间去搞政治。如果他真是这么做的，那么许多精彩的发现都得感谢叶卡捷琳娜二世的宫廷。但我倾向于认为，欧拉之所以如此多产，是因为他的头脑就是这样的。他创造了大量的数学，因为他做不了别的事。

前人也研究过这个问题。2200 多年前，阿基米德研究了浮体的稳定性。1738 年，荷兰数学家丹尼尔 · 伯努利出版了《流体力学》（*Hydrodynamica*）一书，其中包含了流体在压强较低的地方流动得更快的原理。今天，人们经常引用伯努利原理来解释为什么飞机会飞：机翼的形状设计让空气沿上表面的流速更快，从而降低压强并产生升力。这种解释有点儿过于简单化，飞行中涉及许多其他因素，但它确实说明了基本数学原理与实际飞机设计之间的密切关系。伯努利把他的原理凝聚在了一个关于不可压缩流体中速度和压强的代数方程里。

1757年，欧拉用他活跃的头脑研究流体流动，在《柏林科学院论文集》上发表了一篇文章：《流体运动的一般原理》。这是人类首次认真地尝试用偏微分方程来为流体流动建模。为了将问题限定在合理的范围内，欧拉做了一些简化的假设，特别是，他认为流体是不可压缩的，就像水，而不像空气，并且黏度为零——没有黏性。这些假设使他能够找到一些解，但也使他的方程变得不切实际。对于某些类型的问题，今天人们仍然在使用欧拉方程，但总的来说，它太过简化，没有太大实际用途。

两位科学家提出了一个更接近现实的方程。克劳德-路易·纳维（Claude-Louis Navier）是法国工程师和物理学家，乔治·加布里埃尔·斯托克斯（George Gabriel Stokes）是爱尔兰数学家和物理学家。纳维在1822年推导出了一个黏性流体流动的偏微分方程组；二十年后，斯托克斯就这个主题发表文章。由此得到的流体流动模型现在被称为"纳维-斯托克斯方程"（通常使用复数，即Navier-Stokes equations，因为方程是用向量表示的，所以它有几个分量）。这个方程非常准确，以至于现在工程师经常使用计算机求解，而不是在风洞中进行物理测试。这种技术被称为计算流体力学（CFD），现在已成为涉及任何流体流动的问题的标准：航天飞机的空气动力学、一级方程式赛车和日常乘用车的设计，以及人体内的血液循环或人造心脏。

我们有两种方式来思考流体的几何。一种是跟踪单个微小流体粒子的运动，看看它们往哪里去；另一种是关注这些粒子的速度：它们在任何瞬间运动的快慢和方向。两种方法密切相关，但除了数值近似外，这种关系很难厘清。欧拉、纳维和斯托克斯的一个重要见解，是认识到如果从速度入手的话，一切都看起来简单得多。流体的流动最好用速度场来理解：它在数学上描述了从空间一点到另一点，以及从一个时刻到另一个时刻，速度如何变化。于是欧拉、纳维和斯托克斯写下了描述速度场的方程，这样就可以计算流体的实际流动模式，至少是达到良好的近似。

纳维-斯托克斯方程的形式如下：

$$\rho\left(\frac{\partial \boldsymbol{v}}{\partial t}+\boldsymbol{v}\cdot\nabla\boldsymbol{v}\right)=-\nabla p+\nabla\cdot\boldsymbol{T}+\boldsymbol{f}$$

其中 ρ 是流体密度，$\boldsymbol{v}$ 是其速度场，p 是压强，$\boldsymbol{T}$ 是应力，$\boldsymbol{f}$ 代表体积力——在整个区域内而不仅仅是在表面作用的力。点乘是对向量的运算，∇ 是偏导数的表达式，即

$$\nabla=\left(\frac{\partial}{\partial x},\frac{\partial}{\partial y},\frac{\partial}{\partial z}\right)$$

这个方程是从基础物理学导出的。与波动方程一样，关键的第一步是应用牛顿第二运动定律，将流体粒子的运动与作用于其上的力关联起来。主要的力是弹性应力，它主要由两部分构成：由流体黏度引起的摩擦力，以及压强的影响，无论是正（压缩）还是负（稀薄）。其中还存在体积力，来自流体粒子本身的加速。结合所有这些信息，就导出了纳维-

斯托克斯方程，它可以被看作在这一特定背景下动量守恒定律的描述。其背后的物理学是无可挑剔的，该模型也足够现实，能够包含大多数重要因素，这就是它为什么能够很好地适应现实。像所有传统的经典数学物理方程一样，它是一个连续模型：它假设流体是无限可分的。

这可能是纳维-斯托克斯方程与现实脱节的关键，但只有当运动涉及单个分子规模的快速变化时才会出现差异。这种小规模的运动在一个关键的背景——湍流下十分重要。如果你打开水龙头让水慢慢流出，水会形成顺滑的细流。然而如果把水龙头完全打开，你往往会得到一股汹涌而翻腾着泡沫的水。类似的泡沫流动也会发生在河流的急流中。这种效应被称为“湍流”，经常乘飞机飞行的人很清楚它在空气中发生时的影响：感觉飞机好像正在一条颠簸的道路上行驶。

纳维-斯托克斯方程解起来很困难。在真正快速的计算机被发明出来之前，这个方程实在是太难解了，导致数学家们被迫采取了各种捷径和近似方法。但是如果你想想真正的流体可以做什么，它应该很难。你只需要观察溪流中流动的水，或拍打海滩的海浪，就会知道流体可以以极其复杂的方式流动。有涟漪和涡流、波浪和漩涡，还有像塞文河大潮这样迷人的景观，当潮水涌入时，一堵水墙会冲入英格兰西南部的塞文河河口。流体流动的模式已成为无数数学研究的源泉，但该领域最大、最基本的问题之一仍然没有答案：是否存在数学上的保证，确保纳维-斯托克斯方程的解真的存在，而且对未来所有时间都成立？任何能够解决该问题的人都会获得百万美元的奖金，这是美国克雷数学研究所七个千禧年大奖难题之一，这些难题代表我们这个时代最重要的未解决的数学问题。对于二维流，答案是“是的”，但没有人知道三维流的答案。

尽管如此，纳维-斯托克斯方程提供了一个有用的湍流模型，因为分子非常小。宽几毫米的湍流漩涡已经体现了湍流的许多主要特征，而分子比它小得多，因此连续模型仍然适用。湍流引发的主要问题是实际的：它导致纳维-斯托克斯方程几乎不可能在数值上解决，因为计算机无法处理无限复杂的计算。偏微分方程的数值解使用网格来将空间划分为离散区域，将时间划分为离散时段。为了捕捉湍流发生的各种尺度——大漩涡、中漩涡，直到毫米尺度的漩涡——你需要一个精细到无法计算的网格。出于这个原因，工程师经常转而使用湍流的统计模型。

纳维-斯托克斯方程彻底改变了现代运输。它最大的影响也许在于客机设计，因为客机不仅必须高效地飞行，而且必须稳定、可靠地飞行。船舶设计也得益于这个方程，因为水是一种流体。但即使是普通的家用汽车，如今也是按照空气动力学原理设计的，不仅因为这使它们看起来更加优美时尚，而且因为要降低油耗，就得把空气流过车辆造成的阻力降到最低。减少碳足迹的一种方法是驾驶空气动力学效率高的汽车。当然还有其他方式，从开更小、更慢的汽车到改用电力发动机，或者干脆少开车。油耗数据的一些重大改进来自发动机的技术进步，其中一些来自更好的空气动力学。

在飞机设计的早期阶段，先驱们使用粗略的估算、物理直觉和反复试验来制造飞机。当你的目标是在离开地面不超过3米的地方飞行100米时，这就足够了。莱特兄弟的“飞行者一号”第一次正常离开地面，而不是在起飞3秒后失速坠毁的时候，它以低于7英里/小时的速度飞行了 120 英尺[①]。那一次的飞行员奥维尔设法让它滞空长达 12 秒。但是客机的规模迅速增长，这是出于经济原因：一次飞行中可以装载的人越多，利润就越高。很快，飞机设计必须基于更合理、可靠的方法。空气动力学诞生了，其基本的数学工具就是流体流动方程。由于空气有黏性，可压缩，因此纳维-斯托克斯方程，或者其适合特定问题的一些简化版本，就占据了理论的中心位置。

然而，如果没有现代计算机，这些方程几乎是不可能求解的。因此，工程师求助于一种“模拟计算机”：将飞机模型放置在风洞中。人们利用方程的一些一般性质，计算变量如何随着模型的尺度变化而变化，这种方法快速、可靠地提供了基本信息。如今，大多数一级方程式赛车队使用风洞来测试设计并评估可能的改进，但现在计算机的能力是如此强大，以至于大多数车队也使用 CFD。例如，图 10.1 显示了流过宝马索伯赛车的气流的 CFD 计算结果。在我写这本书的时候，一支名为“维珍赛车”的车队只使用 CFD，但他们明年也会使用风洞。

风洞不是很方便；它们的建造和运行成本很高，而且需要许多比例模型。也许最大的困难是在不影响空气流的情况下精确地测量它。如果你把仪器放在风洞中测量气压等参数，那么仪器本身就会扰乱气流。也许 CFD 最大的实际优势是可以在不影响气流的情况下计算它。你可能希望测量的任何东西都很容易获得。此外，你还可以在软件中修改汽车或组件的设计，这比制作许多不同型号要快捷、便宜得多。不管怎么说，现代制造过程在设计阶段通常都会用到计算机模型。

---

① 1 英尺 = 30.48 厘米。——译者注

图 10.1　流过一级方程式赛车的气流计算结果

使用风洞模型研究超声速飞行（飞行速度比声速更快）尤其棘手，因为风速非常高。在这样的速度下，空气离开飞机的速度比不上飞机推动自身穿过空气的速度，而这会导致冲击波——气压突然不连续，在地面上会听到声爆。这个环境问题是英法合资的“协和式客机”——有史以来唯一投入使用的超声速商用飞机——运营差强人意的一个原因：除了在海面上之外，不允许它以超声速飞行。CFD 被广泛用于预测流过超声速飞机的空气流。

这个星球上有大约 6 亿辆汽车和数万架民用飞机，所以即使这些 CFD 应用看起来很高科技，但它们实际上对日常生活十分重要。CFD 的其他一些应用更和人息息相关。例如，医学研究人员广泛使用它来了解人体中的血流。心脏病是发达国家人口的主要死亡原因之一，它可能由心脏问题或动脉阻塞引发，后者会阻碍血液流动并导致血栓形成。由于动脉壁是有弹性的，人体血流的数学特别难以用解析方法求解。计算通过刚性管的流体运动已经很困难了，如果这根刚性管还可以根据流体施加的压强改变形状，那就更难了，因为现在随着时间流逝，计算域并不是保持不变的。计算域的形状影响流体的流动模式，而流体的流动模式又反过来影响域的形状。纸笔计算无法处理这么复杂的反馈循环。

CFD是这类问题的理想选择，因为计算机每秒可以执行数十亿次计算。方程必须经过修改，以考虑弹性壁的影响，但这主要是从弹性理论中借用必要的原理，而弹性理论是经典连续介质力学的另一个发展完善的分支。例如，瑞士洛桑联邦理工学院进行了关于血液如何流经主动脉的计算。其结果提供的信息可以帮助医生更好地了解心血管疾病。

它还帮助工程师开发改进的医疗设备，如支架——保持动脉开放的小金属网管。孙契察·查尼奇（Sunčica Čanić）使用CFD和弹性性质模型来设计更好的支架，她得出的一个数学定理导致一个设计被抛弃，并提出了更好的设计。这种类型的模型已变得非常准确，导致美国食品药品监督管理局考虑要求任何设计支架的团队得先做数学建模，然后才能进行临床试验。数学家和医生正在联手使用纳维-斯托克斯方程来更好地预测心脏病发作的主要原因并加以治疗。

另一个相关的应用是心脏旁路手术，即把身体其他部位的静脉移植到冠状动脉中。移植物的几何形状对血流影响很大，而这又反过来影响凝血——血流中有漩涡时更有可能发生，因为血液可能被困在涡流中而无法正常循环。所以我们在这里就能看到，流体的几何与潜在的医学问题之间有了直接的联系。

纳维-斯托克斯方程还有另外一个应用：气候变化，也称为全球变暖。气候和天气相关，但不一样。天气是在特定时间、特定地点发生的。可能伦敦下雨，纽约下雪，撒哈拉沙漠里像烤炉一样。天气的不可预测性可谓臭名昭著，这有很好的数学原因，见第16章“混沌”。然而，许多不可预测性源于空间和时间的小规模变化，也就是细节。如果电视天气预报员预报你的镇上明天下午会有阵雨，结果下雨的时间晚了六小时，下在20千米外的地方，那么他会认为他报得挺准，你却非常不满意。气候是天气的长期“纹理”——在经过长期（可能是数十年）平均后，降雨和温度的表现如何。由于气候会平均掉这些差异，听上去有些矛盾的是，因此它其实更容易预测。困难仍然很大，许多科学文献都在研究可能的误差来源并试图改进模型。

气候变化是一个具有政治争议的问题，尽管科学界极为一致地认为，过去一个世纪左右的人类活动导致了地球的平均温度上升。到目前为止，这种增长听起来很小，在20世纪大约为0.75摄氏度，但气候对全球规模的温度变化非常敏感。它们往往使天气变得更加极端，干旱和洪涝更加普遍。

“全球变暖”并不意味着各处的温度都会出现相同的微小变化。相反，它在不同地点、不同时刻会有很大的波动。2010年，英国经历了31年来最寒冷的冬季，引得《每日快报》印出头条标题“他们依然声称这是全球变暖”。然而在全球范围内看来，2010年打平了2005年作为全球有史以来最热的一年的纪录。[1] 所以“他们”是对的。事实上，寒流是由高空急流改变位置引起的，它把冷空气从北极推向南方，而这是因为北极异常温暖。伦敦市中心两周的霜冻并不能否认全球变暖。奇怪的是，同一份报纸报道2011年复活节是有史以来最热的一次，但与全球变暖无关。那一次他们倒是正确区分了气候和天气。这种选择性标准真的很有意思。

同样，“气候变化”并不仅仅意味着气候正在发生变化。由于火山灰和火山气体、地球绕太阳运行的轨道的长期变化，甚至是印度洋与亚欧板块相撞创造了喜马拉雅山脉，不需要人类帮忙，气候变化就发生过多次，主要是在很长的时间尺度上。就目前的讨论而言，“气候变化”指的是“人为气候变化”——人类活动引起的全球气候变化。主要原因是产生两种气体：二氧化碳和甲烷。它们是温室气体：会吸收来自太阳的辐射（热量）。基础物理学告诉我们，大气中含有的这些气体越多，吸收的热量就越多；虽然地球确实会把一些热量散发掉，但总的来说，地球会变暖。根据这一理论，人们在20世纪50年代预测到全球变暖，而预测的温度升高值与观察到的基本一致。

二氧化碳含量急剧增加的证据有许多来源。最直接的是冰芯。当雪落在极地地区时，它会堆积在一起形成冰，最新的雪在顶部，最老的雪在底部。冰会吸收空气，并且冰里面的普遍条件使得这些气体在很长一段时间内几乎保持不变，原始的空气在里，最新的空气在外。小心操作，人们可以非常准确地测量被吸收的空气的成分，并确定被吸收的时间。在南极洲进行的测量显示，在过去的10万年中，大气中的二氧化碳浓度几乎保持不变——除了在过去的200年里猛增了30%。过量二氧化碳的来源可以从碳-13（碳的同位素之一）的比例推断出来。到目前为止，人类活动是可能性最大的解释。

怀疑论者之所以还有那么一丁点儿微弱的依据，主要是因为气候预测的复杂性。这必须使用数学模型来计算，因为它是关于未来的。没有模型可以包含现实世界的每一个特征，即使有这样的模型，你也永远无法解出它的预测结果是什么，因为没有计算机可以模拟它。模型与现实之间的每一个差异，无论多么微不足道，都是怀疑论者喜闻乐见的。对于气候变化可能带来的影响，或者我们应该采取什么措施来减轻气候变化，意见分歧的空间当然存在。但是把头埋在沙子里并不是一个明智的选择。

气候的两个重要方面是大气和海洋。两者都是流体，都可以使用纳维-斯托克斯方程进行研究。2010年，英国主要的科学资助机构——工程与物理科学研究委员会发布了一份关于气候变化的文件，其中专门称数学是一种统一的力量："气象学、物理学、地理学和许多其他领域的研究人员都贡献了他们的专业知识，但数学是一种统一的语言，可以让各行各业的人在气候模型中实现他们的想法。"该文件还解释说："气候系统的秘密被锁定在纳维-斯托克斯方程中，但它太复杂，无法直接求解。"相反，气候建模人员使用数值方法计算三维网格点的流体流动，从海洋深处到大气上层，覆盖整个地球。网格的水平间距为100千米——任何更小的网格都会使计算变得不切实际。更快的计算机也帮不上太大忙，因此最好的方法是更加努力地思考。数学家正在研究以更有效的方式在数值上解决纳维-斯托克斯方程。

纳维-斯托克斯方程只是气候难题的一部分。其他因素包括海洋和大气内部以及两者之间的热流、云的影响、火山等非人类的影响，甚至是平流层中的飞机排放。怀疑论者喜欢强调这些因素来暗示模型是错误的，但是我们知道大多数因素是无关紧要的。例如，每年火山排放的二氧化碳仅占人类活动产生的二氧化碳的0.6%。所有的主要模型都表明存在严重的问题，而且这个问题是人类引发的。现在的关键问题是地球将会变暖多少，以及将导致多大程度的灾难。由于无法做出完美的预测，因此尽可能完善气候模型符合每个人的利益，只有这样，我们才能采取适当的行动。随着冰川融化，西北航道会在北极冰盖缩小时开放，而南极冰架正在脱落并滑入海洋。我们再也不能冒险相信，什么也不用做，一切都会自己好起来了。

注释

1. 参见美国航空航天局官方网站“NASA Research Finds 2010 Tied for Warmest Year on Record”一文。

以太中的波

麦克斯韦方程组

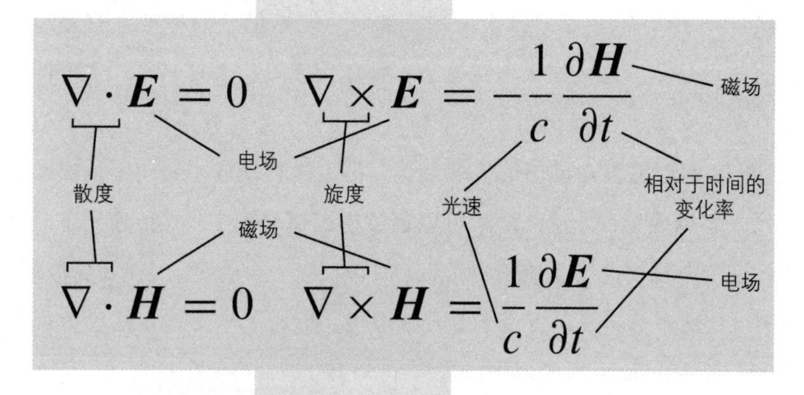

它告诉我们什么?

电和磁并不会随便乱跑。旋转的电场区域会产生垂直于旋转方向的磁场。旋转的磁场区域也会产生垂直于旋转方向的电场，但方向相反。

为什么重要?

这是物理力的第一次重大统一，表明电和磁是密切相关的。

它带来了什么?

预言电磁波存在并以光速行进，因此光本身就是电磁波。它推动人们发明了无线电、雷达、电视、计算机设备的无线连接，以及大多数现代通信技术。

19世纪初，大多数人家中使用蜡烛和灯笼照明。煤气灯可追溯至1790年，偶尔用于家庭和商业场所，主要供发明家和企业家使用。煤气路灯于1820年在巴黎投入使用。那时，发送信息的标准方式是写一封信并用马车寄送；如果信息紧急，那就留下马，去掉马车。主要的替代方案（大多严格限定用于军事和官方通信）是“光电报”。它类似于“旗语”，利用放置在塔上的机械装置，把刚性臂摆成不同角度构成编码来代表字母或单词。这些形状可以通过望远镜看到，并被传递到下一个塔。首个大规模此类系统可以追溯到1792年，当时法国工程师克劳德·沙普（Claude Chappe）建造了556座塔楼，形成了一个遍布法国大部分地区、长达4800千米的网络，运行了60年。

过了不到一百年，家庭和街道都安上了电灯，电报已成为过去，人们可以通过电话互相交谈。物理学家在实验室中展示了无线电通信，一位企业家已经建立了一个向公众出售“无线电”（收音机）的工厂。两位科学家的重大发现引发了这场社会和技术革命：一位是英国人迈克尔·法拉第（Michael Faraday），他建立了基本的电磁学——将过去认为独立的电和磁现象紧密地结合起来；另一位是苏格兰人詹姆斯·克拉克·麦克斯韦（James Clerk Maxwell），他将法拉第的机械理论转化为数学方程，并由此预言了以光速传播的无线电波的存在。

伦敦皇家学院是一座门前有古典柱的宏伟建筑，隐藏在皮卡迪利广场附近的一条小街上。今天，它主要为公众举办科普活动，但在1799年成立时，它的任务还包括“传播知识，促进有用的机械发明的推广”。当约翰·“疯狂杰克”·富勒（John “Mad Jack” Fuller）在皇家学院设立化学讲席时，第一位任职者不是学术界人士。他是一个想成为铁匠的人的儿子，曾经是一名书商的学徒。尽管家庭经济拮据，但这一职位让他能够贪婪地阅读，而简 · 马塞（Jane Marcet）的《化学对话》和艾萨克 · 沃茨（Isaac Watts）的《心灵的改善》激发了他对科学，特别是电学的浓厚兴趣。

这位年轻人就是迈克尔 · 法拉第。他曾参加过著名化学家汉弗莱 · 戴维（Humphry Davy）在皇家学会的讲座，并向这位讲师寄送了 300 页的笔记。不久之后，戴维发生意外事故，视力受损，于是请法拉第担任他的秘书。之后，皇家学院的一名助理遭到解雇，戴维便推荐法拉第填补空缺，让他开始研究氯的化学反应。

皇家学院允许法拉第追求自己的科学兴趣，于是他对新发现的电学话题进行了无数次实验。1821 年，他了解了丹麦科学家汉斯 · 克里斯蒂安 · 奥斯特德（Hans Christian Ørsted）的工作，这一工作将电与古老得多的磁性现象联系了起来。法拉第利用这个联系发明了一种电动机，但戴维对没有任何功劳归于自己感到恼火，并告诉法拉第去从事其他工作。戴维于 1831 年去世，两年后，法拉第开始了一系列关于电和磁的实验，这些实验确立了他作为有史以来最伟大的科学家之一的声誉。他的研究如此广泛，部分动机是需要提出大量的新颖实验来教化平民并娱乐名流——这是皇家学院的职责之一，即鼓励公众了解科学。

在法拉第的发明中，有将电转化为磁的方法、将电和磁转化为运动（电动机）的方法，以及将运动转化为电（发电机）的方法。这些发明利用了他最大的发现——电磁感应。如果能够导电的材料穿过磁场运动，则它的上面将流过电流。法拉第在 1831 年发现了这一点。弗朗西斯科·赞特德斯基（Francesco Zantedeschi）已经在1829年注意到了这种效应，约瑟夫·亨利（Joseph Henry）稍后也发现了它。但亨利推迟了对这一发现的发表，而法拉第对这一想法的运用要比赞特德斯基深刻得多。法拉第的工作远远超出了皇家学院“创造利用前沿物理学的创新机器，促进有用的机械发明”的职责。它直接带来了电力、照明和成千上万的小玩意。当其他人接过他的接力棒时，所有那些琳琅满目的现代电气和电子设备突然登场，先是无线电，然后是电视、雷达和远距离通信。法拉第对创造现代科技世界的贡献首屈一指，当然，还有成百上千才华横溢的工程师、科学家和商人带来的关键创新。

作为缺乏绅士教育的工人阶级，法拉第自学了科学，但没有自学数学。他发展了自己的理论来解释和指导自己的实验，但都依赖于机械类比和概念模型，而不是公式和方程。有了苏格兰最伟大的科学家之一詹姆斯·克拉克·麦克斯韦，法拉第的工作才在基础物理学中占据了应有的位置。

在法拉第宣布发现电磁感应的同一年，麦克斯韦出生了。一个应用很快出现了，即高斯和他的助手威廉·韦伯（William Weber）发明的电磁电报。高斯希望使用电线在哥廷根天文台（他喜欢待在那里）和一千米外韦伯工作的物理研究所之间传输电信号。高斯简化了先前用于区分字母表中字母的技术（每个字母一根电线），利用正负电流引入了二进制代码，见第15章。到1839年，英国大西部铁路公司通过电报从帕丁顿向西德雷顿发送信息，距离为21千米。同年，萨缪尔·莫尔斯

（Samuel Morse）在美国独立发明了自己的电报，采用莫尔斯码（由他的助手阿尔弗雷德 · 韦尔发明）在 1838 年发出了第一条信息。

1876 年，也就是麦克斯韦去世前三年，亚历山大 · 格雷厄姆 · 贝尔（Alexander Graham Bell）在一个新玩意——“音响电报”上取得了第一项专利。这种装置将声音（特别是语音）转换为电脉冲，并将它沿着电线传输到接收器，接收器再把脉冲转换回声音。我们现在管它叫作“电话”。他不是第一个提出这一设想的人，甚至不是第一个制作出来的人，但他拥有主要的专利。托马斯 · 爱迪生（Thomas Edison）用 1878 年发明的碳粒式麦克风改进了设计。一年后，爱迪生开发出了碳纤维电灯泡，并在大众心中树立了电灯发明人的形象。事实上，在他之前至少有 23 位发明家发明电灯，其中最著名的是于 1878 年取得专利的约瑟夫 · 斯旺（Joseph Swan）。1880 年，也就是麦克斯韦去世一年后，美国伊利诺伊州的沃巴什市成为第一个在街道上使用电气照明的城市。

通信和照明的这些革命很大程度上要归功于法拉第，发电则很大程度上要归功于麦克斯韦。但麦克斯韦影响最为深远的遗产，是让电话如今看起来像个儿童玩具。它直接且不可避免地源于他的电磁方程组。

麦克斯韦出生于一个才华横溢但有些古怪的爱丁堡家庭，家中有律师、法官、音乐家、政客、诗人、采矿投机商和商人。十几岁时，他为数学的魅力所倾倒，赢得了一场学校比赛，并撰写了一篇关于如何用针和线画出椭圆曲线的文章。16 岁时，他进入爱丁堡大学学习数学，并做了化学、磁学和光学实验。他在爱丁堡皇家学会期刊上发表了纯数学和应用数学的论文。1850 年，他的数学生涯发生了翻天覆地的变化——

他搬到了剑桥大学，在威廉·霍普金斯（William Hopkins）的私人辅导下准备参加数学荣誉学位考试。当时的考试要争分夺秒地解决复杂的问题，往往需要熟练的技巧和大量的计算。后来，英格兰最优秀的数学家之一、剑桥大学教授戈弗雷·哈罗德·哈代（Godfrey Harold Hardy）对如何做出创造性的数学有着强烈的意见，而为了棘手的考试临时抱佛脚并非正途。1926年，他说自己的目标“不是……要改革荣誉学位考试，而是要摧毁它”。但麦克斯韦突击了一下就在激烈的竞争中脱颖而出，可能是因为他的头脑正适合搞这个。

他还继续做古怪的实验，其中包括试图弄清楚为什么猫落下来总是脚着地，哪怕是让它四脚朝天、在床上方几厘米处再松手也一样。问题是这似乎违反了牛顿力学；猫必须旋转180度，但没有什么可以借力的地方。具体的原理让他百思不得其解，直到1894年法国医生朱尔·马雷（Jules Marey）拍摄一组猫下落的照片之后才解开了谜团。秘密在于猫不是刚体——它会把身体的前部和后部扭向相反的方向再扭回来，伸展并缩回它的爪子来阻止这些运动相互抵消。[1]

麦克斯韦获得了数学学位，并在三一学院继续当研究生。在那里，他阅读了法拉第的《实验研究》，并研究电和磁。他在阿伯丁找到了一个自然哲学的教席，研究土星的环和气体分子的动力学。1860年，他搬到伦敦国王学院，他在那里有时可以见到法拉第。此时，麦克斯韦开始了他影响最为深远的探索：为法拉第的实验和理论奠定数学基础。

当时，大多数研究电和磁的物理学家在寻找与引力的类比。这似乎很有道理：与重力一样，异种电荷相互吸引的力与其距离的平方成反比。同种电荷以类似变化的力相互排斥。磁也是如此，只是电荷被磁极取代。标准的思维方式是，引力是一个物体神秘地作用于远处另一个物体的力，而两者之间没有任何东西，于是人们也认定电和磁以类似的方式起作用。法拉第有一个不同的想法：它们都是“场”，一种弥漫在空间中并可以通过它产生的力来探测到的现象。

什么是场？在麦克斯韦能用数学方法来描述这个概念之前，他几乎没能取得什么进展。但是，缺乏数学训练的法拉第从几何结构的角度提出了他的理论，例如场进行推拉作用的“力线”。麦克斯韦的第一个重大突破是利用类比流体流动的数学来重新表述这些想法，其中的“流体”实际上就是场。然后，力线被类比为流体分子所遵循的路径，电场或磁场的强度类比于流体的速度。非正式地来说，“场”是一种看不见的流体；不管它到底是什么，它在数学上的表现完全一样。麦克斯韦从流体数学中借鉴了思想，并对其进行了修改以描述磁性。他的模型解释了在电学中观察到的主要特性。

麦克斯韦不满足于这一初步尝试，他接下来不仅研究了磁，还研究了与电的关系。当电流体流动时，它会影响磁流体，反之亦然。对于磁场，麦克斯韦在脑海里把它们想象成在空间中旋转的微小漩涡。类似地，电场由微小的带电球体构成。按照这个类比和由此产生的数学，麦克斯韦开始理解电场力的变化如何产生磁场。当带电球体运动时，它们会使磁性涡旋旋转，就像穿过旋转栅门的观赛球迷一样。球迷移动而不旋转，栅门旋转而不移动。

麦克斯韦对这个比拟有点儿不满意，说“我把它提出来……并不是作为一种存在于自然界中的连接方式……然而，它在机械上可以想象出来，易于研究，并且可以发现已知的电磁现象之间实际的机械连接”。为了说明他的意思，他用这个模型解释了为什么带有相反电流的平行导线相互排斥，还解释了法拉第关于电磁感应的重要发现。

接下来的一步，是在保留数学的同时，去掉引发这种类比的机械装置。这意味着写下电场和磁场之间基本相互作用的方程，这些方程来源于机械模型，却与这个来源脱了干系。麦克斯韦在 1864 年的著名论文《电磁场的动力学理论》中实现了这一目标。

我们现在使用矢量来解释他的方程，矢量是不仅有大小而且有方向的量。最常见的矢量是速度：大小是速率，即物体运动的快慢；方向是它运动的方向。方向确实很重要：以 10 千米/秒的速度垂直向上运动的物体，与以 10 千米/秒的速度垂直向下运动的物体表现得非常不同。在数学上，矢量以其三个分量表示：沿三个彼此成直角的轴，例如北/南、东/西和上/下。因此，矢量说到底就是由三个数字组成的三元组 (x, y, z)，如图 11.1 所示。例如，给定点处的流体速度是一个矢量。相反，给定点的压强只是一个数，将其与矢量区分开的术语是“标量”。

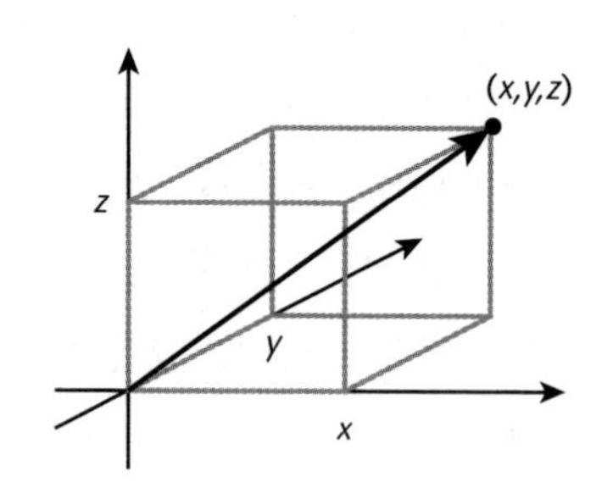

图 11.1　三维矢量

有了这些术语，那么电场是什么呢？从法拉第的角度来看，它是由电力线决定的。在麦克斯韦的类比中，电力线是电流体的流线。流线告诉我们流体在哪个方向流动，当分子沿着流线运动时，我们也可以观察它的速度。对于空间中的每个点，通过该点的流线确定了一个矢量来描述电流体的速度和方向，即该点处电场的强度和方向。相反，如果知道这些速度和方向，对于空间中的每个点，我们可以推断出流线的样子，因此原则上我们就知道了电场。

简而言之，电场是一个矢量系统，空间中的每个点上都有一个矢量。每个矢量规定了该点处电场力的强度和方向（施加在微小的带电测试粒子上）。数学家将这样的量称为“矢量场”——一个为空间中的每个点分配相应矢量的函数。类似地，磁场由磁力线确定，这个矢量场对应于施加在微小磁性测试粒子上的力。

搞清楚电场和磁场是什么之后，麦克斯韦就可以写出方程来描述它们所做的事情。我们现在使用两个矢量运算符——“散度”和“旋度”来表达这些方程。麦克斯韦使用了涉及电场和磁场三个分量的特定公式。在没有导线或金属板，没有磁铁，以及一切都在真空中发生的特殊情况下，方程的形式会稍微简单一点儿，我的讨论将局限于这种情况。

其中两个方程告诉我们，电流和磁流体是不可压缩的，也就是说，电和磁不能泄漏，它们必须去往某个地方。这就意味着“散度为零”，由此得出方程

$$\nabla \cdot \boldsymbol{E} = 0 \qquad \nabla \cdot \boldsymbol{H} = 0$$

其中倒三角形加上圆点代表“散度”。另外两个方程告诉我们，当一个电场区域在一个小圆圈内旋转时，它会产生一个与旋转所在平面成直角的磁场，同样，一个旋转的磁场区域会产生与旋转所在平面成直角的电场。这里有一个奇怪的情况：对于给定的旋转方向，电场和磁场会指向相反的方向。方程是

$$\nabla \times \boldsymbol{E} = -\frac{1}{c}\frac{\partial \boldsymbol{H}}{\partial t} \qquad \nabla \times \boldsymbol{H} = \frac{1}{c}\frac{\partial \boldsymbol{E}}{\partial t}$$

这里的倒三角形加上叉号代表“旋度”。符号 t 代表时间，而 $\frac{\partial}{\partial t}$ 是对时间的变化率。注意，第一个方程中有一个负号，但第二个方程没有，这就代表了上面提到的相反方向。[①] 这里的 c 又是什么呢？它是一个常数，是电磁单位与静电单位之比。实验得出的这个比稍稍不到300 000，单位是千米/秒。麦克斯韦立即认出了这个数字：这是真空中的光速。为什么会出现这个数呢？他决定找出答案。有一条线索可以追溯到牛顿（其他人也做过贡献），就是发现光是某种波。但没有人知道这个波是由什么组成的。

一个简单的计算给出了答案。一旦知道了电磁方程组，你就可以求解它们，以预测电场和磁场在不同情况下的表现，还可以得出一般性的数学结果。例如，第二对方程把 $\boldsymbol{E}$ 和 $\boldsymbol{H}$ 联系在一起，任何数学家都会立即尝试推导出只包含 $\boldsymbol{E}$ 和只包含 $\boldsymbol{H}$ 的方程，因为这样我们就可以分

① 这里给出的方程形式使用的是高斯单位制，在通行的国际单位制下方程系数会有所不同。——译者注

别专注于每个场了。相比于它恢宏的结果，这个任务简单到了荒谬的程度——如果你对矢量微积分有一定的了解的话。我把详细的步骤放在了注释里，[2] 但简要的总结如下。依照直觉，我们从第三个方程入手，它将 $\boldsymbol{E}$ 的旋度和 $\boldsymbol{H}$ 的时间导数联系了起来。我们没有任何其他方程涉及 $\boldsymbol{H}$ 的时间导数，但确实有一个方程涉及 $\boldsymbol{H}$ 的旋度，也就是第四个方程。这表明我们应该对第三个方程两边取旋度。然后代入第四个方程，化简，就得到了

$$\frac{\partial^2 \boldsymbol{E}}{\partial t^2} = c^2 \nabla^2 \boldsymbol{E}$$

这就是*波动方程*！

同样的技巧用于 $\boldsymbol{H}$ 的旋度也可以得到相同的方程，只是把 $\boldsymbol{E}$ 换成了 $\boldsymbol{H}$（负号因代入两次抵消了）。因此，真空中的电场和磁场都遵循波动方程。由于在每个波动方程中出现相同的常数 c，它们都以相同的速度传播，即 c。因此，这个小小的计算预测了电场和磁场都可以同时支持波动——这就让它形成了电磁波，其中两个场协调一致地变化。那么波速就是……光速。

这又是一个有圈套的问题。什么东西以光速传播？这一次，答案就是你会想到的：光。但它还有一个重要的含义：*光是电磁波*。

这可是个大新闻。在麦克斯韦推导他的方程之前，没有理由想象光、电和磁之间会有如此基础的联系。但还不止于此。光有许多不同的颜色，一旦你知道光是一种波，就可以推论出这些波对应于不同的波长——连续两个波峰之间的距离。波动方程对波长没有任何约束，所以它可以是任意长。受眼睛中检测光的色素的化学性质影响，可见光的波

长被限制在很小的范围内。物理学家已经知道了“隐形光”，即紫外线和红外线。当然，它们的波长就刚刚落在可见光范围之外。现在，麦克斯韦方程组引出了一个激动人心的预测：还应该存在其他波长的电磁波。可以想象，任何波长——或长或短——都可能发生，如图11.2所示。

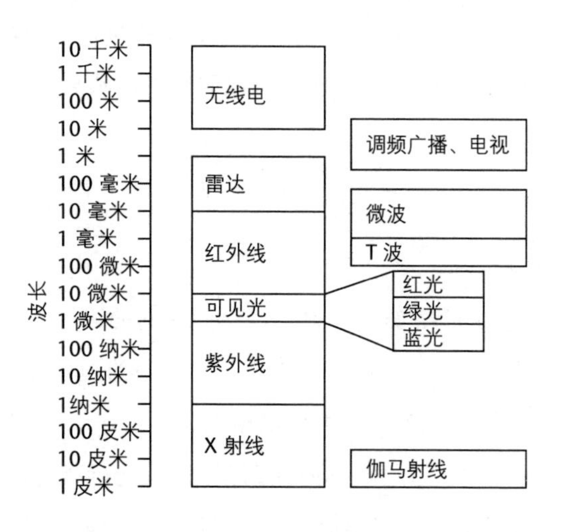

图11.2　电磁波谱

没人想到这一点，但是一旦理论认为它应该发生，实验主义者就可以出发去寻找它。其中一位是德国人海因里希·赫兹（Heinrich Hertz）。1886年，他构建了一台可以产生无线电波的设备，还有一台可以接收它们的设备。发送器只不过是一台可以产生高压火花的机器。理论表明，这种火花会发射无线电波。接收器是一个圆形的铜线环，其大小与入射的电磁波共振。环上的一个小间隙（只有几百分之一毫米宽）可以产生微小的火花来体现电磁波的存在。赫兹在1887年做了实验并取得了成功。他接着研究了无线电波的许多不同特征。他还测量了无线电波的速度，得到了接近光速的答案，这证实了麦克斯韦的预测，并证实他的装置确实检测到了电磁波。

赫兹知道自己的工作在物理学上很重要，于是将其发表在《电波：作为以有限速度通过空间的传播的电行为的研究》一书中。但他从未想过这个想法可能有实际的用途。当被问到时，他回答："这没有任何用处……只是一个证明麦克斯韦大师正确的实验——就是有这些神秘的电磁波，我们用肉眼看不到。但它们就在那里。"当被追问这有什么意义的时候，他说："我想，没什么。"

这是想象力的失败，还是兴趣的缺乏？很难说。但赫兹的"无用"实验证实了麦克斯韦对电磁辐射的预测，很快就会引出一项让电话如今看起来像儿童玩具的发明。

无线电。

无线电利用了一个特别有趣的频谱范围：波长比光长得多的波。这种波可能会在很远的距离上保持其结构。赫兹错过的关键想法很简单：如果你能以某种方式把信号印在这种波中，就可以与世界交谈。

其他物理学家、工程师和企业家更具想象力，并迅速发现了无线电的潜力。然而，要把这些潜力变成现实，他们必须解决许多技术问题。第一个问题是，他们需要一个可以产生足够强大的信号的发射器，以及可以接收它的东西。赫兹的装置被限制在几英尺的距离内，所以你可以理解为什么他不建议将通信作为一种可能的应用。第二个问题是如何把信号加上去。第三个问题是信号可以发送多远，这可能受到地球曲率的限制。如果连接发射器和接收器的直线碰到地面，信号就可能被阻挡。后来人们发现，大自然对我们很友善，因为地球的电离层会反射各种波长的无线电波，但在此之前也有显然的方法来解决潜在的问题。你可以建造高塔，并在上面安装发射器和接收器。通过一座座塔来中继信号，你就可以非常快速地把信息发往全球。

有两种相对明显的方法可以把信号加载到无线电波上。你可以让振幅变化，也可以让频率变化。这些方法被称为振幅调制（调幅，AM）和频率调制（调频，FM）。两种方法至今仍在使用。这个问题解决了。到了1893年，塞尔维亚工程师尼古拉·特斯拉（Nikola Tesla）发明并建造了无线电传输所需的所有主要设备，并向公众展示了他的方法。1894年，奥利弗·洛奇（Oliver Lodge）和亚历山大·缪尔黑德（Alexander Muirhead）把一个无线电信号从牛津的克拉伦登实验室发送到了附近的一个演讲厅。一年后，意大利发明家古列尔莫·马可尼（Guglielmo Marconi）使用他发明的新设备把信号传输了1.5千米。意大利政府拒绝为进一步的工作提供资金，于是马可尼搬到了英格兰。在英国邮政局的支持下，他很快将传输范围扩大到16千米。进一步的实验引出了马可尼定律：信号可以发送的距离大致与发射天线高度的平方成正比。塔高加倍，信号传输距离就达到四倍。这也是一个好消息：它表明远程传输应该是可行的。马可尼于1897年在英国怀特岛建立了一个发射站，并于第二年开设了一家工厂，制造他所谓的“无线”（wireless）。我们一直到1952年还这么叫它，当时我在卧室里收听广播节目《呆子秀》（*Goon Show*）和《大胆阿丹》（*Dan Dare*），不过哪怕在当时，我们也会把这个设备称为“收音机”（the radio）。“无线”这个词如今当然再度流行起来，但现在指的是计算机与键盘、鼠标、调制解调器和互联网路由器之间的无线连接，而不是遥远的发射器与你的接收器之间的连接。不过，这种连接依然通过无线电完成。

最初，马科尼拥有无线电的主要专利，但他在 1943 年的一场官司中把它们输给了特斯拉。技术进步很快使这些专利过时了。从 1906 年到 20 世纪 50 年代，收音机中的关键电子元件是真空管，就像一个小灯泡，所以收音机只能又大又笨重。晶体管是一种体积小得多，功能却更强大的器件，由贝尔实验室的一个工程团队于 1947 年发明出来，团队中有威廉 · 肖克利（William Shockley）、沃尔特 · 布拉顿（Walter Brattain）和约翰 · 巴丁（John Bardeen，见第 14 章）。到了 1954 年，市场上出现了晶体管收音机，不过收音机已经开始失去作为头号娱乐媒体的地位。

到 1953 年，我已经看到了未来。那是英国女王伊丽莎白二世的加冕仪式，而我在汤布里奇的阿姨有……一台*电视机*！所以我们都挤进父亲吱嘎作响的汽车里，乘车 40 英里去收看盛况。说实话，我对儿童节目《花盆人比尔和本》的印象比加冕仪式更深刻，但从那时起，收音机已不再是现代家庭娱乐的象征。不久后，我们家也拥有了一台电视机。任何一个守着 48 英寸高清平板彩色电视和上千个频道长大的人，都会惊讶于那时候的画面是黑白的，只有约 12 英寸大，而且（在英国）只有一个频道：BBC。所以我们说看“电视”，它确实指的就是“那一套”电视。

娱乐只是无线电波的应用之一。它们对军队、通信和其他用途也至关重要。雷达（无线电探测和测距）的发明很可能为盟军赢得了第二次世界大战。这种绝密装置可以通过让无线电信号从飞机上反射并观察反射波来探测飞机，特别是敌机。胡萝卜对视力有益的坊间传闻起源于战时的虚假信息，旨在阻止纳粹分子琢磨为什么英国人如此善于发现来袭的轰炸机。雷达在和平时期也有用途：空中交通管制员依靠它来跟踪所有飞机的位置，以防止碰撞；它在起雾时把客机引导到跑道上；它警告飞行员即将到来的气流；考古学家使用透地雷达来确定坟墓和古建筑遗迹的可能位置。

威廉·伦琴（Wilhelm Röntgen）于1875年首次系统地研究了X射线，这种射线的波长比光短得多。这意味着它的能量更高，可以穿过不透明的物体，特别是人体。医生可以使用X射线来检测骨折和其他生理问题，不过现代方法更为复杂、成熟，使患者受到的辐射伤害更小。X射线扫描仪现在可以在计算机中创建人体或某些部分的三维图像。其他类型的扫描仪可以利用不同的物理原理达到同样的效果。

微波是发送电话信号的有效方式，它们也出现在厨房里，就是用来快速加热食物的微波炉。最新出现的应用之一是机场安检。太赫兹辐射，也称为T波，可以穿透衣服甚至体腔。海关官员可以利用它们来发现毒品贩子和恐怖分子。它们的用途有点儿争议，因为它们相当于电子搜身，但大多数人似乎认为，如果它能阻止飞机被炸毁或避免街上满是可卡因，那么这个代价是很小的。T波对艺术史学家也很有用，因为他们可以揭示被多层石膏覆盖的壁画。制造商和商业运营商可以使用T波来检查产品，无须将其从盒子中取出。

电磁波谱的用途太多了，效果太好了，导致现在几乎在人类活动的所有领域都能感受到它的影响。利用它实现的很多东西在我们的祖辈看来都是奇迹。每个行业都需要大量人才，来将数学方程中蕴含的可能性转化为实实在在的小玩意儿和商业体系。但直到有人意识到电和磁能联合起来形成波之前，这一切都不可能实现。自那以后，从无线电和电视到雷达和移动电话的微波链路，琳琅满目的现代通信就不可避免地出现了。这一切都源于四个方程和几行基本的矢量微积分。

麦克斯韦方程组不仅改变了世界。它还打开了一个新世界。

注释

1. Donald McDonald. "How does a cat fall on its feet?", *New Scientist* 7 no. 189 (1960) 1647-9. 也可参见维基百科"cat righting reflex"词条。
2. 对第三个方程两边求旋度，可得

$$\nabla \times \nabla \times \boldsymbol{E} = -\frac{1}{c}\frac{\partial(\nabla \times \boldsymbol{H})}{\partial t}$$

矢量微积分告诉我们，这个方程的左边可简化为

$$\nabla \times \nabla \times \boldsymbol{E} = \nabla(\nabla \cdot \boldsymbol{E}) - \nabla^2 \boldsymbol{E} = -\nabla^2 \boldsymbol{E}$$

其中我们也用到了第一个方程。这里的 ∇^2 是拉普拉斯算子。使用第四个方程，原方程右边变为

$$-\frac{1}{c}\frac{\partial(\nabla \times \boldsymbol{H})}{\partial t} = -\frac{1}{c}\frac{\partial}{\partial t}\left(\frac{1}{c}\frac{\partial \boldsymbol{E}}{\partial t}\right) = -\frac{1}{c^2}\frac{\partial^2 \boldsymbol{E}}{\partial t^2}$$

将两边消去负号并同时乘以 c^2，即得到 $\boldsymbol{E}$ 的波动方程：

$$\frac{\partial^2 \boldsymbol{E}}{\partial t^2} = c^2 \nabla^2 \boldsymbol{E}$$

类似的计算可以得出 $\boldsymbol{H}$ 的波动方程。

定律与无序

热力学第二定律

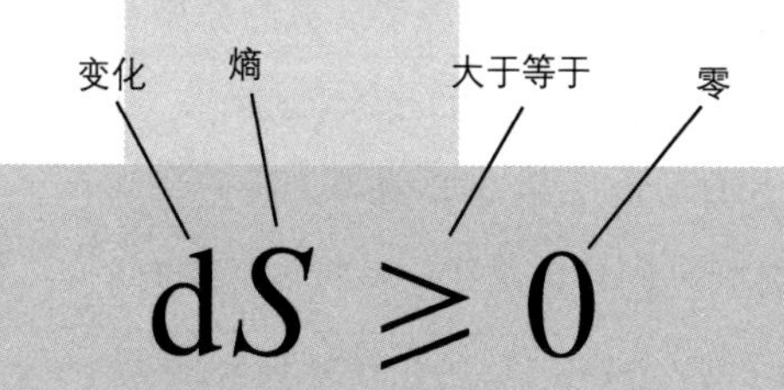

$$dS \geq 0$$

它告诉我们什么？

热力学系统中无序的量总是增加的。

为什么重要？

它限制了我们可以从热量中获得多少有用功。

它带来了什么？

更好的蒸汽机、可再生能源效率的估计、“热寂”的情景、物质是由原子组成的证明，以及与时间之箭的矛盾联系。

1959年5月，物理学家和小说家C. P. 斯诺（C. P. Snow）发表了一场题为《两种文化》的演讲，引起了广泛的争议。著名文学评论家F. R. 利维斯（F. R. Leavis）的回应代表了反方的典型观点。他直截了当地说，只有一种文化：他的文化。斯诺认为科学和人文科学已经脱节，并认为这让解决世界上的问题变得非常困难。我们今天在否认气候变化和攻击进化论上也看到了同样的情景。动机可能会有所不同，但文化障碍让这种无稽之谈发展壮大——尽管背后推动它的是政治。

斯诺对他所看到的教育水平下降尤为不满，他说：

> 很多次我出席聚会，按照传统文化的标准来看，参会者的教育程度都很高，并且相当兴致勃勃地表达他们对科学家文盲的怀疑。有一两次我受到挑衅，于是问大家有多少人可以描述一下热力学第二定律，即熵定律。反应十分冷淡：没人知道。然而，我问的这个问题在科学上就相当于："你读过莎士比亚吗？"

也许他感觉自己的要求太高了——许多合格的科学家都说不上来热力学第二定律。所以他后来补充道：

> 我现在相信，哪怕我当时问的是一个更简单的问题——比如质量或者加速度是什么意思，这在科学上等同于说："你识字吗？"——在这些受过良好教育的人里，觉得我和他说的是同一种语言的人也不会超过十分之一。这样说来，现代物理

学的伟大建筑虽然是搭起来了，但西方世界大多数最聪明的人对它的了解和新石器时代的祖先一样多。

如果从斯诺的话上来看，这一章的目的是让我们走出新石器时代。“热动力学”（thermodynamics）这个词包含了一条线索：它似乎意味着热量的动力学。热能动吗？是的：热量可以流动。它可以从一个位置运动到另一个位置，从一个物体运动到另一个物体。冬天的时候走到室外，你很快就会感到寒冷。傅里叶写下了第一个严肃的热流模型（见第9章），做出了一些漂亮的数学工作。但科学家们对热流感兴趣的主要原因，是一种利润丰厚的新奇技术：蒸汽机。

人们常常说起一个故事，说詹姆斯·瓦特（James Watt）还是个小孩子的时候，他坐在他母亲的厨房里，看着沸腾的蒸汽把水壶的盖子顶了起来，这让他灵光一闪：蒸汽可以做功，于是他长大后发明了蒸汽机。这个故事听起来很鼓舞人心，但它和许多类似的故事一样都是空穴来风。瓦特并没有发明蒸汽机，直到成年后，他才知道蒸汽的力量。这个故事中关于蒸汽动力的结论是成立的，但即使在瓦特时代，它也已经是老生常谈了。

公元前50年左右，罗马建筑师和工程师维特鲁威在他的《建筑》（*De Architectura*）一书中描述了一种叫作“汽转球”的机器，古希腊数学家和工程师亚历山大里亚的希罗在一个世纪之后把它造了出来。它是一个空心球体，里面装着一些水，有两根管子从中伸出来，弯曲成一个角度，如图12.1所示。加热球体，水变成蒸汽后通过管的末端逸出，反作用力就使球体旋转起来。它是第一台蒸汽机，证明了蒸汽可以做功，但除了拿它娱乐大家之外，希罗也没让它派上什么用场。他确实利用封闭空腔内的热空气制作了一台类似的机器，用以拉动绳索，为寺庙开门。这台机器有实际应用——产生了一个宗教上的奇迹，但它不是蒸汽机。

图 12.1　希罗的汽转球

1762 年，瓦特在他 26 岁时了解到蒸汽可以作为动力源。他并不是靠观察水壶发现这一点的：他的朋友，爱丁堡大学的自然哲学教授约翰·罗比森（John Robison）告诉了他这件事。但实际的蒸汽动力要古老得多。它的发现通常被归功于意大利工程师兼建筑师乔万尼·布兰卡（Giovanni Branca），他在 1629 年出版的《机器》一书中包含了 63 个机械小工具的木版画。一张图上展示了一个桨轮，当来自管道的蒸汽冲击它的叶片时，它会在轴上旋转。布兰卡猜测这台机器可能对研磨面粉、提水和切割木材很有用，但它可能从未建成过。这更像是一次思想实验，像莱昂纳多·达·芬奇的飞行机器一样，是一个机械空想。

不管怎么说，在布兰卡之前，还有 1550 年左右生活在奥斯曼帝国的塔居丁·穆罕默德·伊本·马鲁夫（Taqi al-Din Muhammad ibn Ma'ruf al-Shami al-Asadi），他被广泛认为是那个时代最伟大的科学家。他的成就令人难忘——他研究从占星术到动物学的一切，包括钟表制作、医学、哲学和神学等方方面面，写了 90 多本书。在其 1551 年的《精神机器的崇高方法》一书中，塔居丁描述了一种原始的蒸汽轮机，说它可以用来转动烤肉架上的肉。

第一台真正实用的蒸汽机是托马斯·萨弗里（Thomas Savery）于 1698 年发明的水泵。托马斯·纽科门（Thomas Newcomen）于 1712 年建成的第一台实现商业盈利的水泵引发了工业革命，但这种发动机效率非常低。瓦特的贡献是为蒸汽引入单独的冷凝器，减少热量损失。这种新型发动机是利用企业家马修·博尔顿（Matthew Bolton）提供的资金开发的，耗煤量仅为原来的四分之一，从而节省了大量资金。博尔顿和瓦特的机器于 1775 年投入生产，距离塔居丁的书面世已有 220 多年。到 1776 年，三台蒸汽机投入使用：一台在提普顿的煤矿，一台在什罗普郡的炼铁厂，一台在伦敦。

蒸汽机可以完成各种工业任务，但到目前为止，最常见的是从矿井中抽水。开采一座矿需要花很多钱，但在上层开采得差不多了之后，操作员不得不深挖地面，这时就会遇到潜水面。把水抽出去要花很多钱，却物有所值，要不然就得封闭矿井，在其他地方重新来过——这甚至可能完全不可行。但是没有人愿意付不必要的费用，因此能够设计和制造更高效的蒸汽机的制造商就会占据市场。于是，蒸汽机效率能有多高这个基本问题就引起了人们的兴趣。问题的答案不仅仅给出了蒸汽机的限制，它还创造了一个新的物理学分支，其应用几乎是无限的。新的物理学涉及一切——从气体到整个宇宙的结构。它不仅适用于物理学和化学中无生命的物质，也可能适用于生命本身的复杂过程。它被称为热动力学——研究热的运动的学科。并且，正如力学中的能量守恒定律表明机械永动机是不可能的，热力学定律也断定使用热量的类似机器毫无希望。

其中一条定律是热力学第一定律，它揭示了一种与热相关的新的能量形式，并将能量守恒定律（见第 3 章）拓展到热力发动机的新领域。另一条定律则没有任何参考，它表明一些热交换方式虽不违背能量守恒，却是不可能的，因为它们必须从无序中创造秩序。这就是热力学第二定律。

热力学是气体的数学物理学。它解释了气体分子相互作用的方式如何产生了温度和压强等宏观性质。这个话题一上来就是一系列关于温度、压强和体积的自然定律。这个版本被称为古典热力学，并不涉及分子——当时很少有科学家相信它们。后来，基于直接涉及分子的简单数学模型，气体定律背后有了进一步解释的支持。气体分子被认为是一个个微小的球体，像完全弹性的台球一样互相反弹，在碰撞中没有能量损失。尽管分子并不是球形的，但事实证明该模型非常有效。它被称为气体的分子运动论，并引出了分子存在的实验证据。

在不到五十年的时间里，早期的气体定律陆续出现，这主要归功于爱尔兰物理学家和化学家罗伯特 · 玻意耳（Robert Boyle）、法国数学家和气球先驱雅克 · 亚历山大 · 塞萨尔 · 查尔斯（Jacques Alexandre César Charles），以及法国物理学家和化学家约瑟夫 · 路易斯 · 盖-吕萨克（Joseph Louis Gay-Lussac）。然而，其他人也做出了许多发现。1834 年，法国工程师兼物理学家埃米尔 · 克拉佩龙（Emile Clapeyron）将所有这些定律合并为一个理想气体定律，我们现在写成

$$pV = RT$$

这里的 p 是压强，V 是体积，T 是温度，R 是常数。这个方程表明，压强与体积之积跟温度成正比。人们花了很多功夫，用了很多不同的气体，通过实验验证了每个单独的定律与克拉佩龙的整体综合结果。这里出现了“理想”一词，是因为真实气体并不是在任何情况下都遵守这些定律，特别是在高压下原子力发挥作用时。但理想的版本对设计蒸汽机来说足够了。

许多更一般性的定律里面都融入了热力学，尽管可能并不依赖气体定律的具体形式。但一些这样的定律确实有必要，因为温度、压强和体积不是独立的。它们之间肯定有一些关系，但具体关系是什么并不太重要。

热力学第一定律源于能量守恒的力学定律。在第 3 章中，我们看到经典力学中存在两种截然不同的能量：由质量和速度决定的动能，以及由重力等力的作用决定的势能。这两种类型的能量都不能单独保存。如果你让一个球下落，它会加速，从而获得动能。它同时会下降，失去势

能。牛顿第二运动定律意味着这两个变化完全相互抵消，因此在运动过程中，总能量不会发生变化。

然而这并不是全部。如果你把一本书放在桌子上并推它，那么若桌子是水平的，它的势能就不会改变。但它的速度确实发生了变化：你推它的力带来初始的加速，停止推动之后，书迅速减速并停下来。所以它的动能在推动之后有一个非零的初始值，然后减少到零。这样一来，总能量减少了，能量就不守恒了。能量跑去哪里了呢？为什么书停下来了？根据牛顿的第一定律，这本书应继续运动，除非有力阻止它。这股力就是书和桌子之间的摩擦力。但什么是摩擦力？

当粗糙表面相互摩擦时就会产生摩擦力。书的粗糙表面有略微突出的部分，与桌子上同样略微突出的部分相接触。书会推桌子，而根据牛顿第三运动定律，桌子也会抵抗。这就形成了一个阻止书运动的力，所以书会减速并失去能量。那能量去哪儿了？也许守恒在这里根本就不适用。或者是，能量仍然躲在某个地方，没有被我们注意到。这就是热力学第一定律告诉我们的：消失的能量表现为热量。书和桌子都略有升温。自从一些聪明人发现了如何摩擦两根棍子来取火之后，人类已经知道摩擦会生热了。如果你在绳索上滑得太快，你的手就会因为摩擦生热而被绳索灼伤。这样的线索还有很多。热力学第一定律指出，热是能量的一种形式，那么这种形式的能量在热力学过程中就是守恒的。

热力学第一定律限制了你可以用热机做什么。你以运动的形式获得的动能，不能超过以热的形式输入的能量。但事实证明，热机将热能转化为动能的效率存在进一步的限制；这不仅仅是因为实际上一些能量总是会耗散，而是因为存在一个理论极限，不让将所有的热能转化为运动。其中只有一部分，即“自由”的能量可以如此转换。热力学第二定律将这个概念变成了一般性原则，但我们还需要过一段时间才能讲到这一点。这个极限是由尼古拉 · 莱昂纳尔 · 萨迪 · 卡诺（Nicolas Léonard Sadi Carnot）在 1824 年发现的，它用一个简单的模型描述了蒸汽机的工作原理：卡诺循环。

要了解卡诺循环，区分热量和温度很重要。在日常生活中，如果一个东西温度高，我们就说它热，把这两个概念混淆了起来。古典热力学中的这两个概念都不是那么显然的。温度是流体的性质，但热量只有在作为流体之间能量传递的量度时才有意义，并且它不是流体固有的状态特性（即温度、压强和体积）。在分子运动论中，流体的温度衡量的是其分子的平均动能，流体之间传递的热量是其分子总动能的变化。在某种意义上，热量有点儿像势能的差。势能是相对于任意参考高度定义的。这就引入了一个任意常数，因此物体并没有“唯一的”势能。但是当物体的高度改变时，无论使用哪种参考高度，势能之差都是相同的，因为常数抵消了。简而言之，热量衡量的是变化，但温度衡量的是状态。这两者相互关联：只有涉及的流体温度不同时才会发生热量转移，从较热的地方转移到较冷的地方。这通常被称为热力学第零定律，因为它在逻辑上先于第一定律，但在历史上得到承认的时间却较晚。

温度可以使用温度计测量，它利用了汞等液体在温度升高时膨胀的性质。热量可以通过它与温度的关系来测量。在标准测试流体（例如水）中，1克流体每升高1度都需要固定的热量。这个量就被称为流体的比热，而对于水来说，比热是每克每摄氏度1卡[①]。

我们可以通过考虑一个含有气体的腔室来想象卡诺循环，腔室一端有一个可移动的活塞。这个循环有四个步骤：

1. 非常快速地加热气体，以至于其温度不会发生变化。气体膨胀对活塞做功；
2. 让气体进一步膨胀，降低压强。气体冷却；
3. 非常快速地压缩气体，以至于其温度不变。活塞现在对气体做功；
4. 让气体进一步压缩，提高压强。气体恢复到原来的温度。

在卡诺循环中，第一步中引入的热量将动能传递给活塞，使活塞得以做功。传递的能量可以根据引入的热量以及气体与周围环境之间的温差来计算。卡诺定理证明，原则上卡诺循环是将热量转化为功的最有效方式。这严格限制了任何热机的效率，特别是蒸汽机的效率。

在显示气体压强和体积的图中，卡诺循环如图12.2（左）所示。德国物理学家和数学家鲁道夫·克劳修斯（Rudolf Clausius）发现了一种更简单的描绘循环的方法，如图12.2（右）。现在两个轴是温度和一个称为熵的新基本量。在这些坐标中，循环变为矩形，做的功就是矩形的面积。

熵变就像热量：它是用状态的变化而非状态本身来定义的。假设处于某种初始状态的流体变为了新状态，那么两个状态之间的熵差是“热量除以温度”的总量变化。用符号表示，对于两个状态之间的路径上的

---

①1卡≈4.18焦耳。——译者注

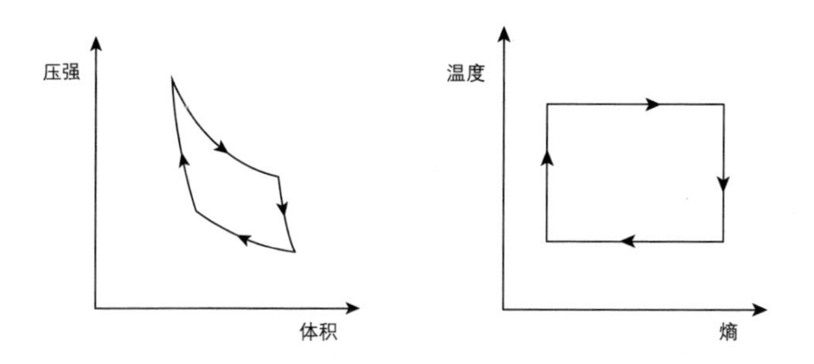

图 12.2　卡诺循环。左：以压强和体积表示。右：以温度和熵表示

一小步，熵 S、热量 q 和温度 T 之间的关系是微分方程 $\mathrm{d}S = \frac{\mathrm{d}q}{T}$。熵的变化是每单位温度的热量变化。因为状态的大变化可以表示为一系列小变化，所以我们就可以将所有这些小的熵变加起来得到熵的整体变化。微积分告诉我们，这样做的方法是使用积分。[1]

定义熵后，热力学第二定律就非常简单了。它指出，在任何物理上可行的热力学过程中，孤立系统的熵总是增加的。[2] 写成公式就是 $\mathrm{d}S \geqslant 0$。例如，假设我们将房间用可移动的隔板分隔开，将氧气放在隔板的一侧，将氮气放在另一侧。相对于某个初始参考状态，两种气体都有特定的熵。现在取走隔板，让气体混合。那么相对于同一个初始参考状态，组合后的系统也具有特定的熵，并且组合系统的熵总是大于两种分开的气体的熵之和。

古典热力学是唯象的：它描述了你可以衡量什么，但对于涉及的过程却没有任何明确的理论。这一步是由丹尼尔 · 伯努利于 1738 年开创的分子运动论完成的。这一理论为压强、温度、气体定律和熵这个神秘的量给出了物理解释。在当时极具争议性的基本思想是，气体是由大量相同的分子组成的，它们在空间中跳来跳去并偶尔相互碰撞。作为气体，这意味着分子之间不会太紧密，因此任一分子大部分时间以恒定的速度沿着直线穿过真空（虽然我们讨论的是气体，但我依然说“真空”，因为分子之间的空间就是真空）。分子虽然微小，但大小并不是零，偶尔还是会有两个分子发生碰撞。分子运动论简化了假设，说它们像两个碰撞的台球一样反弹，并且这些球是完全弹性的，因此碰撞中没有能量损失。由此得出的一个结论是，分子永远在弹跳。

当伯努利首次提出该模型时，能量守恒定律尚未建立，完全弹性似乎不太可能。该理论逐渐赢得了少数科学家的支持，他们开发了自己的版本并添加了各种新的想法，但他们的工作几乎被普遍忽视了。德国化学家和物理学家奥古斯特·克勒尼希（August Krönig）在1856年写了一本关于这个主题的书，通过不让分子旋转来简化物理模型。克劳修斯一年后取消了这种简化。他声称自己的结果是独立得出的，他现在被认为是分子运动论最早的重要创始人之一。他提出了该理论的一个关键概念，即分子的平均自由程：连续两次碰撞之间行进的平均距离。

克勒尼希和克劳修斯都从分子运动论推导出了理想气体定律。三个关键变量是体积、压强和温度。体积由含有气体的容器决定，它设定了影响气体行为方式的“边界条件”，但它本身不是气体的特征。压强是当气体分子与容器壁碰撞时由气体分子施加的平均力（每单位面积）。这取决于容器内有多少分子，以及它们运动的速度（它们并非都以相同的速度运动）。最有趣的是温度。它同样取决于气体分子运动的速度，并且与分子的平均动能成比例。推导玻意耳定律（理想气体定律的恒温特殊情况）尤其简单明了。在固定的温度下，速度的分布不会改变，因此压强取决于撞击器壁的分子数量。如果减小体积，每立方单位空间的分子数会增加，任何分子撞击器壁的可能性也会增大。较小的体积意味着更密集的气体，意味着更多的分子撞击器壁，这个论点可以被定量分析。类似但更复杂的论证得出了完整的理想气体定律，只要分子没有被压得太紧。于是现在基于分子理论，玻意耳定律有了更深层次的理论基础。

麦克斯韦受到克劳修斯的工作的启发，于 1859 年给出了分子以给定速度行进的概率公式，为分子运动论打下了数学基础。它基于正态分布或钟形曲线（见第 7 章）。麦克斯韦的公式似乎是基于概率的物理定律的第一个例子。接下来奥地利物理学家路德维希 · 玻尔兹曼（Ludwig Boltzman）得出了同一个公式，现在称为麦克斯韦-玻尔兹曼分布。玻尔兹曼根据分子运动论重新解释了热力学，建立了现在所谓的统计力学。特别是，他得出了熵的一种新的解释，将热力学概念与气体中分子的统计特征联系起来。

传统的热力学量，例如温度、压强、热量和熵，都是指气体的宏观平均性质。然而，微观结构中有许多高速运动、相互碰撞的分子。同样的宏观状态可能来自无数不同的微观状态，因为微观上的微小差异会被平均掉。因此，玻尔兹曼区分了系统的宏观状态和微观状态：宏观的平均和分子的实际状态。利用这一点，他证明了作为宏观状态的熵，可以解释微观状态的统计性质。他把它表达为一个方程

$$S = k \log W$$

在这里，S 是系统的熵，log 是自然对数，W 是形成整体宏观状态的不同微观状态数，k 是常数，现在被称为玻尔兹曼常数，其值为 1.38×10^{-23} 焦耳每开尔文。

正是这个公式启发人们将熵解释为无序。其思想是相比于无序的宏观状态，有序的状态对应的微观状态数更少。我们可以通过一套扑克的例子来理解为什么。为简单起见，假设我们只有六张牌，分别标记为2、3、4、J、Q、K。将它们分为两堆，其中小牌放在一堆，花牌放在另一堆。这是一个有序的安排。实际上，如果你给每一堆洗牌，但两堆保持分开，则有序的痕迹依然会保留。因为无论你怎么洗，小牌都在一堆，花牌在另外一堆。但是，如果你将两堆一起洗牌，两种牌就可以混在一起，比如出现4QK2J3这样的顺序。直观地说，这种混合的安排更加无序。

让我们看看这与玻尔兹曼的公式有何关系。将牌分成两堆有36种排列方式：每堆6种。但是六张牌全部混在一起有720（$6! = 1\times2\times3\times4\times5\times6$）种排列方式。我们允许的牌的排列方式（两堆或一堆）就类似于热力学系统的宏观状态。确切的顺序是微观状态。较为有序的宏观状态有36个微观状态，较为无序的宏观状态有720个微观状态。因此，微观状态越多，相应的宏观状态就越无序。由于数字越大，对数越大，因此微观状态数的对数越大，宏观状态就越无序。在这里

$$\log 36 = 3.58 \qquad \log 720 = 6.58$$

这些实际上相当于两个宏观状态的熵。当我们研究气体问题时，玻尔兹曼常数无非是按比例缩放以适应热力学的形式。

两堆牌就像两个没有交互的热力学状态，好比中间有隔板隔开两种气体的盒子。它们各自的熵都是 log 6，所以总熵是 2 log 6，即 log 36。因此，取对数让无交互系统的熵做*加法*：把各个独立的熵相加就可得到组合（但无交互）系统的熵。如果我们让系统交互（去掉隔板），则熵增加到 log 720。

牌越多，这种效果就越明显。将标准的 52 张扑克牌分成两堆，所有的红牌放在一堆，所有的黑牌放在另一堆。这种排列可以有 $(26!)^2$ 种方式，约为 1.63×10^{53}。将两堆牌洗在一起有 52! 种微观状态，大约是 8.07×10^{67}。对数分别为 122.52 和 156.36，第二个更大。

玻尔兹曼的想法并未获得好评。在技术层面，热力学中到处都是困难的概念问题。一个问题是“微观状态”的确切含义。分子的位置和速度是连续变量，能够有无限多的值，但是玻尔兹曼要求微观状态数有限，才能数出一共有多少个，并对它们取对数。所以这些变量必须在某种意义上是“粗粒度的”，这是通过将连续的可能值分成有限个非常小的区间实现的。另一个更哲学性的问题是时间之箭——微观状态的时间可逆性与宏观状态的单向时间看起来是冲突的，这是由熵增决定的。我们将很快看到，这两个问题是相关的。

然而，该理论被接受的最大障碍在于，物质是由极小的粒子——原子构成的。这个概念，以及“原子”这个词（atom，意思是“不可分割的”）可以追溯到古希腊，但即使到了 1900 年左右，大多数物理学家还是不相信物质是由原子组成的。所以他们也不相信分子，基于它们的气体理论显然是无稽之谈。麦克斯韦、玻尔兹曼和分子运动论的其他先驱们都确信分子和原子是真实的，但对于怀疑论者来说，原子理论只是描绘物质的一种方便的方法。人们从未观察到任何原子，因此没有科学证据表明它们存在。分子作为原子的特定组合同样存在争议。是的，原子理论在化学中拟合了各种各样的实验数据，但这并不能证明原子存在。

最终使大多数反对者信服的事情之一是使用分子运动论来预测布朗运动。这种效应是由苏格兰植物学家罗伯特·布朗（Robert Brown）发现的。[3] 他率先使用显微镜，发现了细胞核的存在，现在我们知道它储存了遗传信息。1827年，布朗正在通过他的显微镜观察液体中的花粉粒，他发现花粉喷出了更细小的颗粒。这些微小的颗粒以随机的方式四处晃动，起初布朗想知道它们是否是一种微小的生命形式。然而，他的实验表明，来自非生命物质的粒子中也有同样的效果，因此无论是什么引起了晃动，它都不一定要有生命。当时，没有人知道造成这种影响的原因。我们现在知道，花粉喷出的颗粒是细胞器——细胞中具有特定功能的微小子系统；这里的细胞器负责制造淀粉和脂肪。我们将它们的随机晃动解释为物质由原子构成的理论的证据。

与原子的联系来自布朗运动的数学模型，该模型首先出现在1880年丹麦天文学家和精算师托瓦尔·蒂勒（Thorvald Thiele）的统计工作中。巨大的进展是由爱因斯坦在1905年和波兰科学家马里安·斯莫罗霍夫斯基（Marian Smoluchowski）在1906年取得的。他们各自独立地提出了布朗运动的物理解释：流体原子随机地撞击漂浮在其中的粒子，并给了它们微小的推动。在此基础上，爱因斯坦使用数学模型对运动的统计特性做了定量预测，由让·巴蒂斯特·佩兰（Jean Baptiste Perrin）在1908年至1909年确认。

玻尔兹曼在 1906 年自杀——当时科学界才刚开始意识到他的理论基础是成立的。

在玻尔兹曼的热力学公式中，气体中的分子类似于盒中的牌，分子的自然运动类似于洗牌。假设在某个时刻房间内的所有氧分子都集中在一端，所有的氮分子都在另一端。这是一种有序的热力学状态，就像两堆独立的牌一样。然而，在很短的时间之后，随机碰撞会将所有分子混合在一起，基本上在整个房间内均匀混合，就像洗牌一样。我们刚刚看到，这个过程通常会导致熵增加。这是熵不断增加的正常景象，也是热力学第二定律的标准解释："宇宙中无序的数量稳步增加"。我很确定，如果有人这样描述热力学第二定律，斯诺应该会很满意。在这种形式下，第二定律的一个引人注目的结果是"宇宙热寂"的情景，即整个宇宙最终将变成一团温暖的气体，没有任何有趣的结构。

熵和随之而来的数学形式为许多事物提供了一个很好的模型。它解释了为什么热机只能达到特定的效率水平，这可以防止工程师浪费宝贵的时间和金钱去寻找虚无缥缈的改进。这不仅适用于维多利亚蒸汽机，也适用于现代汽车发动机。发动机设计是受益于了解热力学定律的实用领域之一。冰箱是另一个。它们将热量从冰箱里的食物上传递出来，这些热量必须有个去处：你经常可以感受到冰箱电机外壳的外部在冒热气。空调也是如此。发电是另一种应用。在煤炭、天然气或核电站中，它最初产生的是热量。热量产生蒸汽，驱动涡轮机。涡轮机遵循可追溯到法拉第的原理，将运动转化为电。

热力学第二定律也控制着我们希望从可再生资源（例如风和海浪）中获得的能量。气候变化让这个问题变得愈发紧迫，因为可再生能源产生的二氧化碳比传统能源少些。即使是核电也有很大的碳足迹，因为燃料必须被制造和运输，当它们不再有用但仍具有放射性时还得被储存起来。就在我写作本书时，关于可以从海洋和大气中获得多少能量，而不会引起我们希望避免的那种变化的争论一直在激烈地持续。它基于对这些自然系统中自由能的热力学估计。这是一个重要的问题：如果原则上可再生能源无法提供我们所需的能源，就得去其他地方找了。直接从太阳光中获得能量的太阳能电池板不受热力学限制的直接影响，但即使是它们也会涉及制造工艺等问题。目前，之所以说这种限制形成了严重的障碍，是因为做了某些笼统的简化，但即使这些简化是正确的，计算也没有说可再生能源绝不可能成为世界上大多数国家的动力来源。但值得记住的是，在20世纪50年代所做的关于二氧化碳排放的计算同样粗略，但它作为全球变暖的预测指标却是准确得令人惊讶。

热力学第二定律在其原始背景下（气体的行为）非常好用，但它似乎与我们的星球丰富的复杂性，特别是生命相冲突。它好像排除了生命系统所表现出的复杂性和组织性，所以人们有时会引用热力学第二定律来攻击达尔文进化论。然而，蒸汽机的物理特性并不特别适合于生命研究。在分子运动论中，分子间作用的力是短程的（仅在分子碰撞时起作用）和排斥的（分子会反弹）。但大自然中大多数的力不是那样的。例如，重力作用于很远的距离，而且它是一种吸引力。宇宙在大爆炸后的膨胀并没有将物质摊薄变成均匀的气体。相反，物质形成了团块——行星、恒星、星系、超星系团……将分子联结在一起的力也是吸引力——除非在距离非常短时变成排斥力，这会阻止分子坍塌——但它们的作用范围相当小。对于诸如此类的系统，那些独立子系统的相互作用持续存在，它们的热力学模型完全无关紧要。热力学的性质要么不适用，要么作用时间太长，以至于不能对任何有趣的东西建模。

所以说，许多我们认为理所当然的事情的背后都有热力学定律。将熵解释为“无序”有助于我们理解这些规律，并对其物理基础形成直观的感受。然而，有时将熵解释为无序似乎会导致悖论。这是一个更具哲学意义的讨论——而且令人着迷。

物理学中的一个难解之谜是时间之箭。时间似乎在一个特定的方向上流动。然而，让时间倒流似乎在逻辑上和数学上都是可能的——利用了这种可能性的作品有马丁·埃米斯的《时间箭》（*Time's Arrow*）、早先菲利普·K. 迪克的小说《逆时针世界》（*Counter-Clock World*）等书，以及BBC的电视连续剧《红矮人》（*Red Dwarf*），其中令人难忘的一幕是主角们喝了啤酒，并在倒流的时光中参与了一场酒吧争吵。那么为什么时间不能朝另一个方向流动呢？乍一看，热力学为时间之箭提供了一个简单的解释：它是熵增加的方向。热力学过程是不可逆的：氧气和氮气会自发混合，但不能自发地分开。

然而这里有一个难题，因为任何经典的机械系统，例如房间中的分子，都是时间可逆的。如果你一直随机地洗牌，那么它最终将恢复原来的顺序。在数学方程中，如果在某个瞬间所有粒子的速度同时被逆转，那么整个系统就会在时间上回退。整个宇宙都可以回退，在两个方向上遵循相同的方程。那么为什么我们从来没有看到过炒蛋能复原？

通常热力学给出的答案是：炒蛋比没有打的蛋更无序，熵增加，这就是时间流动的方式。但炒蛋不能复原还有一个更微妙的原因：宇宙极不可能以我们想要的方式回退。发生这种情况的可能性非常小。因此，熵增加和时间可逆性之间的差异来自初始条件，而不是方程。分子运动的方程是时间可逆的，但初始条件不是。如果我们要逆转时间，就必须使用时间正向流动时运动的最终状态给出的“初始”条件。

这里最重要的区别在于方程的对称性和解的对称性。反弹的分子的方程具有时间反转对称性，但是单个的解可以具有明确的时间方向。从方程的时间可逆性来看，你最多能推断出如果有一个解，则必然存在另一个解，即第一个解的时间反转。如果甲把球扔给乙，时间反转的解让乙把球扔给甲。同样，由于力学方程允许一个花瓶落到地上并粉碎成一千块，因此，它们就必须允许一个解，让一千块玻璃碎片神秘地移动到一起，组装成一个完整的花瓶并跃入空中。

这里显然有一些有趣的事情值得研究。甲、乙二人往哪边扔球都没有问题。我们每天都看到这样的事情。但我们没有见过破碎的花瓶重新组合在一起。我们没有见过炒蛋复原。

假设我们摔碎一个花瓶并对这个过程摄像。我们从一个简单有序的状态——一个完整的花瓶开始。它落到了地板上，撞击将花瓶分解成碎片，这些碎片散落到地板上。它们放慢速度并停下来。这一切看起来都很正常。现在我们倒放视频。那些恰好可以拼合起来的玻璃碎片正躺在地板上。它们自发地开始行动。它们以恰当的速度向正确的方向运动以便相遇。它们组装成一个花瓶，飞向空中。这看起来不怎么对劲。

事实上，这确实不对劲。这个过程似乎违反了几项力学定律，其中包括动量守恒定律和能量守恒定律。静止的物体不能突然运动。花瓶无法凭空获得能量并跃入空中。

啊，是的……但那是因为我们看得不够仔细。花瓶没有自行跃入空中。地板开始振动，而所有这些振动结合在一起，一下子把花瓶推向空中。类似地，玻璃碎片也被地板振动带来的入射波推动。如果我们回过来追溯这些振动，它们散开并似乎消失了。摩擦最终消散了所有的运动……哦，是的，摩擦。当有摩擦时，动能怎么样了呢？它变成了热量。所以我们忽略了时间逆转情景中的一些细节。动量和能量确实平衡，但缺失的能量是通过地板散失的热量。

原则上，我们可以建立一个时间前进的系统来模拟时间逆转的花瓶。我们只需安排地板上的分子以恰当的方式碰撞，通过地板的运动释放一些热量，以正确的方式推动玻璃碎片，然后将花瓶抛到空中。关键不在于原则上这是不可能的：如果真的是可能的，那时间可逆性就不成立了。但实际上这是不可能的，因为无法精确控制那么多分子。

这也是边界条件的问题——这里的问题在于初始条件。摔碎花瓶的实验的初始条件易于实施，装置也便于获得。这一切都非常稳定：使用另一个花瓶，从不同的高度掉落……发生的事情都差不多。相比之下，花瓶组装实验需要非常精确地控制无数分子，精巧地构建玻璃片。所有这些控制设备都不会干扰哪怕一个分子。这就是为什么我们实际上做不到这一点。

但是，请注意我们在这里的想法：我们关注的是*初始*条件。这设置了一个时间之箭：其余的动作晚于初始。如果我们看看花瓶粉碎实验的最终条件，一直看到分子水平，它将是如此复杂，以至于没有一个心智正常的人会考虑尝试复现它们。

关于熵的数学推动了这些非常微观的思考。它允许振动消失，而不是增加。它允许摩擦变成热量，而不是热量变成摩擦。热力学第二定律与微观可逆性之间的差异源于“粗粒度”，即从详细的分子描述到统计分析描述时所做的建模假设。这些假设隐含地指定了时间之箭：随着时间的推移，大规模的扰动可以降低到可感知水平以下，但小规模的扰动却不能遵循时间逆转的情景。一旦动力学通过了这扇时间活板门，它就回不来了。

如果熵总是增加，鸡一开始又是如何创造出有序的鸡蛋的呢？奥地利物理学家埃尔温·薛定谔（Erwin Schrödinger）于 1944 年在一本简短而迷人的书《生命是什么?》中提出了一个常见的解释：生命系统以某种方式从环境中借用秩序，反过来使环境变得比原本更加无序。这个额外的秩序对应于“负熵”，鸡可以利用它来生蛋而不违反热力学第二定律。在第 15 章中，我们将看到负熵可以在适当的情况下被视为信息，并且人们常常说鸡会运用信息（例如由其 DNA 提供的信息）获得必要的负熵。然而，找出具有负熵的信息仅在非常特定的情况下才有意义，并且生物的活动不是其中之一。生物通过它们实施的过程创造秩序，但这些过程不是热力学的。鸡并不是进入某个秩序仓库来轧平热力学的账本：它们使用不适用于热力学模型的过程，并且把账本扔掉了——因为它们不适用。

如果鸡所做的事情是把鸡蛋分解成组成分子的时间逆转，那就适合借用熵来创造鸡蛋的情景了。乍一看，这似乎有那么一点儿可行性，因为最终形成鸡蛋的分子散布在整个环境中；它们在鸡体内聚集起来，生化过程将它们以有序的方式组合在一起形成鸡蛋。但是，初始条件存在差异。如果你事先在鸡的环境中标记了分子，说“这个分子最终会进入鸡蛋的这个地方”，那你实际上创造出的这个初始条件就跟把炒蛋复原一样复杂而不可能。但鸡不是这么做的。一些分子碰巧最终进入鸡蛋，并在过程完成之后，在概念上被标记为鸡蛋的一部分。其他分子也可以如此这般——这个或那个碳酸钙分子都可以形成蛋壳。所以，鸡并没有从无序中创造出秩序。秩序被分配给生蛋过程的最终结果——就像把一盒牌洗乱，然后拿记号笔在上面写上 1、2、3 等一样。不可思议——它们都按数字顺序排好了！

确实，即使我们考虑到了初始条件的这种差异，鸡蛋看起来也比它的成分更有序。但那是因为生蛋过程不是热力学的。许多物理过程确实有让炒蛋复原的效果。一个例子是，溶解在水中的矿物质可以在洞穴中产生石钟乳和石笋。如果提前确定了想要的石钟乳的确切形式，那我们就和想要复原花瓶的人一样了。但如果随便什么石钟乳都可以，那很容易得到一个：从无序变为有序。这两个术语经常被随意使用，重要的是什么样的有序和什么样的无序。话虽如此，我仍然不觉得能把炒蛋复原。没有可行的方法来设置必要的初始条件。我们能做的最好的事情就是将炒蛋变成鸡饲料，然后等待新的鸡蛋。

事实上，即使世界确实能逆转，我们也不会看到炒蛋复原，这是有原因的。这是因为，我们和我们的记忆是正在被逆转的系统的一部分，我们不确定时间“真正”流逝的方向。我们对时间流动的感觉是由记忆——大脑中的物理化学模式产生的。在传统语言中，大脑存储的是过去而非未来的记录。想象一下，制作一系列观看做炒蛋的大脑及其对这个过程的记忆的快照。在某个阶段，大脑记得一个冷的、没有打散的鸡蛋，以及把它从冰箱中取出并放入平底锅的一些历史。在另一个阶段，它记得用叉子搅拌鸡蛋，并将它从勺子中填进嘴里。

如果现在让整个宇宙逆转，我们会在“实时”反转这些记忆发生的顺序。但是我们并没有扭转大脑中特定记忆的顺序。在恢复鸡蛋的过程的开始（时间逆转），大脑不记得那个鸡蛋的“过去”，它是如何从口中出现到勺子上的，未被打散，逐渐形成一个完整的鸡蛋……相反，那时候大脑中的记录就是记得敲开一个鸡蛋，以及将它从冰箱移到平底锅中并搅拌的过程。但是这个记忆与时间前进的场景中的记录完全相同。所有其他记忆快照也是如此。我们对世界的看法取决于我们现在观察到的东西，以及大脑现在有怎样的记忆。在时间逆转的宇宙中，我们实际上会记住未来，而不是过去。

对于时间可逆性和熵之间的矛盾，问题不在于现实世界，而是在于我们在尝试对其进行建模时所做的假设。

注释

1. 具体来说，

$$S_A - S_B = \int_A^B \frac{dq}{T}$$

其中 S_A 和 S_B 代表状态 A 和 B 的熵。

2. 热力学第二定律严格来说是一个不等式，而不是一个方程。我把热力学第二定律写在本书中，因为它在科学中的核心地位要求我把它包含进来。无可否认的是，它是一个数学“公式”。在科学技术文献之外，很多时候“公式”就是对“方程”的宽松解释。本章注释 1 中提到的公式使用了积分，是一个真正的方程。它定义了熵的变化，但热力学第二定律告诉了我们它最重要的性质。

3. 在布朗之前，荷兰生理学家扬 · 英根豪斯在漂浮在酒精表面的煤尘中观察到了同样的现象，但他没有提出任何理论来解释他看到的东西。

有一事绝对

相对论

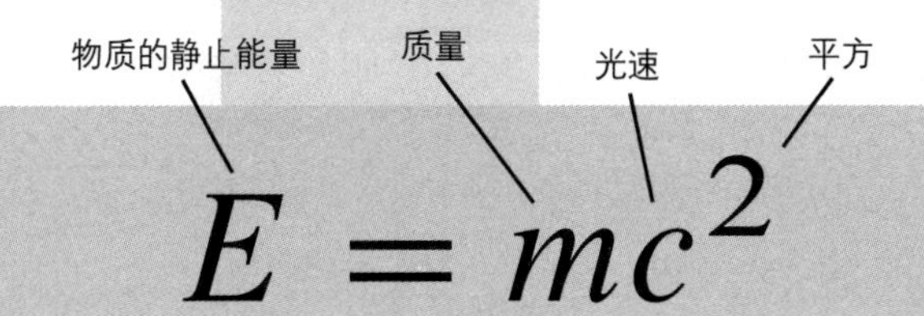

$$E = mc^2$$

它告诉我们什么？

物质包含的能量等于其质量乘以光速的平方。

为什么重要？

光的速度很快，它的平方绝对是一个巨大的数。1 千克的物质释放出的能量相当于史上最大的核武器爆炸所释放能量的约40%。一系列相关的方程改变了我们对空间、时间、物质和引力的看法。

它带来了什么？

当然有全新物理学。核武器……好吧，也许吧——但不像坊间传闻中那样直截了当或言之凿凿。黑洞、大爆炸、GPS 和卫星导航。

正如顶着惊人的“拖把头”的阿尔伯特 · 爱因斯坦是流行文化中极为典型的科学家一样，他的方程 $E = mc^2$ 也是最为典型的方程。人们普遍认为这个等式导致了核武器的发明，它源于爱因斯坦的相对论，而这个理论说的就是各种“相对的”东西。（很显然嘛！）事实上，许多社会相对主义者高兴地呼喊“一切都是相对的”，并认为这能和爱因斯坦扯上关系。

然而并没什么关系。爱因斯坦将他的理论称为“相对论”，是因为它修正了传统上牛顿力学使用的相对运动的规则，这个规则说运动确实是相对的，取决于观察它的参照系，非常简单直观。爱因斯坦不得不调整牛顿的相对论，才能理解一个令人困惑的实验发现：有一个特定的物理现象根本不是相对的，而是绝对的。由此，他得出了一种新的物理学：当物体运动得非常快时，物体会收缩，时间减慢到仿佛蜗牛爬行，而质量可以无限增加。结合对引力的拓展，我们对宇宙的起源和宇宙的结构有了迄今最好的理解。它基于空间和时间可以弯曲的想法。

相对论是真实的。GPS（用于汽车卫星导航等）只有在对相对论效应进行校正后才能工作。粒子加速器也是如此，例如大型强子对撞机。它目前正在寻找希格斯玻色子，这种粒子被认为是质量的起源。现代通信已变得如此之快，以至于市场交易者开始遇到相对论的限制：光速。这是任何消息（例如买卖股票的互联网指令）都可以传播的最快速度。有些人认为，这是一个比竞争对手早几纳秒达成交易的机会，但目前为止，相对论效应并没有对国际金融产生严重影响。然而，人们已经找到了设立新的股票交易所或券商的最佳位置。这只是时间问题。

无论如何，不仅相对论不是相对的，即使是这个标志性的方程，也不是它表面看起来的样子。当爱因斯坦第一次得出它所代表的物理观点时，他并没有把它写成我们熟悉的方程。它不是相对论的数学结果，但如果接受各种物理假设和定义，就可以从相对论得出它。最标志性的方程现在不是——过去也不是——它看似代表的东西，产生它的理论也不是。人类文化里可能有很多这种事情。哪怕是方程和核武器之间的关系也并不十分明确——比起爱因斯坦作为最为标志性的科学家的政治影响力，方程对于第一颗原子弹的历史影响都相形见绌。

“相对论”涵盖了两个截然不同但相关的理论：狭义相对论和广义相对论。我会用爱因斯坦的著名方程作为谈论两者的借口。狭义相对论是关于在没有引力的情况下的空间、时间和物质，广义相对论则考虑了引力。这两个理论都属于同一个大框架，但爱因斯坦辛苦工作了十年，才发现了如何修改狭义相对论来引入引力。牛顿物理学不能符合观测的难题使这两种理论都受到了启发，但这一标志性的方程出现在狭义相对论中。

在牛顿时代，物理学似乎相当简明、直观。空间是空间，时间是时间，泾渭分明。空间的几何是欧几里得几何。时间与空间无关，对于所有观察者来说都是一样的——只要他们的时钟同步。物体的质量和大小在运动时没有变化，时间在各处总是以相同的速度流逝。但是当爱因斯坦完成了物理学的重构之后，所有这些说法（非常直观，以至于很难想象它们中的任何一个都不能代表现实）都被证明是错误的。

当然，它们并非完全错误。如果真的是无稽之谈，那么牛顿的工作根本不会成功。牛顿对物理宇宙的描绘是一种近似，而不是精确的描述。只要所涉及的一切都在缓慢运动（在大多数日常情况下如此），这种近似就是非常准确的。在这个意义上，即使是以两倍于声速飞行的喷气式战斗机也是缓慢运动的。但是，日常生活中确实有一个东西运动得非常快，并为所有其他速度设定了标准：光。牛顿和他的后继者已经证明了光是一种波，麦克斯韦方程组确证了这一点。但光作为波的性质引发了一个新问题。海浪是水中的波，声波是空气中的波，地震是地球中的波。所以光波是……什么中的波？

在数学上，光是电磁场中的波，而我们认为电磁场遍布整个空间。当电磁场被激发，也就是被迫产生电和磁时，我们就观察到了波。但是当电磁场没有被激发时会发生什么？没有波，海洋仍然是海洋，空气仍然是空气，地球仍然是地球。类似地，电磁场仍然是……电磁场。但如果没有电或磁，你就无法观察到电磁场。如果你观察不到它，它是什么？它是不是根本不存在？

除了电磁场之外，物理学中所有已知的波都是有形的波。所有三种类型的波——水、空气、地震——都是运动波。介质上下运动或左右摇晃，但通常不随波浪行进（将一根长绳系在墙上并甩动一端：波沿着绳子传播。但是绳子不会沿着绳子运动）。也有例外：当空气与波一起行进时，我们称之为“风”；当海浪撞到海滩上时，海浪会将水推到海滩上。但即使我们将海啸描述为移动的水墙，它也不会像在球场滚动的足球一样滚过海洋的顶部。大多数情况下，任何给定位置的水都是上下运动的。前进的其实是波峰的位置。直到水靠近岸边，你看到的东西才更像一堵移动的墙。

光和一般的电磁波似乎没有任何有形的波。在麦克斯韦的时代，以及之后五十年或更长的时间里，这一点令人不安。牛顿的万有引力定律长期以来一直受到批评，因为它意味着引力以某种方式“超距作用”，这在哲学原则上看来是个奇迹，就像你坐在看台上，却将球踢进球门一样。说它由“引力场”传播，并没有真正解释发生了什么。电磁学也是如此。因此，物理学家们认为有一些媒介——没有人知道它们是什么，于是他们说，支持电磁波的是“发光的以太”，或者简称“以太”。介质越坚硬，振动传播得就越快，光速确实非常快，因此以太必须非常坚硬。然而，行星可以毫无阻力地穿过它。为避免被轻易探测到，以太必须没有质量，没有黏度，不可压缩，并且对所有形式的辐射都是完全透明的。

这一套性质的组合让人泄气，但几乎所有的物理学家都认为以太存在，因为光显然做了光做的那些事。总得有些什么来承载波。此外，原则上可以检测到以太的存在，因为光的另一个特征提示了一种观察它的方法。在真空中，光以固定的速度 c 运动。牛顿力学教会了每个物理学家去问：相对于什么的速度？如果你在两个相对运动的不同参照系中测量速度，则会得到不同的答案。光速的恒定有一个明显的解释：相对于以太。但这个答案有点儿轻率，因为两个参照系如果彼此之间有相对运动，就无法同时相对于以太静止。

当地球掠过以太时（奇迹般地没有阻力），它围绕着太阳运转。在轨道的相对点处，它朝着相反的方向运动。因此，按照牛顿力学，光速的变化范围应该在两个极端之间：c 加上地球相对于以太运动的贡献，

以及 c 减去这一贡献。测量光速，六个月后再测一次，求出差异。如果有差异，则证明以太存在。在 19 世纪后期，人们沿着这些方向进行了许多实验，但结果没有定论。要么没有差异，要么有差异，但实验方法不够准确。更糟糕的是，地球可能会拖着以太一起走。这将同时解释为什么地球可以在没有阻力的情况下穿过这样一个刚性介质，并且意味着你不应该看到光速的任何差异。地球相对于以太的运动总是不存在。

1887 年，阿尔伯特 · 迈克耳孙（Albert Michelson）和爱德华 · 莫雷（Edward Morley）进行了有史以来最著名的物理实验之一。他们的设备被设计用于检测两个彼此垂直的方向上光速的极小变化。不管地球相对于以太如何运动，它无法在两个不同的方向上以相同的相对速度运动……除非碰巧沿着这两个方向的角平分线运动，真是这样的话，你只需稍稍旋转设备，再试一次。

这个设备（图 13.1）小到足以放在实验室的桌子上。它使用半镀银镜将一束光分成两部分，一部分穿过镜子，另一部分反射后转一个直角。每个单独的光束都会沿其路径反射回来，两个光束再次组合击中探测器。调整设备，以使路径长度相同。原始光束被设置为相干光，意味着两个波彼此同步——所有波都具有相同的相位，波峰对波峰。两个光束各自方向上的光速之间的任何差异，都将导致相位相对移动，波峰将会错开。这会让两个波之间出现干涉，从而产生“干涉条纹”图案。地球相对于以太的运动会导致条纹移动。它的效果很小：根据已知地球相对于太阳的运动，干涉条纹将偏移条纹宽度的 4% 左右。利用多次反射，可以将其增加到 40%，这样就可以检测到条纹了。为了避免地球恰好沿着两条光束的平分线运动的巧合情况，迈克耳孙和莫雷使设备漂浮在水银浴上，以便其轻松、快速地旋转。这样，就应该可以观察到条纹同样快速地移动。

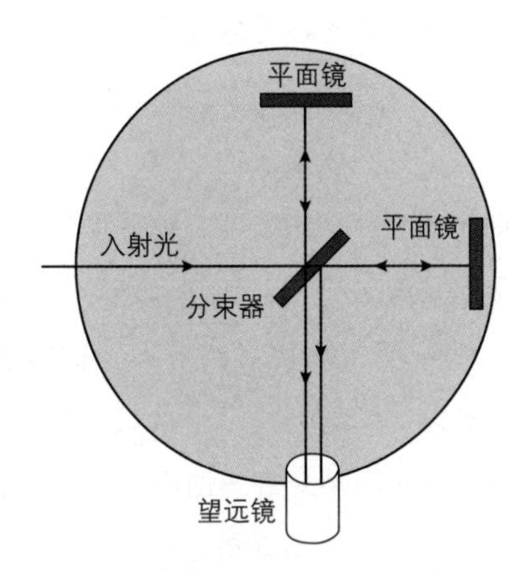

图 13.1　迈克耳孙-莫雷实验

这是一个精心完成的精确实验。其结果完全是否定的。条纹没有偏移其宽度的 40%。所有人都可以肯定地说，条纹根本没有动。后来的实验能够检测到条纹宽度偏移 0.07%，也给出了否定的结果。以太不存在。

这个结果不仅仅否定了以太，也威胁到麦克斯韦的电磁学理论。这意味着光不以牛顿的方式相对于运动参照系行事。这个问题可以追溯到麦克斯韦方程组的数学性质，以及它们如何相对于运动参照系进行变换。爱尔兰物理学家兼化学家乔治 · 菲茨杰拉德（George FitzGerald）和荷兰物理学家亨德里克 · 洛伦兹（Hendrik Lorenz）各自独立（分别于 1892 年和 1895 年）提出了一个解决问题的大胆方法。如果一个运动的物体在其运动方向上稍微收缩（还要恰好适量），那么迈克耳孙-莫雷实验期待检测到的相位变化，将被光线所走过的路径的长度变化完全抵消。洛伦兹证明了，这种“洛伦兹-菲茨杰拉德收缩”也解决了麦克斯韦方程组面临的数学困难。这一联合发现表明，包括光在内的电磁学实验结果不依赖于参照系的相对运动。庞加莱也一直在沿着类似的思路工作，为这个想法加入了他令人信服的智慧。

现在轮到爱因斯坦登场了。1905年，他在论文《论运动物体的电动力学》中发展并扩展了先前关于相对运动新理论的推测。他的工作在两个方面超越了前辈。他证明了需要对相对运动的数学公式做出必要的改变，这不仅仅是解决电磁学问题的一个技巧，而且是所有物理定律所必需的。因此，新的数学必须是对现实的真实描述，具有与通行的牛顿描述相同的哲学地位，却与实验吻合得更好。这是真正的物理学。

牛顿所采用的相对运动的观点甚至可以追溯到伽利略。在其1632年的《关于两个主要世界体系的对话》(*Dialogo sopra i due massimi sistemi del mondo*)中，伽利略讨论了一艘在一片完全平坦的海面上以恒定速度行进的船，并称在甲板下面进行的任何力学实验都无法发现船在运动。这是伽利略的相对性原理：在力学中，在两个相对于彼此匀速运动的参照系中进行的观察并无区别。特别是，没有一个“静止”的特殊参照系。爱因斯坦的出发点是相同的原则，但还加上了一个转折：它不仅适用于力学，而且适用于所有物理定律——其中当然包括麦克斯韦方程组和光速的恒定性。

对于爱因斯坦来说，迈克耳孙-莫雷实验只是一小部分额外的证据，却没有证明主要的问题。他的新理论成立的证明基于其扩展的相对性原理，以及这个原理对物理定律的数学结构的影响。如果你接受了这个原理，其他一切就是自然而然的了。这就是为什么这个理论被称为“相对论”——不是因为“一切都是相对的”，而是因为你必须考虑到这一切是以何种方式相对的。而这会出乎你的意料。

这个版本的爱因斯坦理论被称为“狭义相对论”，因为它仅适用于相对于彼此匀速运动的参照系。其结果包括洛伦兹-菲茨杰拉德收缩，现在人们把它解释为时空的一个必要性质。事实上，有三个相关的效应。如果一个参照系相对于另一个参照系匀速运动，那么在该参照系中测量的长度会沿着运动方向收缩，质量增加，并且时间流逝得更慢。这三种效应由能量和动量的基本守恒定律联系在一起；一旦你接受了其中一个，其他的就是合乎逻辑的结果。

这些效应的专业表达，就是描述两个参照系中的量度之间关系的公式。概括一下就是：如果物体可以接近光速运动，那么它的长度将变得非常小，时间会慢慢爬行，而质量会变得非常大。我在这里稍稍讲一些数学的东西：物理描述不应该理解得太字面化，而要用正确的语言表述它就得讲太多了。这一切都来自……毕达哥拉斯定理。科学中最古老的方程之一，带来了最新的方程之一。

假设宇宙飞船从头顶上以速度 v 飞过，并且机组人员做了一个实验。它们从机舱地板向舱顶发出一个光脉冲，测量时间为 T。与此同时，地面观察员通过望远镜观察实验（假设宇宙飞船是透明的），测量时间为 t。

图 13.2（左）展示了从机组人员的视角看实验的几何关系。对他们来说，光是垂直向上的。因为光的速度为 c，所以行进的距离就是 cT，用虚线箭头表示。图 13.2（右）展示了从地面观察者的视角看实验的几

何关系。宇宙飞船已运动了距离 vt，因此光线沿斜线运动。由于光相对于地面观察者也以速度 c 行进，因此斜线的长度为 ct。但虚线的长度与左图中虚线箭头的长度相同，即 cT。根据毕达哥拉斯定理，

$$(ct)^2 = (cT)^2 + (vt)^2$$

我们求解 T，得到

$$T = t\sqrt{1 - \frac{v^2}{c^2}}$$

它小于 t。

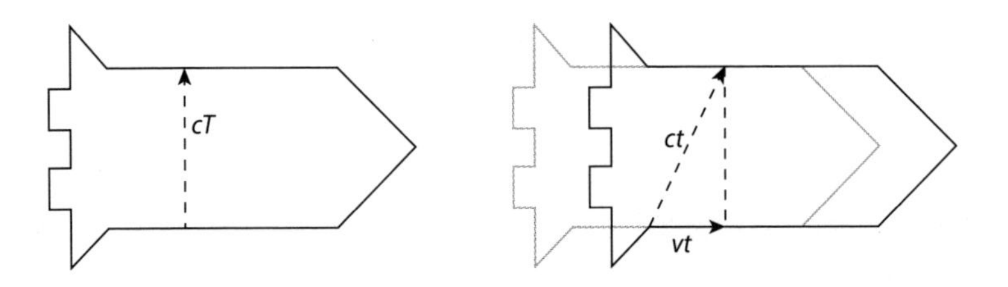

图 13.2　左：机组人员参照系中的实验。右：地面观察者参照系中的同一实验。灰色表示当光束开始行进时，从地面看到的飞船的位置；黑色表示光束完成旅程时飞船的位置

为了得出洛伦兹-菲茨杰拉德收缩，我们现在想象宇宙飞船以速度 v 行进到距离地球为 x 的行星。于是经过的时间是 $t = \frac{x}{v}$。但是之前的公式表明，对于机组人员来说，所用的时间是 T 而不是 t，而距离 X 必须满足 $T = \frac{X}{v}$。因此

$$X = x\sqrt{1 - \frac{v^2}{c^2}}$$

它小于 x。

质量变化的推导稍微复杂一些，它取决于对质量的特定解释——“静质量” m_0，这里我就不详细说明了。公式是

$$M = \frac{m_0}{\sqrt{1 - \frac{v^2}{c^2}}}$$

它大于 m 。

这些方程告诉我们关于光速（实际上是光）的一些非常特殊的东西。这种形式的一个重要结果是，光速是一个难以逾越的障碍。如果一个物体一开始比光慢，我们就无法把它加速到大于光的速度。2011 年 9 月，在意大利工作的物理学家宣布，一种称为中微子的亚原子粒子似乎比光更快。他们的观察是有争议的，但如果得到证实，那么它将带来重要的新物理学。

毕达哥拉斯也以某种形式在相对论中出现了。一个是赫尔曼 · 闵可夫斯基（Hermann Minkowski）最先以时空几何学表达的狭义相对论。我们可以这样在数学上表达普通牛顿空间：让空间中的点对应于三个坐标 (x, y, z)，并使用毕达哥拉斯定理定义这一点与另一个点 (X, Y, Z) 之间的距离 d：

$$d^2 = (x - X)^2 + (y - Y)^2 + (z - Z)^2$$

对该方程开平方就得到了 d。闵可夫斯基时空也与此类似，但它有四个坐标 (x, y, z, t)，三个空间坐标加上一个时间坐标，而其中的点称为“事

件”——在特定时间观察到的空间位置。距离公式非常类似：

$$d^2 = (x - X)^2 + (y - Y)^2 + (z - Z)^2 - c^2(t - T)^2$$

系数 c^2 只是测量时间的单位造成的，但前面的负号至关重要。“距离” d 称为“间隔”，只有当方程的右侧为正时，平方根才是实数。这归结为两个事件之间的空间距离要小于时间差异（分别以正确的单位，例如光年和年）。这反过来意味着，物体原则上可以在第一时刻从太空中的第一个点出发，并在第二时刻到达太空中的第二个点，而速度不会超过光速。

换句话说，原则上说，当且仅当在物理上可能在两个事件之间行进时，间隔才是实数。当且仅当光可以在两个事件之间传播时，间隔为零。这个物理上可以到达的区域被称为事件的光锥，它分为两部分：过去和未来。图 13.3 展示了空间约减到一维时的几何形状。

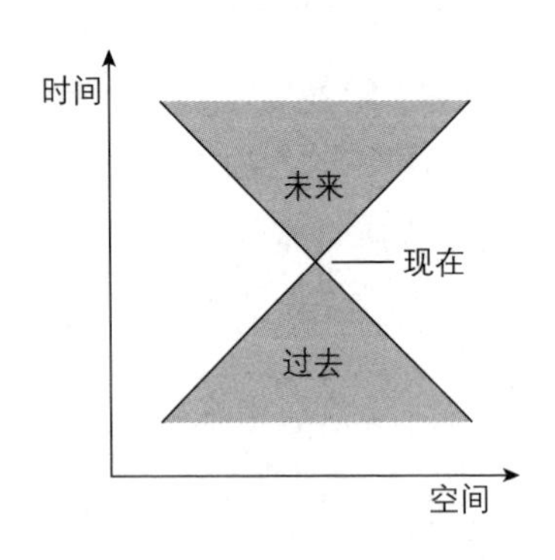

图 13.3　闵可夫斯基时空，空间显示为一维

我已经给你看了三个相对论方程，并简述了它们是如何得出的，但它们都不是爱因斯坦的标志性方程。然而，如果我们再认识一项 20 世纪早期的物理学创新，就可以了解爱因斯坦的方程是怎么导出的了。我们已经看到，物理学家之前曾进行过实验，确切地证明了光是一种波，而麦克斯韦证明它是电磁波。然而，到了 1905 年，越来越清楚的一点是，尽管光的波动性有很强的证据，但在某些情况下，它的行为就像一个粒子。在那一年，爱因斯坦用这个想法来解释光电效应的一些特征，即用光照射合适的金属会产生电。他认为，要让实验说得通，光必须是一个个离散的小包裹，也就是粒子。这种粒子现在被称为光子。

这个令人费解的发现是通往量子力学的关键步骤之一，我将在第 14 章中详细说明。有意思的是，这种典型的量子力学思想对于爱因斯坦形成相对论至关重要。为了得出他的质能方程，爱因斯坦思考了发射一对光子的物体会发生什么。为了简化计算，他将注意力限制在一个空间维度上，以便让物体沿着直线运动。这种简化不会影响答案。基本思想是在两个不同的参照系中思考这个系统。[2] 一个参照系与物体一起运动，使物体在那个参照系中看起来是静止的。另一个参照系相对于物体以小的非零速度运动。我把它们分别称为静止参照系和运动参照系。它们就像宇宙飞船（在它自己的参照系中是静止的）和地面观察者（在他看来，飞船是运动的）。

爱因斯坦假定这两个光子具有同样的能量，但发射方向相反。它们的速度相等且相反，因此当发射光子时，物体的速度（在任一参照系中）都不会改变。他计算了物体发射这一对光子之前系统的能量，然后计算发射后的能量。通过假定能量必须守恒，他得出了一个表达式，将

发射光子引起的物体能量变化与其（相对论）质量的变化联系起来。其结果是:

$$能量变化 = 质量变化 \times c^2$$

合理地假设零质量物体具有零能量，即可得出

$$能量 = 质量 \times c^2$$

这当然就是那个著名的公式，其中能量用 E 表示，质量用 m 表示。

除了进行计算之外，爱因斯坦还得解释它的含义。特别是，他认为在物体静止的参照系下，公式给出的能量应该被认为是它的“内部”能量，因为物体是由亚原子粒子构成的，每个粒子都有它自己的能量。在运动的参照系中，还存在动能的贡献。还有数学上的其他微妙之处，例如使用小速度和精确公式的近似。

人们常常说，爱因斯坦意识到了原子弹会释放出巨大的能量。当然,《时代》杂志在1946年7月给人留下了这样的印象：当时爱因斯坦的脸上盖着原子弹的蘑菇云，背景是他的标志性方程。方程与巨大爆炸之间的联系似乎很清楚：方程告诉我们，任何物体固有的能量都是质量乘以光速的平方。由于光速很大，它的平方就更大，也就是少量物质中有大量能量。1克物质的能量为90兆焦耳，相当于核电站约一天的电力输出。

然而，事情并非如此。原子弹释放的能量只是相对论静质量的一小部分，而物理学家已经通过实验意识到某些核反应会释放出大量的能

量。主要的技术问题是，将一堆合适的放射性物质放在一起足够长时间，以产生链式反应，即一个放射性原子的衰变使其发射辐射，并在其他原子中引发相同的效应并呈指数增长。尽管如此，爱因斯坦的方程迅速成为公众心目中的原子弹的前奏。美国政府发布的解释原子弹的美国政府文件“史迈斯报告”将这个方程放在了第二页。我怀疑这个东西就是杰克 · 科恩和我所说的“给儿童的谎言”——为合理的目的而讲的简化版故事，为更准确的启蒙铺平了道路。[3] 教育就是这样的：完整的故事对于任何非专业人士而言都太复杂了，而专家则知道得太多，以至于他们不相信大部分故事。

但我们也不能随随便便地对爱因斯坦的方程不屑一顾。它确实在核武器的发展中发挥了作用。为原子弹提供能量的核裂变这一概念，源于纳粹德国的物理学家莉泽 · 迈特纳（Lise Meitner）和奥托 · 弗里施（Otto Frisch）在 1938 年所做的讨论。他们试图了解将原子固定在一起的力，这有点儿像液体的表面张力。他们外出散步，讨论物理学，并且运用爱因斯坦的方程来研究裂变在能量上是否可能。弗里施后来写道：[4]

> 我们都坐在一根树干上，开始在小纸片上计算……当两滴分开时，它们将因电排斥而分离，总共约 200 MeV。幸运的是，莉泽 · 迈特纳记得如何计算原子核的质量……并算出来形成的两个核……质量会减少质子质量的大约五分之一。根据爱因斯坦的公式 $E = mc^2$，质量相当于 200 MeV。这一切都吻合！

虽然 $E=mc^2$ 没有直接带来原子弹，但它是物理学中的重大发现之一，让人们有效地从理论上理解了核反应。爱因斯坦在原子弹方面最重要的角色是政治性的。在利奥 · 西拉德（Leo Szilard）的敦促下，爱因斯坦在向罗斯福总统致信时警告说，纳粹可能正在开发原子武器并解释其强大的力量。他拥有很高的声望和极大的影响力，罗斯福听从了他的警告。曼哈顿计划、广岛和长崎原子弹爆炸事件，以及随后的冷战都只是它带来的一些后果。

爱因斯坦并不满足于狭义相对论。它提供了统一空间、时间、物质和电磁学的理论，但它落下了一个重要的东西。

引力。

爱因斯坦认为，“所有物理定律”必须满足伽利略相对性原理的扩展版本。万有引力定律当然应该是其中之一。但目前版本的相对论并非如此。牛顿的平方反比定律在参照系之间的变换不正确。所以爱因斯坦认为牛顿定律必须得改改了。既然他已经改变了牛顿宇宙中其他的一切，为什么不改变牛顿定律呢?

爱因斯坦花了十年。他的出发点是研究相对性原理对于在引力作用下自由运动的观察者有什么影响，例如，在一个自由下落的电梯中。最终，他找到了一个合适的表达。在这个过程中，他得到了一位好朋友——数学家马塞尔 · 格罗斯曼（Marcel Grossmann）的帮助，这位数学家为他指出了一个快速发展的数学领域：微分几何。这是从黎曼的流形概念和他对曲率的描述中发展而来的，我们在第1章中讨论过。当时我提到，黎曼的度量可以写成 3×3 的矩阵，可以说是一个对称张量。意大利的一个数学家流派，特别是图利奥·列维-齐维塔（Tullio Levi-Civita）和格雷戈里奥·里奇-库尔巴斯托罗（Gregorio Ricci-Curbastro），接受了黎曼的观点，并将其发展为张量分析。

从 1912 年开始，爱因斯坦确信，要想搞清楚相对论引力理论，就得用张量分析来重新构造他的思想，但是在四维时空而不是三维空间中。数学家们很高兴地跟随黎曼的脚步，并允许任意多维度，所以他们已经得到了完全足够的一般性。简而言之，他最终得出了现在被我们称为"爱因斯坦场方程"的东西，写作

$$R_{\mu\nu} - \frac{1}{2}Rg_{\mu\nu} = \kappa T_{\mu\nu}$$

这里的 R、g 和 T 是张量——定义物理性质并根据微分几何规则变换的量，而 κ 是常数。下标 μ 和 ν 可取时空的四个坐标，因此每个张量是一张由 16 个数字构成的 4×4 的表。两者都是对称的，这意味着在 μ 和 ν 交换时它们不会改变，那么就可以简化为 10 个独立的数字。所以说到底，这个公式里面包含着 10 个方程，这就是为什么我们说起它们时往往会用复数形式（Einstein field equations），就像麦克斯韦方程组（Maxwell's equations）那样。R 是黎曼度量，它定义了时空的形状。g 是里奇曲率张量，是对黎曼曲率概念的修正。T 是能量-动量张量，它描述了这两个基本量如何依赖于相关的时空事件。1915 年，爱因斯坦向普鲁士科学院提出了他的方程。他把他的新作称为广义相对论。

我们可以从几何上解释爱因斯坦方程，而在这样做时，这些方程就提出了一种理解引力的新方法。核心的创新在于引力不是一种力，而是时空的曲率。在没有引力的情况下，时空简化为闵可夫斯基空间。时空

间隔的公式确定了相应的曲率张量，它的解释是“不弯曲的”，正如毕达哥拉斯定理适用于平面，却不适用于正或负弯曲的非欧几里得空间。闵可夫斯基的时空是平的。但是，当出现引力时，时空就会弯曲。

通常的方法是去掉时间，将空间维度减少到二维，然后得到如图13.4（左）所示的东西。闵可夫斯基（时）空间的平面是扭曲的，在这里通过实际的弯曲来表示，产生了一个凹陷。在远离恒星的地方，物质或光线以直线（虚线）行进。但曲率会导致路径弯曲，表面上看起来好似来自恒星的力吸引了它。但是这里没有力，只有扭曲的时空。然而，这张有曲率的图沿着额外的维度让空间变形，这在数学上是不需要的。另一种图是根据弯曲的度量绘制一个等间距的测地线（最短路径）网格。在曲率更大的地方，它们会聚集在一起，如图13.4（右）所示。

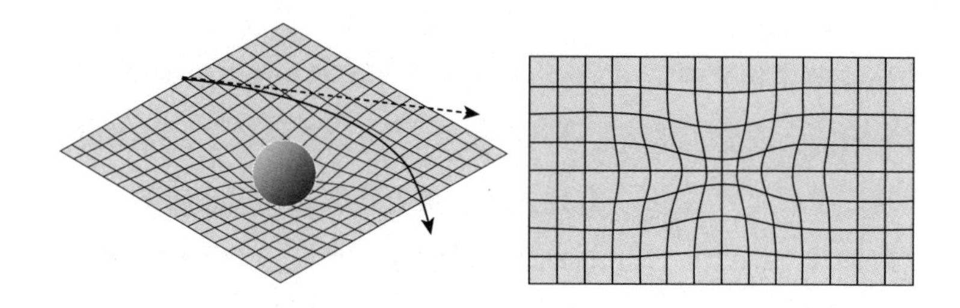

图13.4　左：恒星附近的翘曲空间，以及它如何让穿过它的物质或光线的路径弯曲。右：另一种使用测地线网格的图，在较高曲率的区域中测地线会聚集在一起

如果时空曲率很小，也就是说，如果（在先前的理解中）我们认为是引力的那种东西不是太大，那么从这个公式就可以得出牛顿的引力

定律。比较两种理论，爱因斯坦的常数 κ 最后算出来是 $\frac{8\pi G}{c^4}$，其中 G 是牛顿的万有引力常数。这就把新理论与旧理论联系起来了，并证明了在大多数情况下，新理论与旧理论一致。如果这一点不再适用，即引力很大时，就出现了有趣的新物理。当爱因斯坦提出他的理论时，任何对相对论的检验都必须在实验室外以非常大的规模进行。而这意味着天文学。

因此，爱因斯坦一直在寻找行星运动中无法解释的怪异性，也就是那些与牛顿力学不相符的效应。他找到了一个可能合适的东西：水星轨道的一个令人费解的特征，它是最接近太阳的行星，受到最大的引力——如果爱因斯坦是正确的，它就在一个高曲率区域内。

像所有行星一样，水星沿着一条非常接近椭圆的路径运转，因此其轨道中的某些点会比其他点更靠近太阳。最接近处是它的近日点（perihelion，希腊语中的“靠近太阳”）。这个近日点的确切位置已被观察多年，而且它有点儿不对劲。近日点围绕太阳慢慢旋转，这种效应称为“进动”；实际上，椭圆轨道的长轴在缓慢地改变方向。这也不要紧，牛顿定律预测到了这一点，因为水星并不是太阳系中唯一的行星，而其他行星也在慢慢改变其轨道。问题在于牛顿的计算得出的进动率不对。轴旋转得太快了。

自1840年巴黎天文台主任弗朗索瓦·阿拉戈（François Arago）让于尔班·勒维耶（Urbain Le Verrier）使用牛顿的运动定律和万有引力定律计算水星轨道以来，人们就知道这一点了。当通过观察水星凌日（从地球上看水星划过日面）的确切时间来检验结果时，勒维耶发现结果是错误的。他决定再试一次，消除可能的误差来源，并在1859年发表了他的新结果。在牛顿模型上，进动率精确到约0.7%。与观测结果相比，差异很小：每个世纪38弧秒（后来修正为43弧秒）。这并不多，不到每年万分之一度，但这足以让勒维耶感兴趣。1846年，他通过分析天王星轨道中不合规律的地方，预测到了当时未被发现的行星——海王星的存在和位置，并因此一举成名。此刻他希望再现辉煌。他将近日点的这种意外运动解释为某种未知世界扰乱水星轨道的证据。他做了计算并预测了一颗小行星的存在，其轨道比水星更靠近太阳。他甚至给它起了一个名字——火神星（Vulcan，罗马神话中的火神）。

想要观察到火神星（又称“祝融星”，如果存在的话）会很困难。太阳的眩光是个障碍，所以最好的办法是在凌日时看到火神星，因为那时它将是明亮的日轮上的一个小黑点。在勒维耶做出预测不久之后，一位名叫埃德蒙·勒卡尔博（Edmond Lescarbault）的业余天文学家告诉这位杰出的天文学家自己看到了它。他最初认为这个点肯定是太阳黑子，但运动的速度不对。1860年，勒维耶向巴黎科学院宣布发现了火神星，法国政府则授予勒卡尔博著名的法国荣誉军团勋章。

在一片喧嚣声中，一些天文学家仍然不为所动。其中一位是伊曼纽尔·里耶斯（Emmanuel Liais），他一直在用比勒卡尔博更好的设备研究太阳。他的声名全系于此：他一直在为巴西政府观察太阳，如果错过了如此重要的东西，绝对是颜面扫地。他断然否认发生了凌日。有一段时间，一切都变得十分混乱。业余爱好者一再声称他们曾见过火神星，有的甚至说在勒维耶公布他的预测之前几年就看到了。1878年，专业人士詹姆斯·沃森和业余爱好者刘易斯·斯威夫特（Lewis Swift）说，他们在日食期间曾见过像火神星这样的行星。勒维耶在此前一年去世了，死前他仍然相信自己在太阳附近发现了一颗新行星。但没有了热情的勒维耶来完成对轨道的新计算和凌日预测，人们对火神星的兴趣很快就消退了。天文学家变得有些怀疑了。

1915 年，爱因斯坦给出了致命一击。他使用广义相对论重新分析了这个运动，没有假设存在任何新的行星，用一个简单而明晰的计算就得出了 43 弧秒的进动率——与更新勒维耶原始计算后得到的数字分毫不差。现代的牛顿理论计算预测进动率为每世纪 5560 弧秒，但观测值为每世纪 5600 弧秒。差异是 40 弧秒，因此每个世纪仍然有约 3 弧秒没有得到解释。爱因斯坦的公告做了两件事：它被视为证实了相对论，而且对大多数天文学家来说，它把火神星扔进了垃圾堆。[5]

广义相对论的另一个著名的天文学验证，是爱因斯坦预测太阳会使光弯曲。牛顿引力也预测到了这一点，但广义相对论预测的弯曲量要大上一倍。1919 年的日全食提供了一决雌雄的机会，亚瑟 · 爱丁顿爵士进行了一次考察，最终宣布爱因斯坦胜出。当时的人们热情地接受了这一点，但后来发现数据很糟糕，而且结果受到了质疑。1922 年的进一步独立观察似乎与相对论预测一致，后来对爱丁顿数据的重新分析也是如此。20 世纪 60 年代，对射频辐射的观测成为可能，只有到了这个时候，人们才确定数据确实显示出两倍于牛顿预测值的转向，这符合爱因斯坦的预测。

广义相对论中最引人注目的预测出现在更大的范围上——黑洞（当一颗巨大的恒星在自己的引力下坍塌时诞生），以及宇宙膨胀（目前用“宇宙大爆炸”来解释）。

爱因斯坦方程的解是时空几何。这些解可能代表整个宇宙，或者它的某些部分（假定为引力孤立的，于是对宇宙的其余部分没有重要影响）。这类似于早期的牛顿假设，如只有两个物体相互作用。由于爱因斯坦的场方程涉及十个变量，因此在数学上很难获得显式的解。今天我们可以对这些方程求数值解，但这在20世纪60年代之前还属于异想天开，因为计算机要么不存在，要么太受限而没什么用。简化方程的标准方法是利用对称性。假设时空的初始条件是球对称的，也就是说，所有物理量仅取决于与球心的距离。这样一来，任何模型中的变量数量都会大大减少。1916年，德国天体物理学家卡尔·史瓦西（Karl Schwarzschild）对爱因斯坦方程做了这个假设，并设法得到了方程的精确公式解，称为“史瓦西度规”。他的公式有一个奇怪的特征：奇点。方程的解在位于距球心特定距离处变为无穷大，这个距离称为史瓦西半径。起初人们认为这个奇点是数学的某种产物，其物理意义有相当大的争议。我们现在把它解释为黑洞的事件视界。

想象一颗巨大的恒星，它的辐射无法抵抗它的引力场。这颗恒星将被它自己的质量吸引在一起并开始收缩。它的密度越大，这种效果越强，所以收缩会发生得越来越快。恒星的逃逸速度（物体必须达到这个速度，才能逃离引力场）也在增加。史瓦西度规告诉我们，在某个阶段，逃逸速度会等于光速。现在没有什么可以逃脱了，因为没有什么能比光运动得更快了。这颗恒星已经变成了一个黑洞，而史瓦西半径告诉我们，无法逃脱的区域，其边界就是黑洞的事件视界。

黑洞物理学十分复杂，限于篇幅，我们这里没有办法真正讲清楚。我只想说，大多数宇宙学家现在同意该预测是成立的，宇宙中包含无数黑洞，而且至少有一个藏在银河系中心。事实上，大多数星系中心有黑洞。

1917 年，爱因斯坦将他的方程应用于整个宇宙，假设了另一种对称性：时空均匀性。在所有空间和时间点，宇宙（在足够大的尺度上）看起来应该是相同的。到了这个时候，他修改了方程，加上了一个“宇宙常数” Λ，并搞清楚了常数 κ 的含义。方程现在写成了这样：

$$G_{\mu\nu} + \Lambda g_{\mu\nu} = \frac{8\pi G}{c^4 T_{\mu\nu}}$$

这些解具有出人意料的意义：宇宙会随着时间的推移缩小。这迫使爱因斯坦加上一个宇宙常数项：他寻求一个不变的、稳定的宇宙，并且通过将常数调整到正确的值，他可以阻止他的模型宇宙收缩到一个点。1922 年，亚历山大 · 弗里德曼（Alexander Friedmann）发现了另一个方程，它预测宇宙应该扩张，并且不需要宇宙常数。这个方程还预测了扩张速度。爱因斯坦仍然不满意，他希望宇宙保持稳定不变。

这一次，爱因斯坦的想象力辜负了他。1929 年，美国天文学家埃德温 · 哈勃（Edwin Hubble）和米尔顿 · 赫马森（Milton Humason）发现宇宙确实在膨胀的证据。遥远的星系正在远离我们，它们发出的光的频率变化显示了这一点——著名的多普勒效应，即救护车在快速经过时警笛的声调会下降，因为声波受到发射者和接收者相对速度的影响。这里的波是电磁波，物理是相对论物理，但多普勒效应依然存在。遥远的星系不仅在远离我们，而且它们离我们越远，远离得就越快。

如果让宇宙的膨胀时光倒流，那么在过去的某个时刻，整个宇宙基本上就是一个点。在此之前，它根本不存在。在那个起始点，空间和时间都在著名的大爆炸中出现，这是比利时数学家乔治·勒梅特（Georges Lemaître）于 1927 年提出的一种理论，几乎所有人都对它不屑一顾。当射电望远镜在 1964 年观察宇宙学微波背景辐射时，温度符合大爆炸模型，宇宙学家认定勒梅特终究是正确的。同样，就这个主题也能写一本书，而且也已经出了很多书。我们在这里只是说，目前最被广泛接受的宇宙学理论阐述的就是大爆炸的情景。

然而，科学知识总是暂时的。新发现可以改变它。大爆炸在过去的 30 年里一直是公认的宇宙学范式，但它开始显示出一些“裂缝”。一些发现要么对该理论提出了严重怀疑，要么需要一些推断存在但未被观察到的新的物理粒子和力。主要的困难有三个。我会先给出一个概述，然后再详细地讨论。第一个困难是星系自转曲线，它表明宇宙中的大部分物质缺失了。目前的提议是，这标志着一种新物质——暗物质的存在，它占宇宙中物质的大约 90%，并且与在地球上直接观察到的任何物质都不同。第二个困难是宇宙的加速膨胀，它需要一种新的力——暗能量，来源不明，但可以利用爱因斯坦的宇宙常数建模得到。第三个困难是一组与流行的暴胀理论相关的理论问题，它们解释了为什么可观察的宇宙如此均匀。这个理论符合观察，但其内部逻辑看起来不怎么可靠。

先说暗物质。1938 年，人们利用多普勒效应测量星系团中星系的速度，结果与牛顿引力不一致。由于星系距离很远，时空几乎是平坦的，牛顿引力是一个很好的模型。弗里茨 · 兹维基（Fritz Zwicky）认为肯定要有一些未被观察到的物质来解释这种差异，它被称为“暗物质”，因为它无法在照片中被看到。1959 年，路易丝 · 沃尔德斯（Louise Volders）利用多普勒效应测量星系 M33 中恒星的旋转速度，发现观察到的旋转曲线（描绘速度及与中心的距离的关系的图）也与牛顿引力不一致，而对此牛顿引力也本应是一个好的模型。速度没有在距离更远处下降，而是几乎保持不变，如图 13.5 所示。许多其他星系也出现了同样的问题。

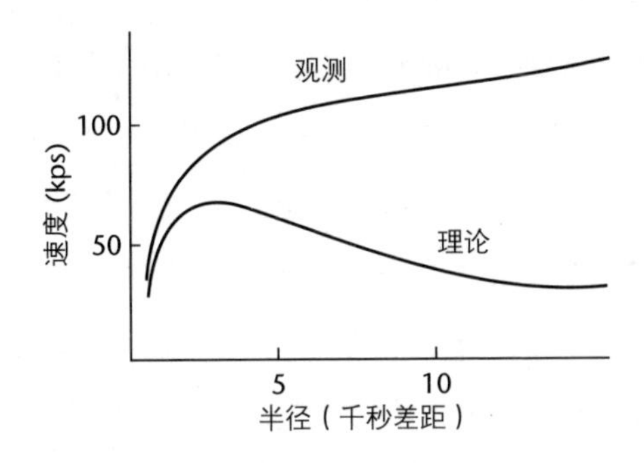

图 13.5　M33 的星系旋转曲线：理论和观测

如果暗物质真的存在，它必须不同于普通的“重子”物质，也就是在地球实验中观察到的那些粒子。暗物质的存在被大多数宇宙学家所接受，他们认为暗物质解释了观测中的几种不同的异常，而不仅仅是旋转曲线。人们已经提出了几种可能的粒子，例如 WIMP（弱相互作用人质量粒子），但到目前为止，这些粒子尚未在实验中检测到。通过假设暗物质存在，并求出它们应该处于哪个位置，才能使旋转曲线平坦，人们已经绘制了星系周围的暗物质分布。从整体上看，它似乎形成了两个银河系大小的球体，分别位于银河系平面上下，就像一个巨大的哑铃。这有点儿像根据天王星轨道上的差异预测海王星的存在，但这种预测需要确认：必须找到海王星。

类似地，人们提出暗能量来解释1998年高红移（High-*z*）超新星搜索小组的结果，这个小组本想找到证据证明，随着大爆炸的最初冲击的衰减，宇宙的膨胀正在放缓。相反，观察结果表明宇宙的膨胀正在加速，超新星宇宙学计划在1999年证实了这一发现。这就好像有某种反引力遍布太空，推动星系不断加速远离。这种力不是物理学的四种基本力（引力、电磁力、强核力、弱核力）中的任何一种。它被称为暗能量。它的存在似乎也解决了另外一些宇宙学问题。

美国物理学家阿兰·古思（Alan Guth）在1980年提出了暴胀（inflation），以解释为什么宇宙在非常大的尺度上的物理特性非常均匀。理论表明，大爆炸应该产生一个更加弯曲的宇宙。古思认为，有一个暴胀子场（inflaton field，注意，这里的拼写只有一个i：它被认为是对应于假想粒子“暴胀子”的标量量子场）导致早期宇宙以极快的速度扩张。在大爆炸之后10^{-36}到10^{-32}秒，宇宙的体积增长了难以想象的10^{78}倍。暴胀子场还没有被观测到（这将需要无法实现的高能量），但暴胀解释了宇宙的许多特征，并且与观测结果吻合得如此之好，以至于大多数宇宙学家确信它发生了。

暗物质、暗能量和暴胀在宇宙学家中很受欢迎，这并不奇怪，因为这些东西让他们继续使用自己喜欢的物理模型，并且结果与观测一致。但有些东西开始分崩离析了。

暗物质的分布不能为旋转曲线提供令人满意的解释。需要大量的暗物质才能让旋转曲线在观测到的庞大距离上保持平坦。暗物质必须具有不切实际的大角动量，这与通常的星系形成理论不一致。每个星系都需要同样的特殊暗物质初始分布，这似乎不太可能。哑铃形状不稳定，因为它将额外的质量放到了银河系的外面。

暗能量更好一些，人们认为它是某种量子力学的真空能量，由真空波动引起。然而，目前对真空能量大小的计算值太大了，达到了 10^{122}，哪怕放宇宙学里，这也是一个坏消息。[6]

暴胀的主要问题不在于观测——它和观测吻合得极好——而在于它的逻辑基础。大多数暴胀情景会导致与我们的宇宙大不相同的结果，关键在于大爆炸时的初始条件。为了匹配观测，暴胀要求宇宙的早期状态非常特殊。然而，也存在非常特殊的初始条件，无须涉及暴胀，就能产生和现在一样的宇宙。尽管这两组条件极为罕见，但罗杰 · 彭罗斯[7]进行的计算表明，不需要暴胀的初始条件数量，比那些产生暴胀的初始条件数量多 googolplex（$10^{10^{100}}$，10 的 10 的 100 次方次方）倍。因此，不用暴胀来解释当前宇宙的状态，要比用暴胀解释它更有说服力。

彭罗斯的计算依赖于热力学，这可能不是一个合适的模型，但加里 · 吉本斯（Gary Gibbons）和尼尔 · 图洛克（Neil Turok）用另一种方法得出了相同的结论。他们“展开”宇宙来让它回到初始状态。事实证明，几乎所有可能的初始状态都不涉及一段时间的暴胀，而那些确实需要暴胀的状态比例非常小。但最大的问题是，当暴胀与量子力学联系在一起时，它预测量子波动偶尔会在看似稳定的宇宙中的一个小区域引发暴胀。虽然这种波动是罕见的，但暴胀如此迅速、如此巨大，以至于最终的结果是，正常时空的微小岛屿被不断增长的失控暴胀区域所包围。在这些区域，物理学的基本常数可能与我们的宇宙中的值不同。实际上，一切皆有可能。一个可以预测任何东西的理论能够被科学地检验吗?

还有一些其他的选择似乎也需要认真对待。暗物质可能不是另一个海王星，而是另一个火神星——试图通过引入新物质来解释引力异常，而真正需要改变的是万有引力定律。

一个主要的完善的提议是MOND（修正的牛顿动力学），由以色列物理学家莫尔德艾·米尔格龙（Mordehai Milgrom）于1983年提出。其实它修正的并不是万有引力定律，而是牛顿第二运动定律。它假设当加速度非常小时，加速度与力不成正比。宇宙学家之中有一种倾向，认为唯一可行的替代理论要么是暗物质，要么是MOND。所以，如果MOND不符合观测，那么就只剩下暗物质。然而，万有引力定律有许多可能的修正方法，我们不太可能马上就能找到正确的一个。MOND已经多次被宣告死亡，但经过进一步研究后，尚未发现任何决定性的缺陷。在我看来，MOND的主要问题在于，它把自己希望得到的东西放进了方程里，这就好比爱因斯坦修改牛顿定律来改变大质量附近的公式。相反，爱因斯坦找到了一种全新的方式来思考引力——时空的曲率。

即使我们保留广义相对论及其牛顿近似，也可能不需要暗能量。2009 年，美国数学家乔尔 · 斯莫勒（Joel Smoller）和布雷克 · 坦普尔（Blake Temple）用冲击波的数学证明，爱因斯坦的场方程存在度量加速扩张的解。[8] 这些解证明了，标准模型的微小变化可以解释观测到的星系加速度，无须引入暗能量。

宇宙的广义相对论模型假设它形成一个流形，也就是说，在非常大的尺度上结构平滑。然而，观测到的宇宙物质分布在非常大的尺度上是结块的，例如"史隆长城"（Sloan Great Wall），一个由 13.7 亿光年长的星系组成的长细丝，如图 13.6 所示。宇宙学家们相信，在更大的尺度上，平滑度将变得明显，但到目前为止，每次观测范围扩大时，结块仍然存在。

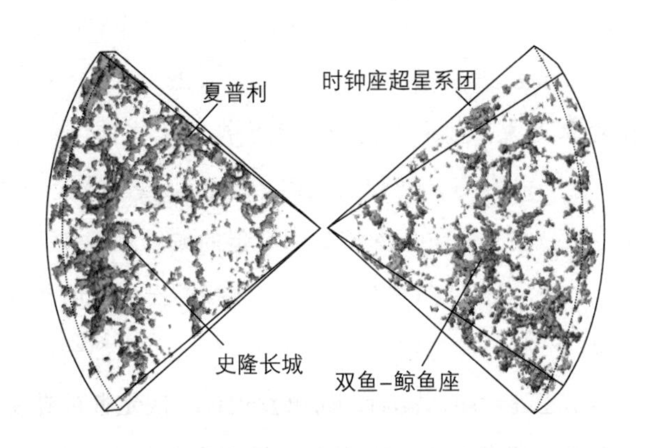

图 13.6　宇宙的结块

两位英国数学家罗伯特·麦凯（Robert MacKay）和科林·鲁尔克（Colin Rourke）认为，结块的宇宙中有许多局部的大曲率源，可以解释所有的宇宙学难题。[9] 这种结构比某些大规模平滑更接近观测到的结构，并且符合一个一般性原则——宇宙各处应该都差不多。在这样的宇宙中，不需要大爆炸；事实上，一切可能都处于稳定状态，年龄远远超过目前138亿年的数字。个别星系经历了一个生命周期，相对不变地存活了大约 10^{16} 年。它们会有一个非常大的中央黑洞。由于惯性阻力，星系旋转曲线将是平坦的，这是旋转的大质量物体拖曳附近的时空的广义相对论导致的。在类星体中观察到的红移将是由大的引力场，而不是多普勒效应引起的，并且不会表明宇宙膨胀——这一理论早已被美国天文学家哈尔顿·阿尔普提出，并且从未被令人满意地反驳过。替代模型甚至表明宇宙微波背景的温度为5开尔文，这是大爆炸的主要证据（除了红移被解释为膨胀）。

麦凯和鲁尔克说，他们的提议“几乎推翻了当前宇宙学的每一个原则。然而，它并没有与任何观测证据相矛盾”。它依然很可能是错的，但令人着迷的一点是，你可以保持爱因斯坦的场方程不变，用不着暗物质、暗能量和暴胀，仍然可以得到和所有那些令人费解的观测结果还算差不多的行为。因此，无论这个理论的命运如何，它都表明宇宙学家应该考虑更多富有想象力的数学模型，而不是一上来就诉诸没有其他证据支持的新物理。暗物质、暗能量、暴胀，每一个都需要一种没有人观察到的全新物理学……在科学中，哪怕是一个“天降神迹”也会令人侧目。这在除宇宙学之外的任何学科中都是无法容忍的。说句公道话，很难对整个宇宙进行实验，因此人们能做的也就是推测性地让理论吻合观测了。但想象一下，如果生物学家通过一些无法观测的“生命场”来解释生命会发生什么，更不用说提出还需要一种新的“生命物质”和新的“生命能量”了——而没有提供任何证据证明它们存在。

撇开宇宙学这个令人困惑的领域，现在有了更友好的方式来在人类尺度上验证狭义和广义相对论。狭义相对论可以在实验室中测试，现代测量技术可以提供极高的精确度。像大型强子对撞机这样的粒子加速器，要是设计师没考虑到狭义相对论就根本无法工作，因为围绕这些机器旋转的粒子的速度非常接近光速。广义相对论的大多数检验仍然要靠天文学，从引力透镜到脉冲星动力学，所需精度很高。美国国家航空航天局最近利用高精度陀螺仪在低地球轨道上进行实验，证实了惯性参考系拖曳的发生，但由于意外的静电效应而无法达到预期的精度。到这个问题的数据得到纠正时，其他实验已经取得了相同的结果。

然而，无论是狭义还是广义，相对论动力学还有一个更接近生活的例子：汽车卫星导航。驾驶者使用的卫星导航系统利用由24个轨道卫星组成的网络（GPS）发出的信号来计算汽车的位置。GPS准确得惊人，它的工作原理是现代电子设备能够可靠地处理和测量非常微小的时间。它基于非常精确的定时信号，卫星发出并在地面上探测到这些脉冲。比较来自几颗卫星的信号，即可把接收器三角定位到几米之内。这种精确度水平要求时间误差在大约25纳秒（一纳秒是十亿分之一秒）之内。牛顿动力学给出的位置不对，因为牛顿方程中没有考虑的两个效应改变了时间的流动：卫星的运动和地球的引力场。

狭义相对论解决了运动问题，它预测：由于相对论的时间膨胀，卫星上的原子钟相比地面时钟应该每天减少7微秒（一微秒是百万分之一秒）。广义相对论则预测：地球引力会引起每天快45微秒。最终结果是：出于相对论的原因，卫星上的时钟每天会快38微秒。尽管看起来很小，但它对GPS信号的影响绝不可忽略不计。38微秒，也就是38 000纳秒的误差，是GPS可以容忍的误差的约1500倍。如果软件使用牛顿动力学计算你的汽车的位置，你的卫星导航将很快变得毫无用处，因为错误将以每天10千米的速度增长。十分钟过后，牛顿GPS就会把你放在错误的街道上；到明天，它就会把你放在错误的城镇里。用不了一个星期，你就会身处错误的县；在一个月内，你就去了错误的国家；不消一年，你就会在错误的星球上了。如果你不相信相对论，却使用卫星导航来做旅行计划，那你可就得解释解释喽。

注释

1. 在意大利格兰萨索国家实验室，有一个重达 1300 吨的粒子探测器叫作 OPERA（Oscillation Project with Emulsion-tRacking Apparatus，带有乳胶寻迹设备的振荡项目）。两年多来，它追踪了位于瑞士日内瓦的欧洲粒子物理实验室——欧洲核子研究中心（CERN）产生的 16 000 个中微子。中微子是电中性的亚原子粒子，质量非常小，可以很容易地穿过普通物质。其结果令人费解：平均而言，中微子在 60 纳秒（一纳秒是十亿分之一秒）内完成了 730 千米的行程，比光速更快。测量精确到 10 纳秒以内，但计算和解释时间方面仍存在一些系统误差的可能性，这非常复杂。

   结果已在线发布："Measurement of the neutrino velocity with the OPERA detector in the CNGS beam"。

   该文并未声称反对相对论，它只是将观察结果表示为团队无法用传统物理学解释的东西。相关的非技术性报告可见于：Geoff Brumfiel, "Particles break light-speed limit", *Nature*, 2011。

   Eugenie Samuel Reich, "Faster-than-light neutrinos face time trial", *Nature*, 2011 提出了系统误差的可能来源，与两个实验室的重力差异相关，但 OPERA 团队对这个建议提出了质疑。

   大多数物理学家认为，尽管研究人员非常谨慎，但仍存在一些系统误差。特别是，先前对超新星中微子的观测似乎与新的观测相冲突。争议的解决将需要独立的实验，而这将需要几年时间。理论物理学家已经在分析潜在的解释，从对粒子物理学标准模型的众所周知的微小扩展，到宇宙具有比通常的四个维度更多维度的奇异新物理学。当你读到这本书时，肯定还会有新进展。

2. 陶哲轩在他的网站上给出了详尽的解释，方程的推导包括五个步骤：

(a) 描述当参考框架改变时，空间和时间坐标如何变换；
(b) 使用这个描述来计算当参照系改变时，光子的频率如何变换；
(c) 使用普朗克定律来计算光子能量和动量如何变换；
(d) 应用能量守恒和动量来计算运动物体的能量和动量如何变换；
(e) 在物体速度较小时，将结果与牛顿物理学进行比较，确定计算中其他任意常数的值。

3. Ian Stewart and Jack Cohen. *Figments of Reality*, Cambridge University Press, Cambridge 1997, page 37.
4. 参见维基百科“Mass-energy equivalence”词条。
5. 有些人不这么认为。亨利 · 库尔滕重新分析了 1970 年日食的照片，称至少存在七个非常微小的物体沿近日轨道围绕太阳运行——也许是稀薄的内小行星带存在的证据。人们没有发现它们存在的确凿证据，而且其直径肯定不到 60 千米。在照片中看到的物体可能只是在奇怪轨道上经过的小彗星或小行星。无论它们是什么，都肯定不是火神星。
6. 1 立方厘米自由空间中的真空能量估计为 10^{-15} 焦耳。根据量子电动力学，理论上它应该是 10^{107} 焦耳，差了 10^{122} 倍。参见维基百科“Vacuum energy”词条。
7. 彭罗斯的工作见于：Paul Davies. *The Mind of God*, Simon & Schuster, New York 1992。
8. Joel Smoller and Blake Temple. “A one parameter family of expanding wave solutions of the Einstein equations that induces an anomalous acceleration into the standard model of cosmology”. arXiv:0901.1639.
9. R.S. MacKay and C.P. Rourke. “A new paradigm for the universe”, preprint, University of Warwick 2011.

量子不思议

薛定谔方程

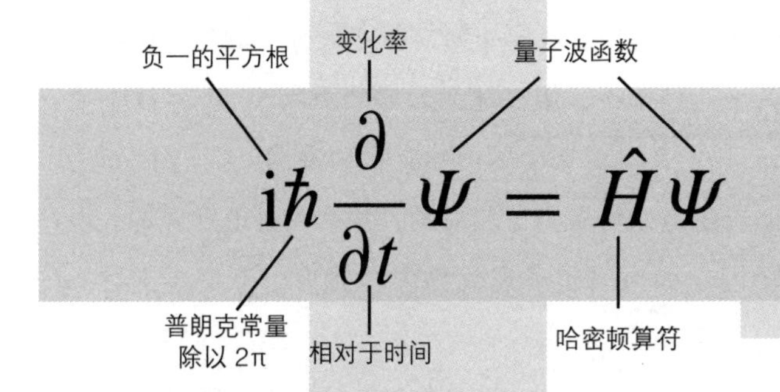

它告诉我们什么?

这个方程不是把物质作为粒子，而是作为波，并描述这样的波如何传播。

为什么重要?

薛定谔方程是量子力学的基础，它与广义相对论一起构成了当今最有效的物质宇宙理论。

它带来了什么?

在极小尺度上对描述世界的物理学进行彻底修正，其中每个粒子都具有描述可能状态的概率云的“波函数”。在这个层面上，世界本质上是不确定的。它试图将微观量子世界与宏观的经典世界联系起来，导致了至今仍有影响的哲学问题。但在实验上，量子理论非常有效，如果没有它，就没有今天的计算机芯片和激光器。

1900年，伟大的物理学家开尔文勋爵宣称，当时最新的热学和光学理论本被认为是对自然几乎完整的描述，却“有‘两片乌云’笼罩。第一片乌云涉及这样一个问题：地球如何能够穿过弹性固体？比如会发光的以太基本上就是这种情况。第二片乌云是麦克斯韦-玻尔兹曼关于能量分配的学说”。开尔文对重要问题的嗅觉极为准确。在第13章中，我们看到了第一个问题是如何引出了相对论，并被相对论解决的。现在我们将看到第二个问题如何引出了现代物理学的另一个重要支柱——量子理论。

量子世界的诡异是出了名的。许多物理学家认为，如果你不能理解它有多古怪，你就根本没有理解它。对于这种观点意见纷纷，因为量子世界与我们熟知的人类尺度世界如此不同，即使最简单的概念也会变得你根本不认识了。例如，这是一个光同时是粒子和波的世界。这是一个盒子里的猫可以同时活着和死亡的世界……直到你打开盒子，也就是说，这只不幸的动物的波函数突然之间就“坍缩”到一个或另一个状态。在量子的多元宇宙中，存在着我们的宇宙的一个副本，希特勒在那里输掉了第二次世界大战，而在另一个副本中则是他赢得了战争。我们恰好生活在（也就是作为量子波函数存在于）第一个副本中。我们的其他版本则生活在另一个宇宙的副本中，同样真实却无法被我们感知到。

量子力学绝对很诡异。不过，到底有没有那么诡异就完全是另一回事了。

这一切都从灯泡开始。这也很合情合理，因为这是从麦克斯韦出色地统一了的新兴学科——电和磁中涌现的最耀眼的应用之一。1894年，一家电气公司雇用了一位名叫马克斯 · 普朗克（Max Planck）的德国物理学家来设计最高效的灯泡，要发光最多，耗电最少。他看出，这个问题的关键在于物理学中的一个基本问题，这个问题是 1859 年由另一位德国物理学家古斯塔夫 · 基希霍夫（Gustav Kirchhoff）提出的。它涉及一种理论构造，称为“黑体”，它会吸收落在其上的所有电磁辐射。最大的问题是：这样的物体是如何发出辐射的？它无法把所有的辐射都存储起来，有一些肯定还要再发射出来。特别是，发射出的辐射的强度与频率和物体的温度之间有什么关系？

热力学已经给出了一个答案，它把黑体看作一个盒子，盒壁是完美的镜子。电磁辐射在镜子之间来回反射。当系统稳定到平衡态后，盒子中的能量的频率如何分布呢？1876 年，玻尔兹曼证明了“能量均分定理”：能量被均等地分配给运动的每个独立分量。这些分量就像小提琴弦上的基波一样：简正模。

这个答案只有一个问题：它不可能成立。这意味着在所有频率上辐射的总功率必须是无限的。这个矛盾的结论被称为“紫外灾难”：“紫外”是因为它是高频范围的开始，而“灾难”一词确实恰如其分。没有哪个实际物体能够发射出无限的功率。

尽管普朗克意识到了这个问题，却不以为意，因为他本来也不相信能量均分定理。具有讽刺意味的是，他的工作解决了悖论，并消除了紫外灾难，但他后来才注意到这一点。他使用了对能量与频率关系的实验观察，并用数学公式拟合数据。他的公式是 1900 年初推导出来的，最初没有任何物理依据。但这个公式就是管用。但同年晚些时候，他试图将自己的公式与经典的热力学公式吻合起来，并认为黑体谐振子的能级不能像热力学所假设的那样连续变化。相反，这些能级必须是离散的——能级间有微小的间隙。实际上，对于任何给定频率，能量必须是该频率的整数倍，再乘上一个非常小的常数。我们现在把这个数字称为“普朗克常量”，用 h 表示。其值（以焦耳 · 秒为单位）是 $6.626\,069\,57(29) \times 10^{-34}$，其中括号中的数字可能不准确。这个值是从普朗克常量与其他更容易测量的量之间的理论关系推导出来的。第一次这样的测量是由罗伯特 · 密立根（Robert Millikan）使用后文描述的光电效应进行的。微小的能量包现在被称为“quanta”（量子 quantum 的复数），来自拉丁语 quantus（多少）。

普朗克常量可能确实很小，但如果给定频率的能级集合是离散的，则总能量就是有限的。所以紫外灾难是一个连续模型未能反映大自然的标志。这意味着，在极小尺度上，大自然必须是离散的。最初普朗克并没有想到这一点，他认为自己的离散能级是一个数学技巧，可以得到一个合理的公式。事实上，玻尔兹曼在 1877 年也曾有过类似的想法，但并没有进一步深入。但当爱因斯坦丰沃的想象力结出硕果时，一切都变了，物理学进入了一个新的王国。1905 年，也就是他提出狭义相对论的同一年，他研究了光电效应，即让光撞击合适的金属，使其发射电子。在此三年前，菲利普 · 莱纳德（Phillipe Lenard）注意到，光线频率更高时，电子的能量也更高。但麦克斯韦充分证实了光的波动理论，暗示电子的能量应该取决于光的强度，而非它的频率。爱因斯坦意识到普朗克的量子可解释这种差异。他提出，光不是波，而是由现在我们称为“光子”的微小粒子组成。给定频率的单个光子的能量应该是频率乘以普朗克常量——就像一个普朗克的量子一样。光子就是光的量子。

爱因斯坦的光电效应理论有一个明显的问题：它假设光是粒子。但是有大量证据表明光是波。另外，光电效应与光是波这一点不相容。那么光是波吗？是粒子吗？

是。

它两者都是——或者说，分别在某些方面有所表现。在一些实验中，光看起来像是波。在其他情况下，它表现得像是粒子。当物理学家开始理解极小尺度的宇宙时，他们认为光不是唯一具有这种奇怪的双重性质的东西，有时是粒子，有时是波。所有的物质都是如此。他们称之为"波粒二象性"。第一个理解这种双重性质的人是路易斯–维克多·德布罗意（Louis-Victor de Broglie），当时是 1924 年。他用动量而不是能量来改写普朗克定律，并且暗示粒子性的动量和波动性的频率应该是相关的：把二者乘起来就会得到普朗克常量。三年后，他的理论被证明正确，至少对于电子而言如此。一方面，电子是粒子，我们可以观察到这方面的行为；另一方面，它们像波一样发生衍射。1988 年，钠原子也被发现有波动性。

物质既不是粒子（particle）也不是波（wave），而是两者兼而有之——波动粒子（wavicle）。

人们为物质的双重性质设计了几种多少有些直观的图像。在一张图中，粒子是局部的波群，称为"波包"，如图 14.1 所示。整个波包可以表现得像一个粒子，但一些实验可以探测其内部的波状结构。人们的注意力从创造波动粒子的图像转移到了解它们的行为方式。这个任务很快达成了目标，量子理论的核心方程出现了。

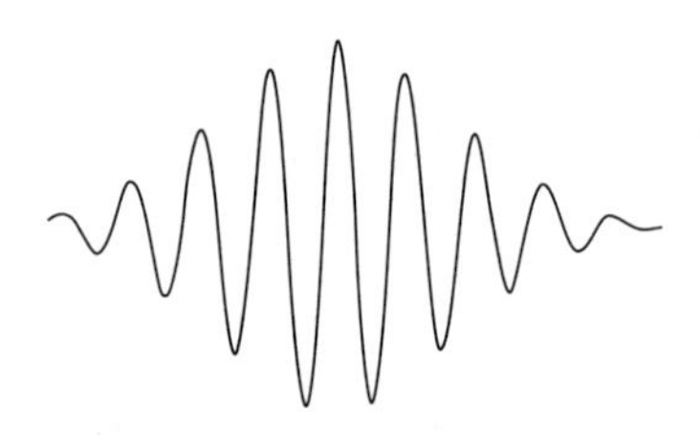

图 14.1 波包

这个方程被冠上了埃尔温·薛定谔的名字。1927年，在其他几位物理学家，特别是维尔纳·海森堡（Werner Heisenberg）的工作基础上，他写下了任意量子波函数的微分方程。方程看起来像这样：

$$i\hbar\frac{\partial}{\partial t}\Psi = \hat{H}\Psi$$

这里的 Ψ 描述了波的形式，t 是时间（因此对 Ψ 取 $\partial/\partial t$ 就得到了它对时间的变化率），$\hat{H}$ 是一个称为哈密顿算符的表达式，而 $\hbar$ 是 $\frac{h}{2\pi}$，其中 h 是普朗克常量。那么i呢？这是方程中最奇怪的特征。它是 -1 的平方根（见第5章）。薛定谔方程适用于定义在复数上的波，而不仅仅是我们熟知的波动方程那样的实数。

哪里的波呢？经典波动方程（见第8章）定义了空间中的波，其解是空间和时间的数值函数。薛定谔方程也是如此，但现在波函数 Ψ 取复数值，而不仅仅是实数值。这有点儿像是一个高度为 $2+3i$ 的海浪。从很多方面来讲，i的出现是量子力学最神秘、最深刻的特征。以前i曾经出现在方程的解以及求得这些解的方法中，但在这里它是方程的一部分，是物理定律中的一个明确特征。

对于这一点，有一种解释是，量子波是一对相关联的真实的波，就像复数海浪其实是两个波浪，一个高度是2，另一个高度是3，两个高度的方向彼此成直角。但它并不那么简单，因为这两个波浪没有固定的形状。随着时间的推移，它们在一系列形状之间循环，各个形状之间存在着神秘的联系。它有点儿像光波的电和磁分量，但现在电可以并且确实“旋转”成了磁，反之亦然。两个波是一个形状的两个面，它在复平面中围绕单位圆稳定旋转。这种旋转的形状的实部和虚部都以非常特殊的方式变化：它们以正弦变化的量组合起来。在数学上，这引出了量子波函数具有某种特殊类型的相位的想法。这个相位的物理解释与经典波动方程中相位的作用相似但不同。

还记得傅里叶解决热方程和波动方程的技巧吗？一些特解，比如傅里叶的正弦和余弦，具有特别令人高兴的数学特性。所有其他的解，无论多么复杂，都是这些简正模的叠加。我们可以使用类似的思想来解薛定谔方程，但现在基本的模式要比正弦和余弦更复杂。它们被称为本征函数，我们可以把它们与所有其他的解区分开来。本征函数不是一般性的空间和时间的函数，而是仅取决于空间的函数，乘以仅取决于时间的函数。用行话来说，空间和时间变量是可分离的。本征函数取决于哈密顿算符，这是对此类物理系统的数学描述。不同的系统（势阱中的电子、一对碰撞的光子、随便什么东西）具有不同的哈密顿算符，因此具有不同的本征函数。

为简单起见，考虑一个经典波动方程的驻波——一根末端被固定住的振动的小提琴弦。在所有时刻，弦的形状几乎相同，但振幅有波动：乘以一个随时间正弦变化的因子，如图8.1所示。量子波函数的复杂相位与此类似，但更难画出来。对于任何一个单独的本征函数，量子相位变化的效果就只是时间坐标的变化。对于几个本征函数的叠加，我们可以把波函数分解为这些分量，将每个分量分解为纯空间部分乘以纯时间部分；围绕复平面中的单位圆，以适当的速度旋转时间部分；再把这些分量重新拼在一起。每个单独的本征函数具有复振幅，并且振幅以其自己的特定频率波动。

这可能听起来很复杂，但如果你没有把波函数分解为本征函数，那就完全是一团糟了。现在至少你还有机会。

尽管存在这些复杂性，但量子力学只是经典波动方程的一个花哨的版本，它会得出两个波，而不是一个波——但还有一件怪事让人费解。经典波是可以观察的，看看它们是什么形状，哪怕它是几种傅里叶模式的叠加。但在量子力学中，你永远无法观察到整个波函数。你在任何特定时刻所能够观察到的只是单个分量本征函数。粗略地说，如果你尝试同时测量其中两个分量，其中一个分量的测量过程会干扰另一个分量。

这立刻引发了一个困难的哲学问题。如果无法观察整个波函数，它实际存在吗？它是一个真正的物理对象，还只是一个方便的数学构想？难以观察的数量是否具有科学意义？薛定谔的那只著名的猫正是在这里出现的。它的产生源于量子测量的一种标准解释，称为哥本哈根诠释。[1]

想象一下处于某种叠加状态的量子系统。例如，一个电子，其状态是自旋向上和自旋向下的混合，这两种自旋是由本征函数定义的纯态（自旋向上和自旋向下具体是什么意思并不重要）。但是，当你观察状态时，你要么观察到自旋向上，要么观察到自旋向下。你无法观察到叠加。此外，一旦你观察到其中一个（比如说自旋向上），它就会成为电子的实际状态。你的测量似乎以某种方式迫使叠加变成了特定的分量本征函数。这种哥本哈根诠释基本上就是这样理解的：你的测量过程将原始波函数坍缩成了单个纯本征函数。

如果观察大量的电子，你会看到有时自旋向上，有时自旋向下。你可以推断出电子处于其中一种状态的概率。因此波函数本身可以被解释为一种概率云。它没有显示电子的实际状态：它显示了当你测量它时，你得到一个特定的结果的可能性。但这使它成为一种统计模式，而不是真实的存在。它不能证明波函数是真实的，就像凯特勒对人体高度的测量不能证明正在发育的胚胎具有某种钟形曲线。

哥本哈根诠释简单明了，它反映了实验中发生的事情，而且没有对观察量子系统时会发生什么做出详细的假设。由于这些原因，大多数工作物理学家非常乐意使用它。但是在这个理论仍然被反复讨论的早期，有些人不同意，而有些人至今依然不同意。其中的一位反对者就是薛定谔本人。

1935年，薛定谔为哥本哈根诠释心神不宁。他可以看到它在实用层面上对电子和光子等量子系统是有效的。尽管他周围的世界内部深处只是一团沸腾的量子粒子，看起来却与此不同。为了找到一种让这个区别尽可能明显的方法，薛定谔提出了一个思想实验，让量子粒子对猫产生出人意料的明显效果。

想象一个盒子，它在关闭时不受任何量子相互作用的影响。在盒子里放一个放射性原子、一个辐射探测器、一瓶毒药和一只活猫。现在把盒子关上并等待。在某个时刻，放射性原子会衰变并发射出一个辐射粒子。探测器会探测到它，此时就会触发机关，打碎瓶子并释放毒药，毒药会杀死猫。

在量子力学中，放射性原子的衰变是随机事件。从外面看，任何观察者都无法判断原子是否已经衰变。如果它衰变了，猫就死了；如果没有衰变，猫就还活着。根据哥本哈根诠释，它是两个量子态的叠加——要么衰变，要么没有衰变，直到有人观察到了原子。探测器、瓶子和猫的状态也是如此。因此，猫处于两种状态的叠加：死去和活着。

由于盒子不受任何量子相互作用的影响，因此知道原子是否已经衰变并杀死猫的唯一方法就是打开盒子。哥本哈根诠释告诉我们，在我们这样做的瞬间，波函数就发生坍缩，猫突然变为纯态：死去或活着。但是，盒子内部和外部世界并没有什么不同，而我们从未观察到生存/死亡状态叠加的猫。因此，在我们打开盒子并观察其内部之前，里面的猫要么死了，要么活着。

薛定谔认为这个思想实验是对哥本哈根诠释的批评。微观量子系统遵循叠加原理，可以以混合态存在；宏观系统则不能。通过将微观系统（原子）与宏观系统（猫）联系起来，薛定谔指出了他认为哥本哈根诠释存在的一个缺陷：当它应用于猫时就是无稽之谈。他一定会对大多数物理学家的回应感到震惊："是的，埃尔温，你完全正确。直到有人打开盒子，猫真的是同时死去和活着的。"特别是当他发现，哪怕打开盒子，看到一只活着或是死去的猫，他也无法决定谁是对的。他可能会推断猫在打开盒子之前已经处于那种状态，但他无法确定。可观察到的结果与哥本哈根诠释一致。

当然，我们还可以这样做：在盒子里放上一部胶片摄像机，并拍摄实际发生了什么。这样就有定论了。"啊，不，"物理学家回答道，"只有打开盒子后才能看到摄像机拍摄的内容。在此之前，这部电影处于叠加状态：一部猫活着的电影，和一部猫死去的电影。"

哥本哈根诠释解放了物理学家，让他们可以计算并搞清楚量子力学预测的内容，而无须面对这个困难的（如果不是不可能解决的）问题——经典世界如何在量子基础上构建，一个在量子尺度上复杂得难以想象的宏观设备如何可以测量量子态。由于哥本哈根诠释行得通，他们并不是真正对哲学问题感兴趣。因此，一代代物理学家所学的都是，薛定谔发明了他的猫来证明量子叠加也可以扩展到宏观世界——与薛定谔原本试图告诉他们的完全相反。

物质在电子和原子的层次上表现奇怪并不太出人意料。我们最初可能会因为不熟悉而抗拒这个想法，但如果一个电子真的是一小团波，而不是一小块实物，我们还是可以学会接受它。如果这意味着电子的状态本身有点儿奇怪，不仅绕轴向上或向下旋转，而且两者兼有，我们也可以忍受。如果测量设备的局限性意味着我们永远无法捕捉到电子的这种表现（我们所做的任何测量必然都只能是一些纯态，向上或向下），那也就这样吧。如果这同样适用于放射性原子，状态要么是“已衰变”，要么是“未衰变”，因为组成它的粒子具有类似于电子那样难以捉摸的状态，我们甚至可以接受整个原子本身就是那些状态的叠加，直到我们进行测量。但猫就是猫，对于这只动物同时活着和死去，只有当我们打开盒子时才奇迹般地坍缩成一个或另一个状态的情景，似乎就需要努力想象了。如果量子的现实需要一个生死状态叠加的猫，那它为什么如此害羞，以至于不让我们观察到这个状态呢?

在量子理论的形式中，（直到最近）有充分的理由要求任何测量，即任何“可观察量”，都是本征函数。甚至还有更坚实的理由来相信为什么量子系统的状态应该是一个波，并遵循薛定谔方程。怎么才能从一个状态变到另一个状态呢? 哥本哈根诠释声称，测量过程以某种方式（不要问是什么方式）将复杂的叠加波函数坍缩成单个分量本征函数。既然有了这种形式的说法，你作为物理学家的任务就是继续做测量和计算本征函数之类的事，而不要再问令人尴尬的问题。如果成功是用答案是不是和实验一致来衡量的话，那它的效果好得惊人。如果薛定谔方程允许波函数有这样的行为，那就万事大吉了，但它没有。在《隐藏的现实》（*The Hidden Reality*）一书中，布莱恩·格林（Brian Greene）这样说道:“即使是礼貌的探究也会发现让人不安的特征……波的瞬间坍缩……不可能从薛定谔的数学中产生出来。”相反，哥本哈根诠释是理论的一种实用主义附属品，一种处理测量的方法，无须理解或面对它到底是怎么回事。

这一切都很好，但这并不是薛定谔想要指出的。他引入了一只猫，而不是一个电子或原子，因为这把他心目中的主要问题放在了最为醒目的地方。猫属于我们生活的宏观世界，其中物质的行为并不像量子力学所要求的那样。我们没有看到叠加的猫。[2] 薛定谔问为什么我们熟悉的“经典”宇宙并不与底层的量子现实相似。如果构造世界的一切都可以存在于叠加状态，那为什么宇宙看起来是经典的？许多物理学家进行了精彩的实验，表明电子和原子的行为确实符合量子和哥本哈根的推断。但这忽略了一点：你必须用猫做实验。理论家们想知道这只猫是否可以观察它自己的状态，或者其他人是否可以偷偷打开盒子并记下里面的情况。按照薛定谔的逻辑，他们得出的结论是，如果猫观察到自己的状态，那么盒子里就有一只通过观察自己而自杀的死猫，再叠加上一只观察到自己活着的活猫，直到合法观察者（物理学家）打开盒子。然后这一整套东西就会坍缩到某个状态。同样，这位朋友也成了两个朋友的叠加：其中一个人看到了一只死猫，而另一个人看到了一只活猫，直到物理学家打开盒子，导致朋友的状态坍缩。这套逻辑可以一直持续下去，直到整个宇宙的状态是一个有死猫的宇宙和一个有活猫的宇宙的叠加，然后当物理学家打开盒子时，宇宙的状态就会发生坍缩。

这有点儿令人尴尬。物理学家可以继续他们的工作而不去把它搞清楚，他们甚至可以否认有事情需要搞清楚，但还是缺了点儿什么。例如，如果阿佩罗贝特尼三号行星上的外星物理学家打开盒子，会发生什么？我们是否会突然发现，我们其实已经在一次小行星撞击地球后灭亡了，从那时起一直生活在借来的时间里？

测量过程并不是哥本哈根诠释所设想的那种漂亮、整洁的数学运算。当被要求描述这个设备如何做出决定时，哥本哈根诠释会回答："它就是做了。"波函数坍缩到单个本征函数的图像描述了测量过程的输入和输出，但没有描述如何从一个状态变成另一个状态。但是当你真正进行测量时，你并不能挥一下魔杖就让波函数不服从薛定谔方程而坍缩。相反，从量子的角度来看，你做了一件非常复杂的事情，要对它进行逼真的建模显然是毫无希望的。例如，为了测量电子的自旋，你让它与一个合适的装置相互作用，这个装置有一个指针，可以移动到"向上"或"向下"的位置。或是通过数字显示，或是把信号发送给计算机……此设备得出一个状态，而且只能得出一个状态。你不会看到指针处于上下叠加状态。

我们对此十分习惯，因为这就是经典世界的运作方式。但在这个世界背后还应该有一个量子世界。如果把猫换成测量自旋的装置，这个装置确实应该存在叠加态。如果它被看作量子系统的话会极度复杂。它含有大量的粒子——粗略估计在 10^{25} 和 10^{30} 个之间。从单个电子与这些天文数字的粒子的相互作用中，测量结果以某种方式出现。制造这台仪器的公司的专业水平绝对应该赢得无限的钦佩，从如此凌乱的一堆东西里提取出任何有意义的内容简直让人难以置信。这就像试图通过让一个人穿过一座城市来算出他穿的鞋有多大。但如果你很聪明（安排他遇到一家鞋店），那就可以得到一个有意义的结果，而聪明的仪器设计师可以得到有意义的电子自旋测量值。但是，要详细建模这样的设备如何作为真正的量子系统工作依然遥不可及。细节太多了，哪怕是世界上最大的计算机也会败下阵来。这让利用薛定谔方程来分析真实的测量过程十分困难。

即便如此，我们还是对我们的经典世界如何由背后的量子世界产生有了一些了解。我先来讲一个简单的版本：光照射镜子。经典的答案——斯涅尔定律指出，反射光会以与入射光相同的角度反射出来。在关于量子电动力学的《QED：光和物质的奇妙理论》一书中，物理学家理查德·费曼（Richard Feynman）解释说，这不是量子世界中发生的事情。光线实际上是光子流，每个光子都可以随便反弹到什么地方。但是，如果你把光子能做的所有事情都叠加起来，就得到了斯涅尔定律。绝大部分光子以非常接近入射角的角度反弹回来。费曼甚至设法不使用任何复杂的数学就说明了为什么，但在这个计算背后是一个通用的数学思想：固定相原理。如果将光学系统的所有量子态叠加在一起，就会得到经典的结果，即光线遵循以所花时间衡量的最短路径。你甚至可以加上一些花哨的东西，给光路点缀上一些经典的波动光学衍射条纹。

这个例子非常明确地表明，所有可能世界的叠加（在这个光学框架中）得出了经典世界。最重要的特征不是光线的详细几何，而是它在经典层面上仅产生一个世界。在单个光子的量子细节中，你可以观察到叠加、本征函数等所有东西。但是在人类的尺度上，那些都抵消掉了——好吧，叠加在一起——得到一个干净、经典的世界。

解释的另一部分称为退相干。我们见过，量子波具有相位和振幅。这是一个非常滑稽的相位，它是一个复数，但无论如何仍然是相位。这个相位对于任何叠加都是至关重要的。如果你取两个叠加的状态，改变其中的一个相位，并将它们重新加在一起，得到的结果就面目全非了。

如果你对很多分量做同样的事情，重新组装的波几乎可以是任何东西。丢失相位信息会破坏任何类似于薛定谔的猫的叠加。你不只是丢失了它是活着还是死了的信息，你甚至看不出它是一只猫。当量子波不再具有良好的相位关系时，就会发生退相干——它们开始表现得更像经典物理学，而叠加则失去了所有意义。导致它们退相干的原因是与周围粒子的相互作用。想必仪器就是靠这个测量电子自旋并获得特定的唯一结果的。

这两种方法都得出了相同的结论：如果你对一个非常复杂的量子系统进行人类尺度下的观测，那么你就会观察到经典物理学。特殊的实验方法、特殊的装置，可能会保留一些量子效应，让它们在我们舒适的经典存在中凸显出来，但随着我们转向更大的行为尺度，通用量子系统很快就不再体现量子性。

这是解决可怜的猫的命运的一种方法。只有当盒子完全不受量子退相干的影响时，实验才能产生叠加的猫，然而这样的盒子不存在。你拿什么造这个盒子呢?

但还有另一种方式，一种相反的极端。我在前面说过："这套逻辑可以一直进行下去，直到整个宇宙的状态是一个叠加。"1957年，小休·埃弗里特（Hugh Everett Jr.）指出，从某种意义上说，你必须这样做。为一个系统提供精确量子模型的唯一方法是考虑其波函数。每个人都很乐意这样做，不管系统是电子、原子，还是猫（比较有争议）。埃弗里特把这个系统变成了整个宇宙。

他认为，如果那是你想要建模的东西，那你别无选择。只有宇宙才能真正被孤立。一切都与其他一切相互作用。他发现如果你走到了这一步骤，那么猫的问题，以及量子和经典现实之间的矛盾关系就很容易解决了。宇宙的量子波函数不是纯粹的本征模，而是所有可能的本征模的叠加。虽然我们无法计算这些东西（连猫都算不出来，宇宙还要更复杂一点），但我们可以推理。事实上，在量子力学意义上，我们把宇宙表达为宇宙可以做的所有可能事物的组合。

其结果是，猫的波函数并不一定要坍缩并得出单一的经典观测。它可以保持完全不变，不违反薛定谔方程。相反，有两个共存的宇宙。其中一个宇宙中的猫死了；在另一个宇宙中，它则没有死。当你打开盒子时，相应地也会有两个你和两个盒子。其中一个属于有死猫的宇宙的波函数，另一个属于有活猫的宇宙的波函数。我们拥有的不是以某种方式从量子可能性的叠加中产生的一个独特的经典世界，而是许许多多的经典世界，每一个都对应于一种量子可能性。

埃弗里特的原始版本（他称之为“相对态构造”）在20世纪70年代引起了人们的关注，因为布赖斯·德威特（Bryce DeWitt）给了它一个更吸引人的名字：量子力学的多世界诠释。它常常从历史的角度被戏剧化。例如，存在一个阿道夫·希特勒赢得了第二次世界大战的宇宙，以及另一个他没有赢的宇宙。我正在写这本书的宇宙是后者，但在量子王国的另一个地方，伊恩·斯图尔特正在写一本与之非常类似的书，却是以德语写的，这提醒着他的读者，他们身处希特勒获胜的宇宙中。在数学上，埃弗里特的解释可以被视为传统量子力学的逻辑等价物，并且（在更局限的解释中）带来了解决物理问题的有效方法。因此，他的形式将能够经受传统量子力学所经受的任何实验检验。那么，这意味着这些平行宇宙，也就是美国人所说的“或然世界”（alternate world），真的存在吗？在希特勒获胜的世界里，有另一个我在计算机键盘上愉快地打字？还是说，这只是一个方便的数学构想？

有一个明显的问题：我们如何能够确定，在一个由希特勒所幻想“千年帝国”统治的世界中，也会存在我所使用的这种计算机？显然，肯定有比两个多得多的宇宙，其中的事件必须遵循合理的经典模式。也许斯图尔特-2不存在，但希特勒-2确实存在。对平行宇宙的形成和演化的常见描述，会谈到它们在有量子态的选择时“分裂”。格林指出这个图景是错误的：没有什么分裂。宇宙的波函数已经并且将永远是分裂的。它的分量本征函数就在那里：当选择其中一个时，我们会想象一个分裂，但埃弗里特的解释的关键就在于，波函数中的任何东西都没有实际变化。

虽然有这样的问题，但数量惊人的量子物理学家接受了多世界诠释。薛定谔的猫既活着又死了。我们的一个版本生活在一个那样的宇宙中，而其他版本则没有。这就是数学所说的。它不是解释，而是一种方便的安排计算的方式。它和你我一样真实。它就是你我。

这种说法没有说服我。不过，困扰我的并不是叠加。我并不觉得存在一个平行世界是不可想象的，或者说是不可能的。但我确实激烈反对这样一种观点，即你可以根据人类尺度的历史叙事来分离量子波函数。数学分离发生在组成粒子的量子态水平上。大多数粒子状态的组合对人类叙事没有任何意义。死猫的一个简单替代品并不是活猫。它是一只有一个电子处于不同状态的死猫。复杂的替代品则要比一只活猫多得多。它们包括一只突然毫无理由爆炸的猫、一只变成花瓶的猫、一只被选为美国总统的猫，还有一只哪怕放射性原子释放了毒药依然活下来的猫。那些替代猫用作说辞很有用，但没有代表性。大多数替代品不是猫；事实上，它们难以用经典术语来形容。如果是这样的话，大多数斯图尔特的替代品根本看不出人形——事实上什么形也看不出来——而且几乎所有这些东西都存在于一个在人类看来根本没有任何意义的世界里。所以说，另一个版本的我，碰巧生活在另一个有人类叙事意义中的世界里的可能性微乎其微。

宇宙很可能是替代状态复杂得难以置信的叠加。如果你认为量子力学基本上是正确的，那就必须如此。1983年，物理学家斯蒂芬·霍金说，在这个意义上，多世界诠释“显然是正确的”。但这并不意味着存在一只猫活着或死了，以及希特勒获胜或失败的宇宙的叠加。我们没有理由认为数学分量可以分成适合于创造人类叙事的集合。霍金驳斥了对多世界形式的叙述性诠释，并说：“说白了，这一切都是为了计算条件概率——换句话说，B发生时A发生的概率。我认为多世界诠释就是这么回事。有些人给它添上了好多关于波函数分裂成不同部分的神秘主义色彩。但你计算的无非是条件概率而已。”

两个希特勒的故事值得与费曼的光线的故事比较一下。与之前故事风格不同的是，费曼会告诉我们，有一个经典世界，光线照到镜子上会以和入射角相同的角反射；有另一个经典世界，反射角会差一度；还有一个世界会差两度，等等。但他没有。他告诉我们，有一个经典世界从量子的各种可能性的叠加中产生。量子层面上可能存在无数个平行世界，但这些世界并不以任何有意义的方式对应于可以在经典层面上描述的平行世界。斯涅尔定律适用于任何经典世界。如果不是，那个世界就不可能是经典的。就像费曼对光线的解释那样，当你把所有的量子可能性都叠加起来时，就会出现这一个经典世界。只有一个这样的叠加，所以只有一个经典宇宙——我们的宇宙。

量子力学并不仅限于实验室。整个现代电子都依赖它。半导体技术是所有集成电路的基础，而硅芯片是符合量子力学的。如果没有量子的物理学，你根本不敢想这样的设备可以工作。计算机、手机、CD播放器、游戏机、汽车、冰箱、烤箱，几乎所有现代家用电器都有存储芯片，以存储指令来让这些设备满足我们的需求。许多芯片包含更复杂的电路，例如微处理器就是把整个计算机置于一个芯片上。大多数存储芯片从第一个真正的半导体器件——晶体管演变而来。

在20世纪30年代，美国物理学家尤金·维格纳（Eugene Wigner）和弗雷德里克·塞茨（Frederick Seitz）分析了电子如何通过晶体运动，这是一个需要量子力学来解决的问题。他们发现了半导体的一些基本特征。有些材料是电导体：电子可以很容易地流过它们。金属是良好的导体，我们日常普遍使用的是铜线。绝缘体不允许电子流动，因此可以阻止电流：电线的塑料外皮就是绝缘体，可以防止我们被电视的电源线电到。半导体两者兼而有之，取决于具体的情况。硅是最著名的半导体，目前使用得也最广泛，但其他几种元素，如锑、砷、硼、碳、锗和硒也是半导体。因为半导体可以从一种状态切换到另一种状态，所以它们可以用来控制电流，而这就是所有电子电路的基础。

维格纳和塞茨发现，半导体的特性取决于其内部电子的能级，而这些能级可以通过“掺杂”，即给本征半导体材料添加少量特定杂质来控制。杂质半导体有两种重要的类型：n 型半导体，以电子流的形式传输电流；p 型半导体，其中电流以与电子流相反的方向流动，由“空穴”（电子数量少于正常值的地方）传输。1947 年，贝尔实验室的约翰·巴丁（John Bardeen）和沃尔特·布拉顿（Walter Brattain）发现锗晶体可以用作放大器。如果向其馈入电流，则输出电流更高。固态物理部门的负责人威廉·肖克利（William Shockley）意识到了这有多么重要，启动了一个研究半导体的项目。晶体管（transistor，“transfer resistor”[传输电阻] 的缩写）就在这里诞生了。有一些专利比它更早，但没有能够工作的器件或发表的论文。自从这个最初的突破以来，人们已经发明了许多类型的晶体管。一种晶体管器件是 JFET（结型场效应晶体管，图 14.2）。美国德州仪器公司于 1954 年制造出了第一个硅晶体管。同年，美国军方建造了一台基于晶体管的计算机 TRIDAC。它的体积是 3 立方英尺，消耗的功率相当于一个灯泡。美国有一个庞大的军事计划来开发真空管电子设备的替代品，因为这种设备对军事用途而言太笨重、太易碎，也太不可靠了。这台计算机就是计划中的早期一步。

因为半导体技术基于掺杂的硅或类似的有杂质的物质，所以它有助于小型化。通过用所需的杂质轰击表面并用酸蚀刻掉不需要的区域，我们就可以在硅衬底上分层构建电路。受影响的区域由照相生成的掩膜确定，并且这些掩膜可以使用光学镜片缩小到非常小。由此出现了今天的电子产品，包括可以存储数十亿字节信息的存储芯片，和能够协调计算机活动的高速微处理器。

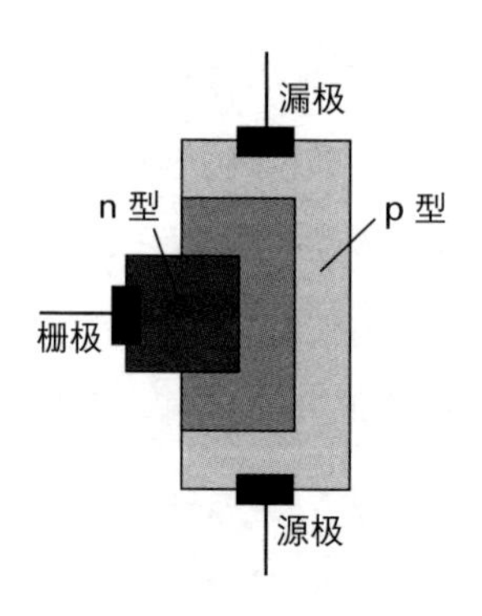

图 14.2　JFET 的结构。源极和漏极位于两端的 p 型层中，而栅极是控制电流流动的 n 型层。如果你把从源极到漏极的电子流想象成一个软管，栅极相当于在挤压软管，增加漏极的压力（电压）

量子力学的另一个普遍应用是激光。这种装置发射的是强相干光束——所有光波彼此同相。装置中有一个光学腔，腔两端各有一面镜子，腔中充满了可以对特定波长的光做出反应并产生更多相同波长的光的物质——光放大器。泵入能量以启动这个过程，让光线沿着腔体来回反复并一直放大，当它达到足够高的强度后释放出来。增益介质可以是流体、气体、晶体或半导体。不同的材料用于不同的波长。放大过程取决于原子的量子力学。原子中的电子可以有不同的能级，并且可以通过吸收或发射光子来在能级之间跃迁。

激光（laser）一词意为“通过受激辐射的光放大”。第一台激光器被发明出来时，很多人嘲笑它是拿着答案找问题。这些人真的缺乏想象力：一旦有解决方案，一系列合适的问题就会迅速涌现出来。产生相干光束是一项基础技术，它必然有用，就像经过改进的锤子也会自动找到许多用途一样。在发明通用技术时，你不必考虑特定的应用。今天，激光器的用途已经不胜枚举。它有比较平凡的用途，比如讲课用的激光笔，或是家居修理用激光束。CD 播放机、DVD 播放机和蓝光都使用激光从光盘上的小凹坑或标记中读取信息。测绘员使用激光测量距离和角度。天文学家使用激光测量从地球到月球的距离。外科医生使用激光切割精细组织。用激光治疗眼睛也十分普遍，它用于修复脱落的视网膜，或是重塑角膜表面以矫正视力，病人就不用戴框架眼镜或隐形眼镜了。“星球大战”反导弹系统本想使用强大的激光击落敌人的导弹，虽然它从未建成，但有些激光器建成了。人们目前正在研究激光的军事用途，类似于烂俗科幻小说中的光枪。甚至有可能让飞行器乘着强大的激光束飞向太空。

量子力学的新用途几乎每个星期都会出现。最近出现了一个“量子点”，即微小的半导体片，其电子特性（包括它们发出的光）会根据其大小和形状而变化。因此我们可以定制它来获得许多好的特性。它们已经有很多应用，比如生物成像，可以替代传统的（通常是有毒的）染料。它们的性能更好，发出的光更亮。

一些工程师和物理学家正在研究量子计算机的基本组件。在这样的设备中，0 和 1 的二进制状态可以以任何组合叠加，相当于允许计算同时取两个值。这将允许它并行执行许多不同的计算，从而极大地提升速度。理论算法已经被设计出来，用于执行诸如将数字分解为质因数的任务。当数字超过一百位左右时，传统的计算机会遇到麻烦，但量子计算机应该能够轻松地分解更大的数字。量子计算的主要障碍是退相干，它会破坏叠加态。薛定谔的猫正在为其遭受的不人道待遇展开报复。

注释

1. 一般认为，哥本哈根诠释源自 20 世纪 20 年代中期尼尔斯 · 玻尔、维尔纳 · 海森堡、马克斯 · 玻恩等人之间的讨论。它之所以得到这个名字，是因为玻尔是丹麦人，但当时没有一个物理学家使用这个术语。唐 · 霍华德曾提出，这个名称及其所包含的观点最初出现在 20 世纪 50 年代，可能是由海森堡提出的。参见：D. Howard. “Who Invented the ‘Copenhagen Interpretation’? A Study in Mythology”, *Philosophy of Science* 71 (2004) 669-682.
2. 我们的猫“小丑”常常可以观察到“睡着”和“打鼾”的叠加态，但这可能不算数。

编码、通信和计算机

信息论

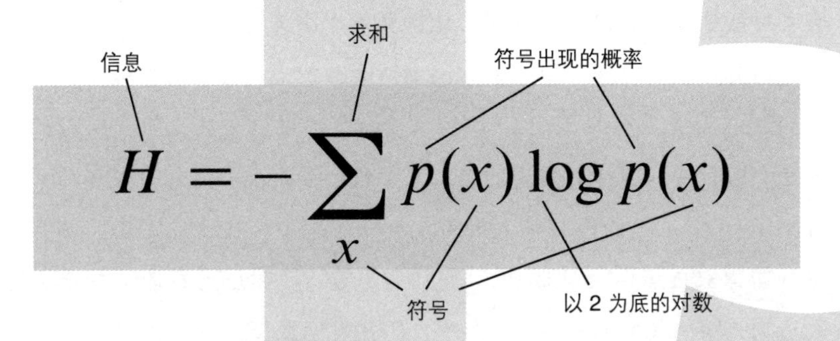

它告诉我们什么?

它根据构成消息的符号出现的概率来定义消息包含的信息量。

为什么重要?

正是这个方程迎来了信息时代。它确立了通信效率的上限,让工程师们免于寻找效率高到不可能的编码。它是当今数字通信——电话、CD、DVD和互联网的基础。

它带来了什么?

高效的检错码和纠错码,用于从CD到空间探测器的一切。应用包括统计、人工智能、密码学和分析DNA序列。

1977年，美国航空航天局发射了两个空间探测器，即“旅行者1号”和“旅行者2号”。太阳系的行星位置排列得异乎寻常地漂亮，使得我们有可能找到还算高效的轨道，让探测器一次造访几个行星。最初的目标是研究木星和土星，但如果探测器待得久一点，它们的轨道就会带着它们越过天王星和海王星。“旅行者1号”本可以去冥王星（当时被认为是一颗行星，同样有意思的是，人家自己根本没有变化，现在却不是行星了），但土星的那颗迷人的卫星——泰坦星[①] 被优先考虑。这两个探测器都取得了巨大的成功，“旅行者1号”现在是距离地球最遥远的人造物，距离我们超过100亿英里，仍在发回数据。

信号强度随着距离的平方而下降，因此在地球上接收到的信号强度是在距离一英里处接收的信号强度的 10^{-20} 倍，也就是说，只是源信号的一万亿亿分之一。“旅行者1号”必须拥有一个非常强大的发射器……不，这是一个很小的空间探测器。它由放射性同位素钚-238提供动力，但即便如此，现存的总功率约为普通电热水壶功率的八分之一。我们之所以仍然可以从探测器获得有用的信息，有两个原因：地球上强大的接收器，以及用于保护数据不因干扰等外部因素引起错误的特殊编码。

“旅行者1号”可以使用两个不同的系统发送数据。一个是低速率信道，每秒可以发送40个二进制数字（0或1），但它不能让编码处理可能的错误。另一个是高速率信道，每秒可以传输多达120 000个二进制数字，并且这些数字经过编码，以便在错误不太频繁的情况下发现并纠

① 又称“土卫六”。——译者注

正错误。为这种能力付出的代价是消息的长度加倍了，因此它们只能携带一半的数据。错误可能会把数据彻底毁掉，所以这个代价是值得的。

此类代码广泛用于所有现代通信：太空任务、固定电话、移动电话、互联网、CD 和 DVD、蓝光等。没有它们，所有通信都很容易出错。例如，如果你使用互联网支付账单，出错是不可接受的。如果你支付 20 英镑的指令被解读成支付 200 英镑，你肯定不会高兴。CD 播放器使用一个微小的镜头，将激光束聚焦在刻在光盘材料上的浅浅的轨道上，镜头悬在离旋转的光盘很近的地方。然而你还是可以在崎岖不平的道路上一边开车一边听 CD，因为信号的编码方式让设备在播放光盘时可以发现并更正错误。还用到了其他一些技术，但这种技术最为重要。

我们的信息时代依赖于数字信号——一长串 0 和 1，脉冲和非脉冲的电或无线电。发送、接收和存储信号的设备依赖袖珍的硅片（“芯片”）上非常小、非常精密的电子电路。但不管电路设计和制造有多么巧妙，如果没有检错码和纠错码，它们都无法工作。正是在这种背景下，“information”一词不再是“技术诀窍”（know-how）的非正式说法，而是成了一个可以衡量的数量。而且它为利用编码修改消息以免出错的效率提出了根本性的限制。了解这些限制为工程师节省了大量的时间，他们用不着再去尝试发明那些效率高到根本不可能实现的编码了。它为今天的信息文化奠定了基础。

我的年纪足够大了，大到我记得给另一个国家（好吓人）打电话的唯一方法是和电话公司提前预订，当时英国只有一个这样的公司——英国邮政电话公司，还得定好通话时间和时长，比如在 1 月 11 日下午 3 点 45 分打十分钟电话。这还要花上一大笔钱。几个星期前，我和一位朋友在英国用Skype™给澳大利亚的一个科幻小说大会做了一个小时的采访。它是免费的，还可以同时发送视频和声音。五十年来，很多事情都不一样了。如今，我们在线与朋友交换信息，既有真实的信息，也有虚假的信息——好些人像蝴蝶采花粉一样在社交网站上收集这些信息。我们不再购买音乐CD或电影DVD，而是购买它们包含的信息，通过互联网下载。书籍也在朝着这个方向发展。市场研究公司收集大量有关我们购买习惯的信息，并试图用它来影响我们买什么。即使在医学中，人们也越来越重视DNA中包含的信息。现在的态度往往是，如果你有做一件事所需要的信息，那么这就足够了；你不需要实际去做，甚至不需要知道该怎么做。

毫无疑问，信息革命已经彻底改变了我们的生活，有很好的理由说，这总体而言利大于弊——即使这个“弊”包含失去隐私、在世界上任何一个地方点点鼠标就可能欺诈性访问我们的银行账户，还有计算机病毒让银行或核电站瘫痪。

什么是信息？为什么它有这么大的力量？它真的是它所宣称的那样吗？

信息作为一个可衡量的数量的概念来自贝尔电话公司的研究实验室。从1877年成立到1984年以反垄断的理由解散，贝尔电话公司一直都是美国主要的电话服务提供商。克劳德·香农是该公司的一名工程师，也是著名发明家爱迪生的远房表亲。香农在学校时最擅长的科目是数学，他还会制作机械设备。在贝尔实验室工作时，他是一名数学家和密码学家，也是一名电子工程师。他是最早将数字逻辑（所谓的布尔代数）应用于计算机电路的人之一。他使用这种技术简化了电话系统使用的开关电路的设计，然后将其推广到电路设计中的其他问题。

他在第二次世界大战期间从事密码和通信工作，并发展出了一些基本思想，记录在1945年给贝尔的一份保密备忘录中，题为《密码学的数学理论》。1948年，他在公开文献中发表了自己的一些工作，而1945年的文章在解密后很快发表了。1949年，这篇文章和沃伦·韦弗提供的其他材料一起作为《通信的数学理论》一书出版了。

香农想知道当传输信道受到随机错误（工程术语所说的"噪声"）干扰时如何有效地传输消息。所有实际通信都受到噪声的影响，无论是设备故障、宇宙射线，还是电路元件中不可避免的变化。一种解决方案是尽可能通过构建更好的设备来降低噪声。另一种方案是使用可以检测错误，甚至可以纠正错误的数学过程来对信号进行编码。

最简单的错误检测编码是把同一消息发送两遍。如果你收到

the same massage twice

the same message twice

那么在第三个单词中显然有错，但是如果你看不懂英语，哪个版本是对的却并非显然。把消息重复第三次，就可以由一个多数投票来判定哪个正确，从而成为纠错码。这样的编码方式的有效性或准确性取决于错误的可能性和性质。例如，如果通信信道非常嘈杂，则消息的全部三个版本都可能乱七八糟，以至于无法重建消息。

在实践中，仅仅重复消息就过于简单了：有更有效的消息编码方法可以揭示或纠正错误。香农的出发点是确定"效率"的含义。所有这

些编码都用更长的编码来替换原始消息。上面的两个编码让消息长度增加了一倍或两倍。更长的消息需要更多的时间来发送，花费更多，占用更多内存，并堵塞通信通道。因此，对于给定的错误检测率或纠正率，“效率”可以量化为编码后消息的长度与原始消息的长度之比。

香农的主要问题是判定此类编码固有的限制。假设一位工程师设计了一个新编码，有没有办法确定它已达最优，或者还可能有一些改进？香农首先量化了消息包含的信息量。这样一来，他就将“信息”从模糊的比喻变成了一个科学概念。

表示数字的方式有两种。它可以用一串符号定义，例如十进制数字；它也可以对应于某些物理量，例如棒的长度或线上的电压。第一类表示是数字的，第二类是模拟的。在20世纪30年代，科学和工程计算通常使用模拟计算机进行，因为当时这些计算机更易于设计和构建。例如，简单的电子电路就可以把两个电压相加或相乘。然而，这种类型的机器精度不够，于是数字计算机开始出现。人们很快就发现，最方便的表示数字的方法不是十进制（以10为底），而是二进制（以2为底）。在十进制表示法中，有十个符号（0~9）表示数字，并且数字每向左移动一步，值都会乘以十。所以157代表的是

$$1\times10^2+5\times10^1+7\times10^0$$

二进制表示法的基本原理与此相同，但只有两个数字：0 和 1。比如二进制数 10011101 就以符号形式编码了

$$1 \times 2^7 + 0 \times 2^6 + 0 \times 2^5 + 1 \times 2^4 + 1 \times 2^3$$
$$+1 \times 2^2 + 0 \times 2^1 + 1 \times 2^0$$

这样，每个数字每向左移动一步都会加倍。在十进制中，这个数字等于 157。因此我们使用了两种不同类型的表示法，以两种不同的形式写下了相同的数字。

二进制表示法非常适合电子系统，因为对于电流、电压或磁场而言，区分两个可能的值要比区分两个以上的值容易得多。粗略来说，0 表示“没有电流”，1 表示“有一些电流”；0 表示“没有磁场”，1 表示“有一些磁场”；依此类推。在实践中，工程师会设置阈值，于是 0 就表示“低于阈值”，1 表示“高于阈值”。只要让表达 0 和 1 的实际值离得足够远，并把阈值设置在二者之间，混淆 0 与 1 的可能性就很小。因此，基于二进制表示法的设备会比较可靠。这就是采用数字化的原因。

对于早期的计算机，工程师必须努力将电路中的变量保持在合理的范围内，二进制让他们的工作变得更容易。硅芯片上的现代电路已经足够精确，可以支持其他选择，例如三进制，但人们基于二进制表示法来设计数字计算机已经很久了，所以哪怕其他方案可行，一般来说坚持使用二进制也更合理。现代电路非常小，而且非常快。如果在电路制造方面没有一些技术突破，世界上就会只有几千台计算机，而不是数十亿台计算机。创立 IBM 的托马斯 · 沃森（Thomas Watson）曾表示，他认为全球不会有超过五台计算机的市场。他说的话在那个时候似乎还挺有

道理的，因为当时最强大的计算机和房子一样大，消耗的电量和一座小村庄一样多，耗资达数千万美元。只有大型政府组织，如美国陆军，才能负担得起或充分利用它。今天，哪怕是过时的基础款手机，其计算能力也比沃森发表评论时的任何东西都要高。

二进制表示被用于数字计算机，于是也被用于计算机之间传输的数字信息，以及后来在几乎任何两个电子设备之间传输的数字信息——由此引出了信息的基本单位：位（bit）。这个名字是"二进制数字"（binary digit）的缩写，1位信息就是一个0或一个1。于是，将"包含在"二进制数字序列中的信息定义为序列的总位数就合情合理了。因此，8位序列10011101包含8位信息。

香农意识到，只有当0和1类似于具有公平硬币的正、反面，也就是出现的可能性一样时，简单的位计数才适合作为信息的度量。假设我们知道在某些特定情况下，10次里面0出现9次，1只出现1次。当我们挨个读取数字串时，会期望大部分数字是0。如果这个期望得到确认，我们就没有得到太多的信息，因为这是我们的预期。但如果看到1，那会传达更多信息，因为我们根本没想到它会出现。

我们可以通过更有效地编码信息来利用这一点。如果0出现的概率是$\frac{9}{10}$，1出现的概率是$\frac{1}{10}$，我们可以定义这样的新编码：

000 → 00（尽可能使用）

00 → 01（如果没有剩下 000）

0 → 10（如果没有剩下 00）

1 → 11（任何时候）

我的意思是，像这样的消息

00000000100010000010000001000000000

首先从左到右分解为 000、00、0 或 1 的块。对于连续的 0，我们尽可能使用 000。如果没有，剩下的是 00 或 0，然后是 1。所以这里的消息就会分解成

000-000-00-1-000-1-000-00-1-000-000-1-000-000-000

编码后的版本变为

00-00-01-11-00-11-00-01-11-00-00-11-11-00-00-00

原始消息有 35 位数，但编码后的版本只有 32 位。信息量似乎有所减少。

有时编码后的版本可能更长。例如，111 会变成 111111。但这种情况很少见，因为 1 在 10 个数里平均只出现一次。将有相当多的 000 缩短为 00。任何零散的 00 都变为 01，长度不变；零散的 0 会变为 10，长度增加。其结果是，从长远来看，对于随机选择的、0 和 1 的概率给定的消息，编码后的版本更短。

我的编码非常简单，更聪明的选择可以让消息进一步缩短。香农想要回答的一个主要问题是：这种通用类型的编码效率如何？如果知道用于创建消息的符号列表，并且还知道每个符号出现的可能性，那么使用合适的编码可以把消息缩短多少？他的解决方案是一个方程，根据这些概率来定义信息量。

为简单起见，假设消息仅使用 0 和 1 两个符号，但现在这些消息类似于扔有偏硬币，0 出现的概率是 p，而 1 出现的概率是 $q=1-p$。香农的分析使他得出了信息量的公式：它应该被定义为

$$H=-p\log p-q\log q$$

其中 log 是以 2 为底的对数。

乍一看，这似乎并不十分直观。我等一下会解释香农是怎么得到它的，但在这里要理解的主要是 p 从 0 到 1 变化时，H 有什么变化，如图 15.1 所示。当 p 从 0 上升到 $\frac{1}{2}$ 时，H 的值从 0 平滑地增加到 1，然后当 p 从 $\frac{1}{2}$ 上升到 1 时，再对称地回落到 0。

香农指出了这样定义的 H 的几个“有趣的性质”。

- 如果 $p=0$，也就是只会出现符号 1，信息量 H 为零。换句话说，如果我们确定地知道发送过来的是哪个符号，那么接收它就不会传达任何信息。
- 当 $p=1$ 时也是如此。只会出现符号 0，我们同样接收不到任何信息。

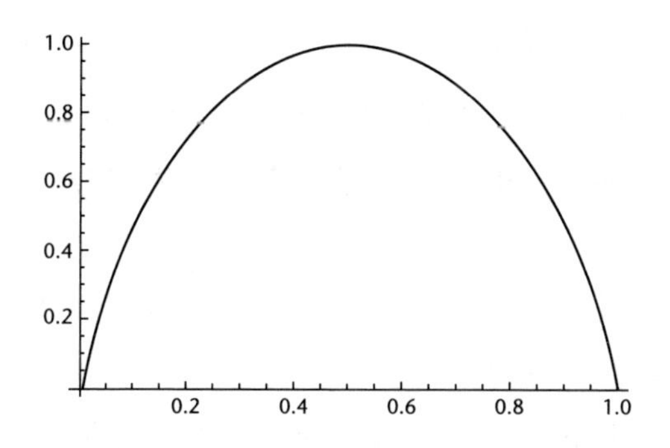

图 15.1　香农的信息量 H 如何随 p 变化。H 为纵轴，p 为横轴

- 当 $p=q=\frac{1}{2}$ 时，信息量最大，相当于掷一枚公平硬币。这时

$$H=-\frac{1}{2}\log\frac{1}{2}-\frac{1}{2}\log\frac{1}{2}=-\log\frac{1}{2}=1$$

  记得对数是以 2 为底的。即掷一次公平硬币就传递了 1 位的信息，我们一开始就是这样假设的，之后才开始考虑用编码来压缩和有偏硬币的问题。

- 在所有其他情况下，接收一个符号传递的信息少于 1 位。
- 硬币偏得越厉害，掷一次硬币传递的信息就越少。
- 该公式对待两个符号的方式完全对等。如果我们交换 p 和 q，H 保持不变。

所有这些性质都符合直观的感受，也就是得知掷硬币的结果后接收到了多少信息。这就让这个公式成了一个合理、可用的定义。然后香农为这个定义打下了坚实的基础：他列出了几条任何衡量信息量的指标都应该满足的基本原则，并推导出了唯一一个满足这些原则的公式。他的设计非常通用：可以从许多不同的符号中选择消息，出现的概率分别是 $p_1, p_2, \cdots, p_n$，其中 n 是符号的数量。选择其中一个符号，传递的信息 H 应满足：

- H 是 $p_1, p_2, \cdots, p_n$ 的连续函数。或者说，概率的微小变化应该导致信息量的微小变化。
- 如果所有概率都相等，这意味着它们都是 $\frac{1}{n}$，那么如果 n 变大，H 应该增加。也就是说，如果你以同样的概率在3个符号之间进行选择，那么你收到的信息应该比以同等概率选择2个符号要多，4个符号选择应该比3个符号选择传达更多的信息，依此类推。
- 如果有一种自然的方法可以将一个选择分解成两次连续的选择，那么原来的 H 应该是新 H 的简单组合。

最后这个条件最好举个例子来理解，我在注释中给了一个例子。[1]香农证明，服从他的三个原则的唯一函数 H 是

$$H(p_1, p_2, \cdots, p_n) = -p_1 \log p_1 - p_2 \log p_2 - \cdots - p_n \log p_n$$

或这个表达式的常数倍，简而言之就是只改变信息的单位，就好像从英尺变为米。

有一个很好的理由让这个常数是1，我举一个简单的例子来说明。将四个二进制字符串00、01、10、11视为符号本身。如果0和1出现的可能性一样，则每个字符串具有相同的概率，即 $\frac{1}{4}$。因此，选择一次这

样的字符串所传递的信息量就是

$$H\left(\frac{1}{4},\frac{1}{4},\frac{1}{4},\frac{1}{4}\right)=-\frac{1}{4}\log\frac{1}{4}-\frac{1}{4}\log\frac{1}{4}-\frac{1}{4}\log\frac{1}{4}-\frac{1}{4}\log\frac{1}{4}=-\log\frac{1}{4}=2$$

也就是 2 位。这对于一个 0 和 1 出现概率相等、长度为 2 的二进制字符串来说是个合理的数字。同样，如果符号都是长度为 n 的二进制字符串，并且我们将常数设置为 1，则信息量就是 n 位。请注意，当 $n=2$ 时，我们得到的公式如图 15.1 所示。香农定理的证明太复杂了，没有办法在这里给出，但它证明了如果你接受香农的三个原则，那么有唯一一种自然的方法可以量化信息。[2] 方程本身仅仅是一个定义，重要的是它在实践中表现如何。

香农用他的方程来证明，对于信道可以传递多少信息，存在根本的限制。假设你通过电话线传输数字信号，其承载消息的容量最多为每秒 C 位。这个容量由电话线可以传输的二进制数字的数量确定，与各种信号的概率无关。假设消息是由符号组成的，信息量为 H，同样以每秒的位数来衡量。香农定理回答了这个问题：如果信道有噪声，是否可以通过编码让错误率任意小？答案是，无论噪声有多大，如果 H 小于等于 C，则总是可行的；如果 H 大于 C，则不可行。事实上，无论使用哪种编码，误码率不可能低于差值 $H-C$，但存在与这个误码率尽可能接近的编码。

香农对定理的证明表明，在他提到的两种情况下都存在所需类型的编码，但证明并没有告诉我们这些编码是怎么做的。信息科学有一整个分支致力于为特定目的寻找有效的编码，它是数学、计算和电子工程的交叉。这个分支被称为编码理论。提出这些编码的方法非常多样化，涉及许多数学领域。正是这些方法被融入了电子设备——无论是智能手机还是“旅行者1号”的信号发射器。人们的口袋里装着大量复杂的抽象代数——就在实现移动电话纠错码的软件里。

我会试着让你对编码理论有所感受，而不会太纠结复杂的部分。该理论中影响力最大的概念之一，是将编码与多维几何关联起来。理查德·汉明（Richard Hamming）在1950年的著名论文《错误检测和纠错码》中发表了这个概念。在其最简单的形式下，它比较了二进制字符串。考虑两个这样的字符串，比如10011101和10110101。比较相应的位，并计算出现了几次不同，如下所示。

10**011**101

10**110**101

我用粗体标记出了不同的地方。这两个字符串有两个地方不同。我们将“2”称为这两个字符串之间的汉明距离。它可以被看作将一个字符串转换为另一个字符串所要改变的最少位数。因此，如果这些错误以已知的平均速率发生，汉明距离就与错误的可能影响密切相关。这意味着这个距离可能会告诉我们如何检测这些错误，甚至可能是如何纠错。

这里之所以出现了多维几何体，是因为固定长度的字符串可以与多维“超立方体”的顶点对应起来。黎曼教会我们如何把这样的空间当作数字列表来思考。例如，四维空间由四个数字所有可能的列表组成：(x_1, x_2, x_3, x_4)。每个这样的列表都可以被看作空间中的一个点，并且原则上所有可能的列表都可以出现。各个x就是该点的坐标。如果空间有

157 个维度，就得使用 157 个数字的列表：$(x_1, x_2, \cdots, x_{157})$。确定两个这样的列表之间的距离往往会有帮助。在“平坦的”欧氏几何中，只要对毕达哥拉斯定理做简单推广就可以了。假设我们在 157 维空间中有第二个点 $(y_1, y_2, \cdots, y_{157})$，那么两点之间的距离就是相应坐标之差的平方和的平方根，也就是

$$d = \sqrt{(x_1 - y_1)^2 + (x_2 - y_2)^2 + \cdots + (x_{157} - y_{157})^2}$$

如果空间是弯曲的，则可以使用黎曼的度量。

汉明的想法是做一些非常相似的事情，但坐标的值仅限于 0 和 1。那么如果 x_1 和 y_1 相同，$(x_1 - y_1)^2$ 就是 0；如果 x_1 和 y_1 不相同，$(x_1 - y_1)^2$ 就是 1。$(x_2 - y_2)^2$ 也是如此，依此类推。他还省略了开方，这改变了答案，但好处是结果总是一个整数，它等于汉明距离。这个概念具有“距离”所有好用的性质，例如仅当两个字符串相同时为零，并确保“三角形”（一组三个字符串）任何一边的长度小于等于另外两边的长度之和。

我们可以把长度为 2、3 和 4 的所有二进制字符串画出来（长度为 5、6 甚至 10 的字符串也可以画，就是画起来更费劲，还看不太清楚，也没有人会觉得有帮助）。结果如图 15.2 所示。

前两幅图我们认识，分别是正方形和立方体（在平面上的投影，因为它们得印在书上）。第三幅图是一个超立方体，即四维的立方体，也得投影到平面上。连接点的线段的汉明长度为 1——两端的两个字符串恰好有一个位置（一个坐标）不同。任意两个字符串之间的汉明距离，就是连接它们的最短路径中线段的数量。

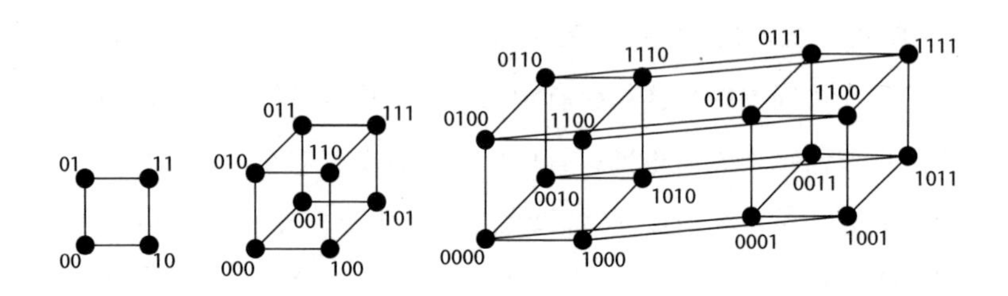

图15.2　长度为2、3和4的所有二进制字符串的空间

假设我们考虑立方体角上的3位字符串。选择其中一个字符串，比如说101。假设误码率为每三位里面最多有一位错误。那么这个字符串可以不加改变地传输，最后得到的结果可能是001、111或100中的任何一个。这些字符串都与原始字符串有一个位置不同，因此它们与原始字符串的汉明距离为1。如果用不太严格的几何表示，错误的字符串位于以正确的字符串为中心、半径为1的“球面”上。这个球面上只有三个点，而如果我们讨论157维空间中一个半径为5的球体，它甚至看起来都不怎么像一个球了。但它与普通球体有类似的性质：具有相当紧凑的形状，并且包含与中心的距离小于等于半径的点。

假设我们使用球体来构造编码，让每个球体对应一个新的符号，并且这个符号用球心的坐标进行编码。还要假设这些球体不重叠。例如，我可能会为以101为中心的球体引入符号a。这个球体包含四个字符串：101、001、111和100。如果收到这四个字符串中的任何一个，我就知道这个符号最初是a。至少，只要我的其他符号也有类似对应的球体，而且那些球体和这个球体没有任何共同点，我就可以知道了。

现在就开始用到几何了。立方体中有 8 个点（字符串），每个球体中有 4 个点。如果我试图将球体装入立方体中，没有重叠，我最多只能塞进去两个，因为 $\frac{8}{4}=2$。我还真的可以把另一个找出来，即以 010 为中心的球体。它包含 010、110、000、011，这些点都不在第一个球体里。所以我可以为该球体引入第二个符号 *b*。对于用 *a* 和 *b* 这两个符号写的消息，我的纠错码现在会将每个 *a* 换成 101，将每个 *b* 换成 010。比方说，如果我收到

101-010-100-101-000

那么我就可以将原始消息解码为

a-*b*-*a*-*a*-*b*

尽管第三个和第五个字符串中存在错误。我只需要知道错误的字符串属于哪个球体。

一切都很好，但这会让消息的长度增加两倍，而我们已经知道一种更简单的方法来实现相同的结果：重复消息三次。但是，如果是在更高维度的空间里，这个想法就有新的意义了。对于长度为 4 的字符串，超立方体有 16 个字符串，每个球体包含 5 个点。所以有可能在没有重叠的情况下装入三个球体。如果你尝试一下的话，它实际上是不可能的——可以装下两个，但剩下的空隙形状不对。但数字越长越有利。长度为 5 的字符串空间有 32 个字符串，每个球体只会覆盖 6 个字符串——也许能塞进 5 个球体，不行的话，更有可能塞进 4 个球体。长度为 6 的字符串会给我们 64 个点，每个球体覆盖 7 个点，所以最多可能塞下 9 个球体。

从这往后，就得做大量精细的工作来找到可行的方法，而且可能还需要更复杂的方法。但我们关注的问题是，在字符串的空间里找到类似于最高效堆积球体的方法。而球体堆积这个数学领域由来已久，人们对它有不少了解。一些技巧可以从欧氏几何移植到汉明距离上，如果这个方法行不通，我们还可以发明更适合字符串几何的新方法。例如，汉明发明了一种新编码，比当时已知的所有编码都更高效，将4位字符串转换为7位来编码。它可以检测并纠正任何1位错误。改为8位编码的话，它可以检测（但不能纠正）任何2位错误。

这个编码称为汉明码。我不会具体描述它，但让我们算一下它是否可能。长度为4的字符串有16个，长度为7的字符串有128个。在七维超立方体中，半径为1的球体包含8个点，而且 $\frac{128}{8}=16$。因此只要足够巧妙，就可以将所需的16个球体挤进七维超立方体。它们肯定是刚好塞进去的，因为没有剩余空间。这种方法刚好存在，汉明发现了它。如果没有多维几何帮忙，就很难猜测它是否存在，更不用说找到它了。还是有可能，但很难。哪怕有几何帮忙，这个结果也并不是显而易见的。

香农提出的信息概念给出了编码效率的上限。编码理论完成另一半工作：找到尽可能高效的编码。这里最重要的工具来自抽象代数——它是对数学结构的研究，仍然有整数或实数的基本算术性质，但与它们又有很大不同。在算术中，我们可以让数相加、相减、相乘，得到的还是同样类型的数。对实数而言，我们还可以除以零之外的任何值来得到一个实数。整数就做不到这一点，因为 $\frac{1}{2}$ 不是整数。但是，如果我们研究更大的有理数系、分数系，那就可以得到同样类型的数。在常见的数系中，很多代数定律是成立的，比如加法交换律说的是 $2+3=3+2$，并且这对于任何两个数都成立。

常见的数系与不太常见的数系都有这些代数性质。最简单的数系只需要两个数：0 和 1。其中和、积的定义与整数上的定义一样，但有一个例外：我们要求 $1+1=0$，而不是 2。尽管做了这个修改，但所有常见的代数定律依然成立。该数系只有两个“元素”——两个类似于数字的东西。每当元素的数量是任何质数的幂时（2、3、4、5、7、8、9、11、13、16，等等），就存在唯一这样的数系。这种数系以法国数学家埃瓦里斯特 · 伽罗瓦（Evariste Galois）的名字命名，称为伽罗瓦域。伽罗瓦在 1830 年左右对它们进行了分类。因为它们的元素数有限，所以适合数字通信，并且由于有二进制表示法，使用 2 的幂特别方便。

伽罗瓦域带来了一种称为“里德-所罗门编码”的编码系统，以 1960 年发明它们的欧文 · 里德（Irving Reed）和古斯塔夫 · 所罗门（Gustav Solomon）的名字命名。这种编码用于消费电子产品，尤其是 CD 和 DVD。它是基于多项式代数性质的纠错码，其系数取自伽罗瓦域。被编码的信号（音频或视频）用于构造多项式。如果多项式是 n 阶，即出现的最高幂次是 x^n，则可以利用任何 n 个点处的值重建多项式。如果我们确定的值超过 n 个点，就可以丢掉或修改某些值，而仍然知道多项式是哪个。如果错误的数量不是太多，我们仍然可以计算出多项式，并解码以获得原始数据。

在实践中，信号表示为一系列二进制数字块。一种流行的选择是每块 255 个字节（8 位字符串）。其中 223 个字节对信号进行编码，而剩余的 32 个字节为“奇偶校验符”，告诉我们未损坏数据中的各种数字组合是奇数还是偶数。这种特殊的里德-所罗门编码可以纠正每块中最多16个错误，这个误码率略低于1%。

每当你在颠簸的道路上边开车边听CD时，你就在以里德-所罗门编码的形式使用抽象代数，以确保音乐干净而清晰，而不是断续而破碎，也许音乐的有些部分完全丢失了。

信息论被广泛用于密码学和密码分析——研究的是密码和破译密码的方法。香农自己用它来估计必须截获多少加密消息才有机会破译它。人们发现，保密信息比预想的要更加困难。而无论是从希望保密的人，还是从想要解密的人看来，信息论都让人们对这个问题有了更多了解。这个问题不仅对军方很重要，对每个使用互联网购买商品或从事电话银行业务的人也很重要。

信息论如今在生物学中——特别是DNA序列数据的分析——发挥着重要作用。DNA分子是双螺旋，有两股彼此缠绕的链。每条链都是一系列碱基——四种类型的特殊分子：腺嘌呤（A）、鸟嘌呤（G）、胸腺嘧啶（T）和胞嘧啶（C）。因此，DNA就像是使用四种可能的符号（A、G、T和C）编写的编码信息。人类基因组有大约30亿个碱基对。生物学家现在可以越来越快地获得无数生物的DNA序列，从而形成计算机科学的新领域：生物信息学。它的核心是快速、有效地处理生物数据的方法，其基本工具之一就是信息论。

一个更难的问题是信息的质量，而不是数量。消息“二加二等于四”和“二加二等于五”包含的信息量完全一样，但一个是对的，另一个是错的。对信息时代的溢美之词忽视了令人不安的事实，那就是互联网上的许多信息是假消息。有些网站是由想要窃取钱财的罪犯办的，有些是由想用自己脑子里进的水取代可靠科学的否定论者办的。

这里至关重要的概念不是信息本身，而是信息的含义。除非能够搞清楚人类的 DNA 信息如何影响我们的身体和行为，否则那 30 亿个 DNA 碱基对基本上毫无意义。在人类基因组计划完成十周年之际，几家领先的科学期刊调查了列出人类 DNA 的碱基带来的医学进展。整体的基调是沉默的：到目前为止，已经发现一些新的疾病治疗方法，但并未达到最初预测的数量。从 DNA 信息中发现意义比大多数生物学家所希望的要困难得多。人类基因组计划是必要的第一步，但它只是揭示了这些问题有多么困难，还没能解决它们。

信息的概念已经超越了电子工程，作为比喻和技术概念侵入了许多其他科学领域。信息的公式与玻尔兹曼热力学方法中的熵非常相似，主要差异是对数以 2 为底，而不是以自然对数为底，而且符号也变了。我们可以把这种相似性确定下来，而熵就可以解释为“缺失的信息”。因此，气体的熵之所以增加，是因为我们无法准确地追踪其分子的位置和运动速度。熵和信息之间的关系必须要相当仔细地建立起来：尽管公式非常相似，但它们的应用背景不同。热力学熵是气体状态的宏观属性，但信息是信号源的属性，而不是信号本身的属性。1957 年，美国物理学家、统计力学专家埃德温·杰恩斯（Edwin Jaynes）总结了这种关系：热力学熵可以被看作香农信息的应用，但你不能不说明正确的背景就把熵本身称为缺失的信息。如果考虑到这种区别，则在某些背景下，熵可被视为信息的丢失。正如熵增加对蒸汽机效率确定了上限一样，信息的熵解释也为计算效率带来了约束。例如，无论使用何种方法，在液氦温度下，必须至少需要 5.8×10^{-23} 焦耳的能量才能让一位编码从0翻转到1，反之亦然。

当“信息”和“熵”这两个词用作更为比喻化的意义时，就会出现问题。生物学家经常说DNA决定了制造生物体所需的“那些信息”。在某种意义上，它几乎是正确的：把“那些”去掉。因为按照信息的这种比喻义，一旦知道了DNA，你就知道了有关生物体的一切。毕竟，你有那些信息，对吧？许多生物学家一度认为这种说法接近事实。但是，我们现在知道它过于乐观了。即使DNA中的信息真的指明了独一无二的生物体，你仍然需要弄清楚它如何生长，以及DNA实际上做了什么。然而，创建生物体所需的远不止是DNA编码列表：所谓的表观遗传因子也必须考虑在内。这些包括使一段DNA编码有效或无效的化学“开关”，还有从父母传给后代的另外一整套因素。对于人类而言，这些因素包括我们成长的文化。所以说，使用“信息”等技术名词的时候，还是不要太随意为好。

注释

1. 假设我掷骰子（见第7章注释1）并按照下列方式分配符号 a、b、c：

a　骰子掷出1、2或3

b　骰子掷出4或5

c　骰子掷出6

符号 a 出现的概率为 $\frac{1}{2}$，符号 b 出现的概率是 $\frac{1}{3}$，符号 c 出现的概率是 $\frac{1}{6}$。不管掷出什么，我的公式给出的信息量都会是 $H\left(\frac{1}{2},\frac{1}{3},\frac{1}{6}\right)$。

但是，我可以用另一种方式来思考这个实验。首先，我决定骰子是掷出小于或等于3，还是掷出更大的数字。我们把这些可能性称为 q 和 r，于是

q　骰子掷出1、2或3

r　骰子掷出4、5或6

现在 q 的概率为 $\frac{1}{2}$，r 的概率为 $\frac{1}{2}$。每种情况传达的信息量是 $H\left(\frac{1}{2},\frac{1}{2}\right)$。情况 q 是原来的 a，情况 r 是原来的 b 和 c。我可以将情况 r 分成 b 和 c，在 r 发生的前提下，它们的概率分别是 $\frac{2}{3}$ 和 $\frac{1}{3}$。如果我们现在只考虑这种情况，那么由 b 和 c 中的任何一个传达的信息都是 $H\left(\frac{2}{3},\frac{1}{3}\right)$。香农现在坚持认为，原始的信息应该与这些子情况中的信息相关，满足：

$$H\left(\frac{1}{2},\frac{1}{3},\frac{1}{6}\right)=H\left(\frac{1}{2},\frac{1}{2}\right)+\frac{1}{2}H\left(\frac{1}{2},\frac{1}{3}\right)$$

如图15.3所示。

最后一个 H 前面的因子 $\frac{1}{2}$ 之所以存在，是因为第二个选择仅有一半时间发生，即在第一步选中 r 的时候。紧接在等号后的 H 前面没有这个因子，因为这个 H 指的是总要在 q 和 r 之间做出的选择。

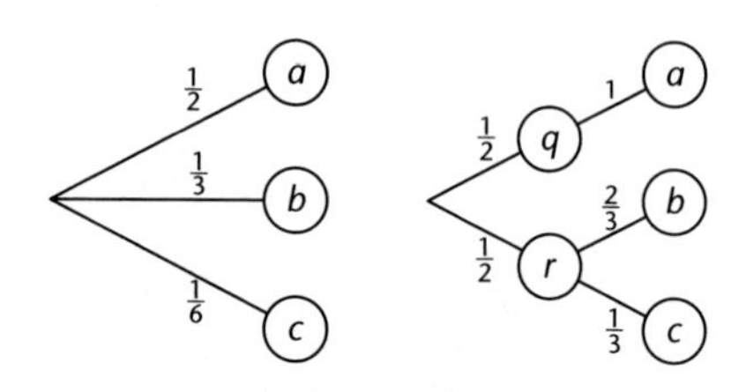

图 15.3 以不同方式组合选择。用两种方法得到的信息应该相同

2. 见 C. E. Shannon and W. Weaver. *The Mathematical Theory of Communication*, University of Illinois Press, Urbana 1964，第 2 章。

自然的不平衡

混沌理论

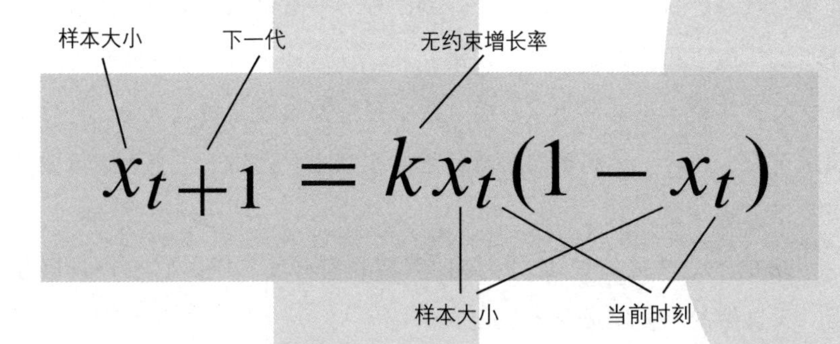

它告诉我们什么？

它模拟了当可用资源有限时，一个生物种群从一代到下一代如何变化。

为什么重要？

它是可以产生确定性混沌（貌似随机的行为，却没有随机的原因）的最简单的方程之一。

它带来了什么？

认识到简单的非线性方程可以创建非常复杂的动力学，并且表观随机性下可能有隐藏的秩序。这一发现通常被称为混沌理论，在整个科学中有无数的应用，包括太阳系中行星的运动、天气预报、生态学中的种群动态、变星、地震建模，以及空间探测器的高效轨道。

人们会很随便地谈及自然平衡，说如果没有讨厌的人类一直干扰，世界会变成什么样。如果让大自然自行其是，它就会稳定到一个完美、和谐的状态。珊瑚礁周围总是居住着同样一些五颜六色的鱼，数量也变化不大；兔子和狐狸学会分享田地和林地，这样一来，狐狸既吃得饱饱的，大多数兔子也能活下来，而且两个种群都不会激增或灭绝。世界将稳定下来，到达一个固定的状态并维持在那里，直到下一个大陨石或超级火山打破平衡。

这是一个常见的说法，和陈词滥调只有一步之遥。它也极具误导性。大自然的平衡明显是不稳定的。

我们以前也遇到过这种情况。当庞加莱努力争夺奥斯卡二世的奖项时，传统观点认为在一个稳定的类太阳系里，行星永远沿着大致相同的轨道运行，或许有一些无伤大雅的抖动。严格来说，这不是一个稳定的状态，但每个行星都一次次重复类似的运动，虽然受到所有其他行星引起的轻微干扰，但不会发生重大的偏离。行星动力学是"准周期性的"——结合了几个单独的周期性运动，这些周期并不都是同一时间间隔的倍数。就行星而言，你所能希望的"稳定"基本就只能是这个样子了。

但行星动力学并不是这样的，庞加莱很晚才发现这一点，这让他付出了代价。行星动力学在适当的情况下可能是混沌的。方程并没有明确的随机项，因此原则上说，未来状态完全取决于当前的状态，但矛盾的是，实际运动似乎是随机的。事实上，哪怕你问"它会在太阳的哪一边"这么粗糙的问题，答案也可能是真的非常随机的一系列观察。只有非常仔细地研究，你才会发现运动其实完全是确定性的。

这就是我们现在所说的“混沌”的第一个令人却步之处。它是“确定性混沌”的简称，与“随机”完全不同——虽然它看起来可能是随机的。混沌动力学有隐藏的规律，但非常微妙；它们与我们可以自然想到的量度不同。只有了解了混沌的成因，我们才能从如乱麻般不规则的数据里发现这些规律。

科学中经常发生这样的事：有一些孤立的先兆，往往被视为不值得认真研究的小稀罕事。一直到了 20 世纪 60 年代，数学家、物理学家和工程师才开始意识到动力学中的混沌是多么自然，以及它与古典科学中所设想的任何东西有多么不同。我们仍在学习如何理解它告诉我们的东西，以及如何应对它。但混沌动力学，也就是大众口中的“混沌理论”，已经遍及大多数科学领域。它甚至可以告诉我们关于经济学和社会科学的事情。它并不是万能的灵丹妙药：只有批评家曾经这样说它，而那只是为了更容易打倒它。混沌在所有这些攻击中幸存了下来，并且有充分的理由：它对于所有由微分方程控制的行为而言都绝对是根本性的，而这些是物理定律的基本内容。

生物学也有混沌。最早意识到有这种情况的人之一是澳大利亚生态学家罗伯特 · 梅（Robert May），他曾是牛津男爵和皇家学会的前任主席。他试图了解不同物种的种群在珊瑚礁和林地等自然系统中如何随时间变化。1975 年 5 月，梅为《自然》杂志撰写了一篇短文，指出通常用于模拟动物和植物种群变化的方程可能会产生混沌。梅并没有声称他讨论的模型准确表达了真实的种群行为。他的观点更为笼统：在此类模型中，混沌是很自然的，这一点必须牢记在心。

混沌最重要的结果是，不规则行为并不一定有不规则的原因。以前，如果生态学家注意到一些动物种群在疯狂地波动，他们就会寻找一些外部原因——也会预设这些外部原因会疯狂波动，并且通常称之为“随机”。这也许是天气或者来自其他地方的掠食者突然涌入。梅的例子表明，没有外界帮助，动物种群的内部运作也可能会产生不规则性。

梅的主要例子是本章开头处的方程。它被称为逻辑斯谛方程（logistic equation），是动物种群的简单模型，其中每一代的种群大小由前一代确定。“离散”意味着时间的流逝以“代”计算，因此是个整数。所以该模型类似于微分方程（其中时间是连续变量），但在概念上和计算上更简单。种群的测量表达为某个大的总体值的一部分，因此可以用介于0（灭绝）和1（系统可以承受的理论最大值）之间的实数表示。让时间 t 取整数步，对应于代，第 t 代的种群数量是 x_t。逻辑斯谛方程说

$$x_{t+1} = kx_t(1 - x_t)$$

其中 k 是常数。我们可以将 k 解释为在增长不会因资源减少而放缓时，种群数量的增长率。[1]

我们在0时刻启动模型，初始种群数量为 x_0。然后使用 $t = 0$ 的方程来计算 x_1，接下来令 $t = 1$ 并计算 x_2，依此类推。哪怕不做具体的计算，我们也马上可以看到，对于任何固定的增长率 k，第0代的种群数量完全决定了之后所有代的数量。因此，模型是*确定性的*：当下的知识唯一而精确地决定了未来。

那么，未来是什么？“自然平衡”的说法表明种群数量应该稳定下来。我们甚至可以计算出稳态应该是什么样的：只要令 $t + 1$ 时刻的种

群数量和 t 时刻的种群数量相同。这导致了两种稳定状态：种群数量为 0，或是 $1-\frac{1}{k}$。数量为 0 的种群已经灭绝，因此另一个值应适用于存在的种群。不幸的是，虽然这是一个稳态，但它可能不稳定。如果是这样，那么你在实践中永远不会看到它，就像试图把铅笔立在笔尖上一样。最轻微的干扰都会导致它翻倒。计算表明，当 k 大于 3 时，稳态不稳定。

那么，我们在实践中看到了什么？图 16.1 显示了当 $k=4$ 时种群的典型“时间序列”。它不稳定，看起来乱七八糟。但是，如果你仔细观察，有迹象表明它的动力学不是完全随机的。每当种群变得非常大时，它会立即崩溃到非常低的值，然后在接下来的两代或三代中以规则的方式（大致呈指数级）增长，见图 16.1中的短箭头。当种群接近 0.75 时，会发生一些有趣的事情：它会在该值的上方和下方交替振荡，并且振荡会增大，形成一个特征性的锯齿形状，越往右越宽，见图中较长的箭头。

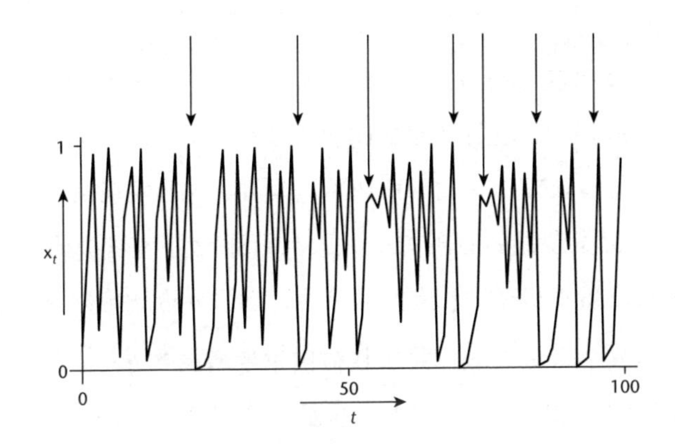

图 16.1　动物种群模型中的混沌振荡。短箭头表示崩溃，之后是短期指数增长。较长的箭头表示不稳定的振荡

尽管存在这些规律，但人们也会感到行为真的很随机——只有当你丢掉一些细节时才会感觉到。假设我们在种群大于0.5时分配符号H（正面），在小于0.5时分配T（反面）。这个特定的数据集以序列THTHTHHTHHTTHH开始，并且一直不可预测，就像随机的硬币抛掷序列一样。观察特定的值范围并仅注意种群属于哪个范围，这种粗化数据的方式称为符号动力学。在这种情况下，可以证明，对于几乎所有初始种群值x_0，正面和反面的序列在所有方面都像是抛掷公平硬币的典型随机序列。只有查看确切的值时，我们才会开始看到一些规律。

这是一个了不起的发现。动态系统可以是完全确定性的，可以在详细数据中看得出规律，但同样的数据用粗粒度来看可以是随机的——这一点是可证明的、严格的。确定性和随机性不是对立的。在某些情况下，它们可以完全兼容。

梅没有发明逻辑斯谛方程，也没有发现该方程的惊人性质。他没有声称做过这两件事。他的目的是提醒生命科学领域的工作者（特别是生态学家）去了解物理学和数学中的重大发现，这些发现从根本上改变了科学家应该思考观测数据的方式。人类可能没办法基于简单规则解出方程，但大自然不用像我们那样解方程，它只要遵守规则就行了。因此很显然，大自然可以做出一些让我们感到复杂的事情。

混沌诞生于动力系统的拓扑方法，美国数学家斯蒂芬·斯梅尔（Stephen Smale）和苏联数学家弗拉基米尔·阿诺德（Vladimir Arnold）在20世纪60年代对此做出了特别的贡献。二人都试图找出微分方程中典型的行为类型。斯梅尔的灵感来自庞加莱在三体问题上得出的奇怪结果（见第4章），阿诺德则受到了他的前任研究主管安德烈·科尔莫戈罗夫（Andrei Kolmogorov）相关发现的启发。二人都很快意识到为什么混沌很常见：它是微分方程几何结构的自然结果，我们稍后就会看到。

随着越来越多的人对混沌感兴趣，人们在早期的科学论文中发现了隐藏的例子。它以前只被认为是孤立的奇怪效应，而这些例子如今已经被纳入更宽泛的理论。20世纪40年代，英国数学家约翰·利特尔伍德（John Littlewood）和玛丽·卡特赖特（Mary Cartwright）在电子振荡器中看到了混沌的蛛丝马迹。1958年，东京地震预测发展协会的力武常次在地球磁场的发电机模型中发现了混沌行为。1963年，美国气象学家爱德华·洛伦茨（Edward Lorenz）在一个为天气预报设计的简单大气对流模型中，相当详细地确定了混沌动力学的本质。这些人和其他先驱的工作指明了方向：现在所有那些孤立的发现都开始吻合在一起了。

特别是，导致混沌而不是更简单结果的情况，其实在于几何而不是代数。在 $k = 4$ 的逻辑斯谛模型中，种群的两个极值0和1在下一代中都会走到0，而中点 $\frac{1}{2}$ 则会走到1。因此，在每个时间步中，从0到1的区间就好比被拉伸到了两倍长，再对折回初始位置。厨师在做面包的时候就是这么鼓捣面团的，想想面团是怎么被揉的，你就理解混沌了。想象一下，逻辑斯谛面团上有一个小斑点，比如一个葡萄干。假设它恰好处于周期性循环中，因此在经过一定数量的拉伸和折叠操作后，它将返回它开始的位置。现在我们可以看出为什么这个点不稳定了。想象还有另一个葡萄干，最初非常接近第一个葡萄干。每拉伸一次都会把它移得更远。但有那么一段时间，它离第一个葡萄干不太远，所以还跟着第一个葡萄干。当面团折叠时，两个葡萄干都落在了同一层中。那么下一次折叠时，第二个葡萄干就更远离第一个葡萄干了。这就是周期性状态不稳定的原因：拉伸导致所有附近的点远离它，而不是靠近它。这个距离最终会变得足够大，当面团折叠时，两个葡萄干会落在不同的层中。自那之后，它们的命运几乎是相互独立的。为什么厨师要揉面团？这是为了把成分（包括被困的空气）混合起来。如果你要把东西混合起来，单个粒子必须以非常不规则的方式运动。一开始在一起的粒子最终分开，远处的点可以折回来贴在一起。简而言之，混沌是混合的自然结果。

我在第6章说过，你的厨房里没有任何混沌，也许洗碗机除外。我撒了谎。你可能有几个混沌的小工具：食品加工机，还有打蛋器。食品加工机的刀片遵循一个非常简单的规则：快速转动。食物与刀片相互作用，它本来也应该做一些简单的事情。但它并没有一圈圈转动，而是被混合了起来。当刀片穿过食物时，有些颗粒位于刀片一侧，有些位于另一侧。从局部来看，食物被分开了。但它并没有从搅拌碗中跑出去，而且是全部折叠回来了。

斯梅尔和阿诺德意识到所有混沌的动力学都是这样的。不过我得提醒你，他们表述结果所用的语言可完全不是这样："分开"是"正的李雅普诺夫指数"，"折叠"是"系统有一个紧域"。语言虽然比较花哨，但他们说的其实是，混沌就像揉面团。

这也解释了其他一些东西，特别是洛伦茨在1963年注意到的一件事。混沌动力学对初始条件敏感。不管两个葡萄干一开始离得多近，它们最终会分开太远，导致随后的运动看似是独立的。这种现象通常被称为蝴蝶效应：一只蝴蝶扇动它的翅膀，导致一个月后的天气与没有扇动翅膀时完全不同。这句话通常被认为是洛伦茨说的。他并没有这么说过，但在一个讲座的标题中提到了类似的东西，然后就有人把这句话安在了他头上。而且这个讲座并不是关于 1963 年那篇著名的文章，而是同一年一篇鲜为人知的文章。

无论这种现象被称为什么，它都具有重要的实际影响。虽然混沌动力学原则上是确定性的，但它在实践中很快变得不可预测，因为精确初始状态中的任何不确定性都会呈指数级增长。超出了某个预测范围之后，未来就无法预见。天气是大家熟悉的一个系统，我们知道它的标准计算机模型是混沌的，这个预测范围大概就是几天。对于太阳系来说，预测范围是几千万年。对于简单的实验室玩具，比如双摆（一个摆下面再挂上一个摆）来说，预测范围是几秒。长期以来认为“确定性”等同于“可预测”的假设是错误的。如果能够以完美的精度测量系统的当前状态的话，二者就可以等同，但这一点是做不到的。

混沌的短期可预测性可用于将其与纯随机性区分开来。人们已经设计了许多不同的技术来进行这种区分，并且如果系统具有确定性但混沌的行为，这些技术就可以找出背后的动力学。

混沌如今在从天文学到动物学的每个科学分支中都有应用。在第 4 章中，我们看到了它如何为空间任务带来更高效的新轨迹。更广泛地说，天文学家杰克 · 威兹德姆（Jack Wisdom）和雅克 · 拉斯卡尔（Jacques Laskar）已经证明太阳系的动力学是混沌的。如果你想知道在公元 10 000 000 年，冥王星会在轨道的什么地方——拉倒吧。他们还证明了，月球的潮汐会稳定地球、抵御影响，要是没有它，这些影响会导致混沌运动，使气候在暖期和冰期之间迅速反复切换。所以混沌理论表明，如果没有月球，地球将是个不适合人类居住的地方。我们的行星邻域中的这个特征经常被用来辩称，行星上的生命演变需要一个让它稳定的月亮，但这就夸大其词了。如果地轴在数百万年的时间内发生变化，那么海洋中的生命几乎不会注意到这种变化；陆地上的生命将有足够的时间迁移到其他地方，除非被困在了某个地方，没有陆路通往条件更适宜的栖息地。现在气候变化的速度，远远超过了地轴倾斜可能引发的任何变化。

梅认为生态系统中的不规则种群动态有时可能是由内部混沌，而不是外来的随机性引起的。这种观点已经在几个真实生态系统的实验室版本中得到了验证。1995 年，由美国生态学家詹姆斯·库欣（James Cushing）领导的一个小组在可以感染面粉的麸皮虫（赤拟谷盗，Tribolium castaneum）种群中发现了混沌动力学。[2] 1999 年，荷兰生物学家杰夫·胡伊斯曼（Jef Huisman）和弗朗茨·维森（Franz Weissing）为"浮游生物悖论"——浮游生物物种意外的多样性引入了混沌。[3] 生态学中的标准原则，即竞争排斥原则，指出生态系统中的物种数量不能超过生态位（得以生存的方式）数量。浮游生物似乎违反了这一原则：生态位数量很少，但物种数量却达到数千种。他们在推导竞争排斥原则的过程中找到了一个漏洞：种群稳定的假设。如果种群可以随时间变化，那么常见模型的数学推导就会失效，而直觉上不同的物种可以轮流占据相同的生态位——不是通过有意识的合作，而是一个物种暂时接管另一个物种的位置，并经历种群繁荣，被取代物种的数量则降低到很少，如图 16.2 所示。

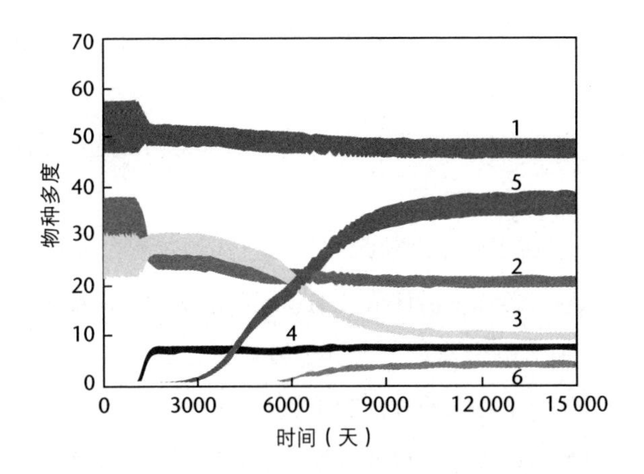

图 16.2　六个物种共享三种资源。这些条带是紧密的混沌振荡。由杰夫·胡伊斯曼和弗朗茨·维森提供

2008年，胡伊斯曼的团队发布了一个实验室实验的结果，该实验基于一种在波罗的海发现的微生态，包括细菌和几种浮游生物。一项为期六年的研究揭示了混沌动力学，其中种群剧烈波动，一度增加到100倍，然后崩溃。检测混沌的常用方法证实了它的存在。甚至还有蝴蝶效应：系统的预测范围是几周。[4]

混沌有一些影响日常生活的应用，但它们大多发生在制造过程和公共服务中，而不是在小家电里。蝴蝶效应的发现改变了天气预报的方式。气象学家现在不会将所有的计算工作都用于完善单个预测，而是运行许多预测，在每次预测之前对气象气球和卫星提供的观测结果进行各种微小的随机改变。如果所有这些预测都一致，那么预测可能是准确的；如果它们天差地别，天气就处于不太可预测的状态。预测本身已经通过其他一些进展得到改善，特别是在计算海洋对大气状态的影响方面，但混沌的主要作用是警告预测者不要期望太高，并量化预测正确的可能性。

工业应用包括更好地理解混合过程，这种过程广泛用于制备药片和混合食物原料。药片中活性成分的量通常非常少，并且必须与一些惰性物质混合。那么每个药片中含有足够却不过多的活性成分就非常重要。混合机就像一个巨大的食品加工机，它的动态是确定性的，却是混沌的。混沌的数学让我们对混合过程有了新的理解，并带来了一些改进的设计。检测数据是否存在混沌的方法，启发了针对弹簧线材的新测试设备，提高了制造弹簧和线材的效率。不起眼的弹簧有许多重要的用途：在床垫、汽车、DVD播放器，甚至圆珠笔中都能找到它。混沌控制是一种利用蝴蝶效应保持动态行为稳定的技术，在设计更有效、侵入性更低的心脏起搏器方面展示出了前景。

但总的来说，混沌的主要影响在于科学思维。自从它的存在开始被广泛认可以来，混沌在四十多年间已经从一个小小的数学珍奇变成了科学的基本特征。我们现在无须借助统计学，就可以通过梳理确定性混沌中隐藏的规律，来研究自然界的许多不规则性。对于强调非线性行为的现代动力系统理论来说，这只是它让科学家思考世界的方式潜移默化地发生革命的方式之一。

注释

1. 如果种群 x_t 相对较小，即接近零，则 $1-x_t$ 接近 1。那么，下一代将具有接近 kx_t 的规模，是当前规模的 k 倍。随着种群规模的增加，额外的因子 $1-x_t$ 使实际增长率变小，在种群接近其理论最大值时下降到零。

2. R. F. Costantino, R. A. Desharnais, J. M. Cushing, and B. Dennis. "Chaotic dynamics in an insect population", *Science* 275 (1997) 389-391.
3. J. Huisman and F. J. Weissing. "Biodiversity of plankton by species oscillations and chaos", *Nature* 402 (1999) 407-410.
4. E. Benincà, J. Huisman, R. Heerkloss, K. D. Jöhnk, P. Branco, E. H. Van Nes, M. Scheffer, and S. P. Ellner. "Chaos in a long-term experiment with a plankton community", *Nature* 451 (2008) 822-825.

迈达斯公式

布莱克-斯科尔斯方程

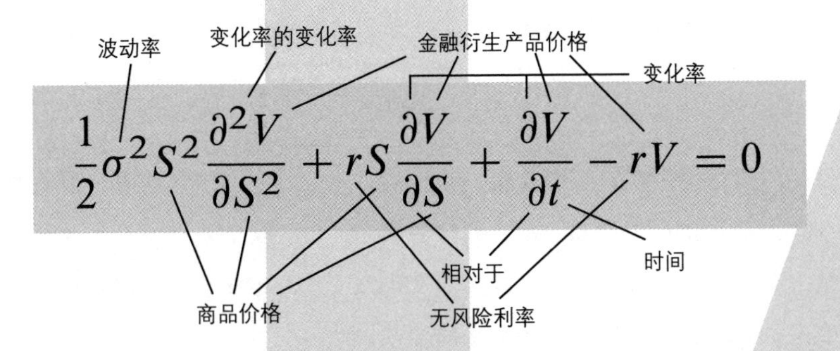

$$\frac{1}{2}\sigma^2 S^2 \frac{\partial^2 V}{\partial S^2} + rS\frac{\partial V}{\partial S} + \frac{\partial V}{\partial t} - rV = 0$$

它告诉我们什么?

它描述了金融衍生产品的价格如何随着时间的推移而变化，基于这样的原则：当价格正确时，衍生产品不担负任何风险，没有人可以通过以不同的价格出售它来赚取利润。

为什么重要?

通过为衍生产品规定公认的“理性”价值，它让衍生产品得以在到期之前进行交易，从而使其成为一种虚拟商品。

它带来了什么?

金融业大规模增长，金融工具越来越复杂，经济繁荣时的暴涨最终归于崩溃，20 世纪 90 年代的股市动荡，2008 年至 2009 年的金融危机，以及持续的经济衰退。

自 21 世纪以来，金融部门增长的最大来源是金融工具，即所谓的“衍生产品”。衍生产品既不是货币，也不是对股票的投资。它们是对投资的投资，是对承诺的承诺。衍生产品交易者使用虚拟的货币，也就是计算机中的数字。他们向投资者借款，而这个款项本身也可能是从其他地方借来的。通常，他们根本没有借，甚至没有虚拟地借：他们点了点鼠标，同意他们在必要时会借。但他们并无意让“必要”成真，他们会在此之前卖掉衍生产品。出于同样的原因，由于贷款永远不会发生，贷款方（理论上的贷款方）可能实际上也没有钱。这简直是“幻境”中的金融，但它已成为世界银行系统的标准做法。

不幸的是，衍生产品交易的后果最终变成了真正的货币，而实实在在的人遭受了损失。大多数时候，这套体系是可以奏效的，因为除了让一些从虚拟资金池中抽走真实的钱的银行家和交易员腰缠万贯之外，它与现实的脱节并没有产生显著的影响——直到出了问题。然后游戏结束了，引发了必须用真金白银支付的虚拟债务。当然了，付钱的是其他人。

这就是引发 2008 年至 2009 年银行业危机的原因，各国经济仍处于危机的影响中。低利率和巨额的个人奖金鼓励银行家和银行把更多的虚拟货币押在更复杂的衍生产品上，最终由房地产市场、房屋和企业担保——至少他们是这么相信的。随着合适的房产供应和购买者开始枯竭，金融界的领袖需要找到新的方法来让股东相信他们正在创造利润，配得上发给他们的大笔奖金。于是他们开始交易打包的债务，号称在某个层面上有不动产作为抵押。要让这个计划运行下去，就得持续购买房产，增加抵押品池。所以银行开始向还款能力越来越可疑的人出售抵押贷款。这就是次级抵押贷款市场，“次级抵押贷款”是“可能违约”的委婉说法。很快它就变成了“肯定违约”。

这些银行的表现就像那些走出悬崖边缘的卡通人物，悬停在空中，直到向下看时才跌下去。一切似乎都在顺利继续，直到银行家们开始问自己，不存在的资金和高估资产的多重会计是否可持续，想知道他们持有的衍生产品的实际价值是多少，这才意识到他们毫无头绪——除了它的价值肯定比他们告诉股东和政府监管机构的要小得多。

随着可怕的事实浮出水面，市场信心暴跌。这打压了房地产市场，因此债务背后的抵押资产开始失去价值。到了这个时候，整个系统陷入了一个正反馈回路，价格每次向下修正都会导致它进一步向下修正。最终结果是损失了大约 17 万亿美元。面对世界金融体系彻底崩溃的前景，储户储蓄大量损失，1929 年的大萧条看起来就像一个花园派对，政府被迫为正处于破产边缘的银行纾困。其中一个银行——雷曼兄弟被允许破产，但因为这让市场信心严重受损，要再教训一家银行看起来不太明智。结果是纳税人掏了腰包，其中很多都是真金白银。银行一把把钱抓进口袋，然后试图假装灾难不是自己的错。银行指责政府监管机构，尽管银行曾发起运动反对监管。一个有趣的案例是：“这是你的错——你允许我们这样做。”

人类历史上最大的金融灾难是如何发生的？

可以说，其中一个因素是一个数学方程。

最简单的衍生产品已存在很长时间了。它们被称为期货和期权，可以追溯到 18 世纪日本大阪的堂岛大米交易所。该交易所成立于 1697 年，那是日本经济繁荣的时期，当时上层武士阶级用大米而非金钱付款。水稻经纪人的阶层很自然地产生了，他们像交易金钱那样交易大米。随着大阪的商人加强对大米（日本的支柱口粮）的控制，他们的活动对商品的价格产生了连锁反应。与此同时，金融体系开始转向现金，这一组合是致命的。1730年，大米价格下跌。

讽刺的是，价格下跌的触发因素是收成不佳。武士仍然坚持用大米付款，但在注意到金钱的增长后开始恐慌。他们偏爱的“货币”正在迅速贬值。商人们在仓库中大量囤积大米，人为地让大米无法进入市场，使得这一问题愈演愈烈。从表面上看，这似乎应该提高大米的货币价格，但它却产生了相反的效果，因为武士将大米作为一种货币，他们拥有的大米几辈子也吃不完。所以在普通人挨饿的同时，商人囤积大米。大米实在太稀缺了，于是人们开始转为使用纸币，而它很快变得比大米更受欢迎，因为你还能摸到它。很快，堂岛的商人就经营了一个相当于庞大银行体系的东西，为富人提供账户并确定大米和纸币之间的兑换率。

最终，日本政府意识到这种安排给了大米商人太多权力，并重组了大米交易所和日本经济的很多部分。1939年，大米交易所被日本米谷株式会社取代。但是，当大米交易所存在时，商人发明了一种新的合同，以平衡大米价格的大幅波动。签署方保证在指定的未来日期，以指定价格购买（或出售）指定数量的大米。今天，这些工具被称为期货。假设一个商人同意以约定的价格在六个月后购买大米。一方面，如果在期货到期时，市场价格已经超过了约定的价格，那么他就可以以较低的价格买到大米，并立即将其卖出来获利。另一方面，如果市场价格较低，他就必须以高于市场价格的价格购买大米并蒙受损失。

农民发现这些工具很有用，因为他们真的想要出售一种真正的商品：大米。以大米作为食物或生产食品的人们想买大米。在这种交易中，合同降低了双方的风险——不过要付出代价。它相当于一种保险形式：保证价格、保证市场，与市场价值的变化无关。为了避免不确定性，值得支付一小笔费用。但是大多数投资者签订大米期货合约的唯一目的就是赚钱，最不想要的就是一吨吨的大米。他们总是会在交货前卖掉它。所以期货的主要作用就是为金融投机火上浇油，而把大米作为货币使情况变得更糟。就像近代的金本位人为地抬高了一种内在价值很小的物质（黄金）的价格，从而增加了对它的需求。因此大米的价格由期货交易而不是大米本身的交易来控制。这些合同是一种“赌博”，很快合同本身就有了价值，并且可以被交易，好像它们是真正的商品一样。此外，尽管大米的数量受到农民种植的限制，但可以发行的大米合同的数量却没有限制。

世界上主要的股票市场很快就发现了把虚无缥缈的东西转化为现金的机会，并且从那以后就开始交易期货。起初，这种做法本身并不会造成巨大的经济问题，尽管它有时会导致不稳定，而不是这个体系号称会带来的稳定。但在2000年左右，世界金融业开始在期货主题上发明更为眼花缭乱的变体——复杂的“衍生产品”，其价值基于某些资产假设的未来走势。比较而言，期货背后的资产至少是真实的，而衍生产品却可能基于一种本身就是衍生产品的资产。银行不再就像大米这样的商品的未来价格买卖赌局，他们买卖的是关于赌局未来价格的赌局。

这很快就成了大生意。1998年，国际金融体系的衍生产品交易额约为100万亿美元；到2007年，已增长到1000万亿美元。数万亿，数千万亿……我们知道这些是很大的数字，但有多大？为了让你了解一下这些数字，我们举个例子：过去一千年来，世界制造业生产的所有产品，进行通货膨胀调整后的总价值约为100万亿美元。这是一年衍生产品交易额的十分之一。不可否认的是，大部分工业生产发生在过去五十年，但即便如此，这也是一个惊人的数字。特别是，这意味着衍生产品交易几乎完全用实际上不存在的货币——虚拟的货币——来完成，计算机中的数字，与现实世界中的任何东西都没有联系。事实上，这些交易*必须*是虚拟的：全球流通的所有钞票都不足以支付点击鼠标时交易的金额。对那些对相关商品不感兴趣的人来说，如果用自己并不实际拥有的钱接受了交货，那他们可就真的不知所措了。

你用不着像火箭科学家一样聪明才会怀疑这件事注定是个灾难。然而十年来，世界经济在衍生产品交易的支持下不断增长。你不仅可以获得房屋抵押贷款，甚至可以拿到超过房屋价值的钱。某些银行甚至懒得检查你的真实收入是多少，或者你有哪些其他债务。你可以拿到125%的自我认证抵押贷款——意思是，你告诉银行自己可以负担多少钱，并且银行没有提出让人尴尬的问题就行了——多出来的25%可以挥霍在度假、汽车、整形手术或一箱箱啤酒上。银行竭尽全力说服客户贷款，即使他们不需要贷款。

如果借款人拖欠还款，银行以为自己可以很简单地全身而退。这些贷款是用你的房子担保的。房价飙升，因此没有担保的 25% 权益很快就会变成有担保；如果你违约，银行可以把你的房子没收、卖掉并拿回贷款。这看起来万无一失。当然不是这样的。银行家们没有问问自己，如果数百家银行同时试图出售数百万套房子，住房价格会发生什么变化。他们也没有问价格能否继续以比通货膨胀快得多的速度上涨。他们真的认为房价可以无限期地每年实际上涨 10%～15%。在房地产市场崩塌的时候，他们仍然在敦促监管机构放松规则，让他们能够放出更多的钱。

如今那些最为复杂的金融系统数学模型，许多都可以追溯到第 12 章中提到的布朗运动。如果用显微镜观察悬浮在液体中的微粒，你会发现它们无规则地四处摇摆运动。爱因斯坦和斯莫鲁霍夫斯基为这个过程建立了数学模型，并以此确定原子的存在。常见的模型假设微粒会受到随机撞击，每次运动的距离是正态分布的——呈钟形曲线。每次撞击的方向均匀分布，即在任何方向上发生的机会都相同。这一过程称为随机游走。布朗运动的模型是这种随机游走的连续版本，其中撞击的距离和连续撞击的间隔变得任意小。直观上，我们考虑的是无限多次无限小的撞击。

在大量试验中，布朗运动的统计特性由概率分布确定，这一分布给出了微粒在给定时间之后到达特定位置的可能性。这种分布是径向对称的：概率仅取决于这个点与原点有多远。最初，微粒很可能接近原点，但随着时间的推移，微粒有了更多机会探索遥远的空间，可能到达的位置范围会扩散开来。值得注意的是，这种概率分布的时间演化服从热方程，这里通常称之为扩散方程。所以概率分布会像热一样传播。

在爱因斯坦和斯莫鲁霍夫斯基发表他们的工作之后，人们发现，早在1900年，法国数学家路易·巴舍利耶（Louis Bachelier）就已经在他的博士论文中得出了大部分数学内容了。但巴舍利耶想的是另一个应用：股票和期权市场。他的论文题目是《投机理论》（“Théorie de la spéculation”）。这项工作没有得到广泛的赞誉，可能是因为这个主题在那个时代远远超出了正常的数学范围。巴舍利耶的导师是令人敬畏的著名数学家亨利·庞加莱，他称这项工作“非常有原创性”。他还在某种程度上透露了更多的秘密，在提到论文中推导误差呈正态分布的部分时说：“令人遗憾的是，巴舍利耶先生没有进一步发展论文的这一部分。”任何数学家都会把这句话理解成：“这才是数学开始变得非常有趣的地方，如果他对此做些进一步的工作，而不只是研究关于股票市场的模糊思想，那我就很容易给他更好的成绩。”论文被评为“优等”（honorable），得以通过，甚至出版了。但它没有获得“最优等”（très honorable）的最高成绩。

巴舍利耶算是确立了股市波动符合随机游走的原则。连续波动的大小符合钟形曲线，其均值和标准差可以根据市场数据估算。这意味着大的波动是非常罕见的。原因是正态分布的尾部确实衰减得非常快：比指数衰减快。钟形曲线以x的平方的指数速率衰减并趋于零。统计学家（以及物理学家和市场分析师）会谈论两西格玛波动、三西格玛波动，等等。这里的西格玛（σ）是标准差，衡量的是钟形曲线的宽度。比方

表 17.1　多西格玛事件的概率

波动的最低大小	概率
σ	0.3174
2σ	0.0456
3σ	0.0027
4σ	0.000 063
5σ	0.000 000 6

说，三西格玛波动是偏离平均值至少三倍标准差的波动。钟形曲线的数学让我们可以求出这些“极端事件”的概率，见表 17.1。

从巴舍利耶的布朗运动模型可以得出，股市的巨大波动实在是太罕见了，在实践中永远不会发生。比如表 17.1 显示，预计每 1000 万次试验中，五西格玛事件大约会发生六次。然而，股市数据告诉我们，这种事件发生的概率要比这高得多。思科系统公司是全球通信业的领导者，在过去的 20 年中经历了 10 次五西格玛事件，而布朗运动预测只会发生 0.003 次。这家公司是我随机挑选的，而这种情况绝非个例。在黑色星期一（1987 年 10 月 19 日），世界股票市场在几个小时内损失了超过 20% 的价值；这么极端的事件本来应该基本上是不可能的。

数据清楚地表明，极端事件远没有布朗运动所预测的那么罕见。概率分布并不以指数方式（或更快）衰减；它的衰减类似于幂律曲线 x^{-a}，其中 a 是某个正常数。如果用金融术语，会说这样的分布有一个肥尾。

肥尾意味着风险水平增加。如果你的投资有五西格玛的预期收益，那么假设市场符合布朗运动，它失败的可能性不到百万分之一。但如果尾巴很肥，失败的可能性会更大，也许是百分之一。这使得它成为一个更糟糕的赌注。

因数学金融专家纳西姆·尼古拉斯·塔勒布（Nassim Nicholas Taleb）而流行起来的一个相关术语是“黑天鹅事件”。他于2007年出版的《黑天鹅》(*The Black Swan*）一书成为畅销书。在古代，所有已知的天鹅都是白色的。诗人尤维纳利斯说某种东西是“世间罕有之鸟，酷似黑天鹅”，他的意思是那是不可能的。这句话在16世纪被广泛使用，就好像我们说“会飞的猪”一样。但是在1697年，当荷兰探险家威廉·迪·弗拉明（Willem de Vlamingh）跑到西澳大利亚一个叫作“天鹅河”的地方时，他发现了大量的黑天鹅。于是“黑天鹅”这个说法的含义变了，现在指的是一个假设似乎有理有据，但随时都可能被证明错得离谱。另一个流行术语是“X事件”，即“极端事件”(extreme event)。

用数学方法对市场进行的这些早期分析催生了这样一种诱人的观念，即市场可以用数学方式建模，创造一种合理而安全的方式来赚取无限的金钱。1973年，费希尔·布莱克（Fischer Black）和迈伦·斯科尔（Myron Scholes）斯推出了一种期权定价方法——布莱克-斯科尔斯方程，梦想似乎在此刻成了真。罗伯特·默顿（Robert Merton）在同一年为他们的模型给出了数学分析，并对其进行了扩展。方程是：

$$\frac{1}{2}(\sigma S)^2\frac{\partial^2 V}{\partial S^2}+rS\frac{\partial V}{\partial S}+\frac{\partial V}{\partial t}-rV=0$$

它涉及五个不同的量——时间 t、商品的价格 S、取决于 S 和 t 的衍生产品价格 V、无风险利率 r（零风险投资，如政府债券，理论上可以获得的利率），以及股票的波动率 σ^2。它在数学上也很复杂，与波动方程和热方程一样，是一个二阶偏微分方程。它把衍生产品价格对时间的变化率表达为三项的线性组合：衍生产品本身的价格、相对于股票价格变化的速度，以及变化如何加速。其他变量出现在这些项的系数中。如果省略代表衍生产品价格及其变化率的项，则该方程将恰好是热方程，描述期权价格如何在股票价格空间中扩散。这可以追溯到巴舍利耶对布朗运动的假设。其他项考虑了其他因素。

布莱克-斯科尔斯方程是在做出一系列简化的金融假设后得出的——例如没有交易成本且没有卖空限制，并且能以已知、固定、无风险的利率借出和借入资金。这种方法被称为套利定价理论，其数学核心可以追溯到巴舍利耶。该理论假设市场价格在统计上表现得像布朗运动，其中漂移率和市场波动率都是不变的。漂移是平均值的变动，而波动率是标准差在金融上的术语，衡量的是离均值的平均偏差。这种假设在金融文献中非常普遍，已经成为行业标准。

期权主要有两种。如果是看跌期权，期权买方购买的是在指定时间以约定价格出售商品或金融工具的权利（如果他们想要出售的话）。看涨期权与此类似，但它赋予的是买入而非出售的权利。布莱克-斯科尔斯方程有明确的解：一个是看跌期权公式，一个是看涨期权公式。[1] 就算当初求不出来这样的公式，这个方程仍然可以有数值解并用软件实现。不过这些公式使得计算推荐价格变得简单，在理论上也带来了重要的见解。

发明布莱克-斯科尔斯方程是为了给期货市场带来一定的理性，这一点在正常的市场条件下非常有效。它提供了一种系统的方法来计算期权到期之前的价值，然后就可以出售期权了。例如，假设一位商人购买了一张合约，允许他在12个月后以每吨500美元的价格购买1000吨大米——这是一个看涨期权。五个月后，他决定将期权卖给愿意购买的人。每个人都知道大米的市场价格是如何变化的，那么这份合约现在价值多少呢？如果你在不知道答案的情况下开始交易这些期权，那你可就有麻烦了。如果交易亏了钱，别人就可以指责你把价格搞错了，而你可能会丢了工作。那么价格应该是多少呢？当涉及的金额达到数十亿时，凭着感觉进行交易就不再是一种选择了。一定得有一种公认的方式，在期权到期前的任何时候都能给期权定价。方程做的就是这件事，它提供了一个任何人都可以使用的公式。只要你的计算没有出错，那么如果你的老板使用相同的公式，他算出来的结果也会和你一样。在实践中，你们两个都会使用标准的软件包。

这个方程非常好用，为默顿和斯科尔斯赢得了1997年的诺贝尔经济学奖。[2] 布莱克当时已经去世，而诺贝尔奖的规则禁止身后追授，但他的贡献被瑞典皇家科学院明确引述。方程是不是有效，取决于市场行为是不是正常。如果模型背后的假设不再成立，使用它就不明智了。但随着时间的推移和信心的增长，许多银行家和交易员都忘记了。他们把这个方程作为一种护身符，一种保护他们免受批评的数学魔法。布莱克-斯科尔斯方程提供的不仅是正常条件下合理的价格，如果交易完蛋了，它也能让你免受批评。别怪我，老板，我用的是行业标准公式。

金融行业很快就看到了布莱克-斯科尔斯方程及其解的优势，并且同样快速地开发出了一系列针对不同金融工具、不同假设的方程。当时严肃、审慎的传统银行业可以利用这些方程来证明贷款和交易的合理性，并始终关注潜在的问题。但不那么传统的业务很快跟进，而这些人的信仰有了彻底的转变。对他们来说，模型出错的可能性是不可想象的。这个方程被称为"迈达斯公式"——把一切变成黄金的秘方。但金融界忘记了迈达斯国王的故事是怎么收场[①] 的。

有几年间，金融业的宠儿就是一家名为长期资本管理公司（LTCM）的公司。这是一家对冲基金——一种私募基金，它分散投资的方式会在市场萧条时保护投资者，在市场上涨时赚取巨额利润。它擅长的交易策略基于数学模型，包括布莱克-斯科尔斯方程及其扩展，加上套利（利用债券价格与可变现的价值之间的差异）等技术。LTCM 最初取得了巨大的成功，每年的回报率达到 40%。直到 1998 年，它在四个月内损失了 46 亿美元，而美国联邦储备银行说服其主要债权人花了 36 亿美元为其纾困。最终被牵连的银行拿回了他们的钱，但 LTCM 在 2000 年关门了。

什么地方出了错呢？每个金融评论员都有不同的说法，但大家一致认为，LTCM 破产的直接原因是 1998 年的俄罗斯金融危机。西方市场在俄罗斯有大量投资，而俄罗斯的经济严重依赖石油出口。1997 年的亚洲金融危机导致石油价格暴跌，俄罗斯经济是主要的受害者。世界银行提供了 226 亿美元的贷款来支持俄罗斯。

① 迈达斯是希腊神话中的弗里吉亚国王，贪恋财富，酒神狄俄尼索斯满足其愿望，赐予他点物成金的法术。结果他发现连食物和自己的爱女也都因被手指点到而变成金子。——译者注

LTCM倒闭的最终原因，在它开始交易的那天就已经埋下伏笔。一旦现实不再遵守模型的假设，LTCM就有大麻烦了。俄罗斯的金融危机让整个体系失灵，毁灭了几乎所有这些假设。有些因素的影响尤其大，波动性增加就是其中之一。另一种假设是极端波动几乎不会发生：没有肥尾。但危机使市场陷入混乱，在恐慌情绪中，价格在几秒内大幅下跌——幅度是许多个西格玛。由于所有相关因素都是相互关联的，这些事件引发了其他非常迅速的变化，交易者无法随时了解市场状况。即使想要理性行事（人们在普遍恐慌中不会这样做），他们也缺乏所需的依据。

如果布朗模型是正确的，那么像俄罗斯金融危机一样极端的事件的发生频率应该不会超过一个世纪一次。过去40年，我亲身经历过的这类事件就有七次：房地产过度投资、苏联、巴西、房地产（又一次）、房地产（再一次）、互联网公司，还有……对了，还是房地产。

事后看来，LTCM的崩溃是一个警告。在这个不服从公式背后的舒适假设的世界中，人们充分注意到了利用公式进行交易的危险——然后很快忽略了它。马后炮当然容易，但危机爆发后，谁都可以看到危险的存在。有人有先见之明吗？关于最近一次全球金融危机的正统说法是，就像第一只有黑色羽毛的天鹅一样，没有人看到它的到来。

并不完全是这么回事。

国际数学家大会是世界上规模最大的数学会议，每四年举行一次，2002年8月在北京举行。纽约大学的人文学教授、知识生产研究所所长玛丽·普维（Mary Poovey）发表了题为《数字可以保证诚实吗？》的演讲。[3] 演讲的副标题是“不切实际的期望和美国会计丑闻”，它描述了最近在世界事务中出现的“新权力轴心”：

> 这条轴心贯穿于大型跨国公司，其中许多公司在“避税天堂”设立，以避免国家的税收。它贯穿投资银行，贯穿国际货币基金组织等非政府组织，贯穿国家和企业养老基金，也贯穿普通投资者的钱包。这条金融力量的轴心导致了经济灾难，如 1998 年的日本崩溃和 2001 年的阿根廷违约，并且在道琼斯工业平均指数和伦敦《金融时报》指数（FTSE）等股票指数的日常波动中留下了痕迹。

她继续说，这条新权力轴心在本质上既不好也不坏，重要的是它如何运用自己的力量。它有助于提高当地的生活水平，许多人认为这是有益的。它还鼓励全球放弃福利社会，用股东文化取而代之，许多人认为这种文化是有害的。对于坏的结果，一个不太有争议的例子是 2001 年爆发的安然丑闻。安然公司是一家总部位于美国得克萨斯州的能源公司，其倒闭导致了当时美国历史上最大的破产案，还让股东损失了 110 亿美元。安然丑闻是又一次警告，这次是关于解除管制的会计法，但依然很少有人听进去了。

普维听到了警告。她指出了基于真实商品生产的传统金融体系，与基于投资、货币交易和未来价格上涨或下跌的复杂投资的新兴金融体系之间的对比。到 1995 年，这种由虚拟的货币支撑的经济已经超过了制造业的实体经济。新权力轴心故意把真实的货币与虚拟的货币实际的现金或商品与公司账户中的任意数字混淆起来。她认为，这种趋势导致了一种文化。在这种文化里，商品和金融工具的价值变得非常不稳定，只要点点鼠标就可以爆发或崩溃。

这篇文章使用了五种常见的金融技术和工具来说明问题，例如“按市场价值计价”，公司会与子公司建立合作关系，子公司购买母公司未来利润的股份，所涉资金随后被母公司计入当下的收益，而风险则下放到子公司的资产负债表上。安然在把营销战略从销售能源转变为销售能源期货时就采用了这种技术。把未来的可能利润以这种方式提前的一个大问题是，到了明年就不能再计入利润了。解决方法是故技重演。这就像是在一辆没有刹车的汽车上不断地踩油门。不可避免的结果就是崩溃。

普维的第五个例子是衍生产品，这是最重要的一个例子，因为所涉金额如此巨大。她的分析在很大程度上支撑了我前面讲到的东西。她的主要结论是：“期货和衍生产品交易依赖于一个信念，即股票市场以统计上可预测的方式行事，换句话说，数学方程准确地描述了市场。”但她指出，证据完全指向另一个方向：随便哪一年，75%至90%的期货交易商有亏损。

21世纪初，糟糕的金融市场特别涉及两类衍生产品：信用违约互换和债务抵押债券。信用违约互换是一种保险形式：支付保险费，如果有人拖欠债务，你就可以从保险公司拿到赔偿。但任何人都可以在任何事情上购买此类保险，不一定是有债权或债务的公司。因此，对冲基金实际上可以赌银行客户的抵押贷款违约——如果真的违约，对冲基金就会大赚一笔，即使它根本不参与抵押协议。这给了投机者一个激励，促使他们影响市场状况来让违约的可能性更大。债务抵押债券是基于资产的集合（投资组合）。这些资产既可以是有形的，例如用不动产做抵押的抵押贷款，也可以是衍生产品，或者是两者的混合。资产所有者向投资者出售分享这些资产产生的利润的权利。投资者可以追求安全，要求首先拿到利润，但这样价钱会更高；或者他们可以承担风险，减少支出，并降低拿到还款的优先级。

银行、对冲基金和其他投机者都会交易这两种衍生产品。这些衍生产品使用布莱克-斯科尔斯方程的"子子孙孙"来定价，因此本身被认为是资产。银行向其他银行借钱，以便将贷款借给那些想要抵押贷款的人；他们用不动产和花哨的衍生产品来为贷款做担保。很快，每个人都向其他所有人提供巨额资金，其中大部分资金用于金融衍生产品担保。对冲基金和其他投机者试图发现潜在的灾难，押注灾难会发生，并以此来赚钱。相关衍生工具和房地产等实物资产的价值通常是按市值计算的，很容易被操纵，因为它使用人为制定的会计程序，以及高风险子公司，将估计的未来利润计为当下的实际利润。业内几乎每个人使用相同的方法来评估衍生产品的风险程度，称为"风险值"。这计算的是投资可能导致的损失超过某个指定阈值的概率。例如，投资者可能愿意接受有 5% 的概率损失 100 万美元，但如果概率再高，就可能不愿意了。像布莱克-斯科尔斯方程一样，风险值的假设没有肥尾。也许最糟糕的特征是，整个金融部门使用完全相同的方法进行风险估算。如果方法有问题，那就会产生一种风险很低的共同错觉，而实际上要高得多。

这就是等待发生的一场灾难，就像卡通人物走出了悬崖边缘一英里后依然悬在半空，只是因为他断然拒绝看看脚下。就像普维和像她一样的人一再警告过的那样，用于评估金融产品并估计其风险的模型使用了简化的假设，这些假设并不能准确地代表真实市场及其固有的危险。金融市场的玩家忽略了这些警告。六年后，我们都发现了为什么这是一个错误。

也许有更好的方法。

布莱克-斯科尔斯方程改变了世界：它创造了一个蓬勃发展、价值数千万亿美元的产业。它的推广再次改变了世界：一小撮银行家并不明智地使用这些推广，导致了损失数万亿美元的金融危机，随之而来的愈发恶劣的影响渗透到了整个国家经济，如今在全球都依然能够感受到。这个方程属于经典的连续数学领域，源自数学物理的偏微分方程。这是一个数量无限可分、时间不断流逝、变量平滑变化的领域。这种技术适用于数学物理学，但它似乎不太适合金融世界：金钱是离散的，交易是一次次发生的（尽管非常快），并且许多变量可能出现不规则的跳跃。

布莱克-斯科尔斯方程也基于经典数理经济学的传统假设：完美信息、完美理性、市场均衡、供需定律。几十年来，这些主题一直被讲授，好像它们是公理化的，许多训练有素的经济学家从未质疑过。然而，它们缺乏令人信服的实证支持。有人做过为数不多的几次实验来观察人们如何做出财务决策，这些时候，经典场景往往会失效。这就好像天文学家花了近百年的时间，基于自己认为合理的东西来计算行星如何运动，却不去实际看看行星到底是怎么运动的。

这并不是说古典经济学完全错误。但是它错的次数比它的支持者所说的要多，而当它真的出错时就错得很离谱。因此，物理学家、数学家和经济学家正在寻找更好的模型。这些努力的最前沿是基于复杂性科学的模型，这是一个新的数学分支，它用明确的单个主体的集合取代经典的连续思想，而这些主体会根据指定的规则进行互动。

例如，在商品价格变动的经典模型中，它假设在任意时刻都存在单一的“公平”价格，理论上，这个价格是所有人都知道的。潜在的买家会把这个价格与效用函数（商品对自己有多大用处）进行比较，如果效用超过价格就会购买。复杂的系统模型非常不同。例如，它可能涉及一万个主体，每个主体都有自己对商品价值和需求的看法。有些主体比其他人了解得更多，有些主体会比其他人有更准确的信息；很多主体都会属于一个小的网络，在网络中会交换信息（无论准确与否），以及货币和商品。

从这些模型中已经得出了许多有趣的性质。其中一个是群体本能的作用。市场交易者倾向于复制其他市场交易者的行为。一方面，如果他们不这样做，而事实证明其他人是对的，那么他们的老板就会不高兴。另一方面，如果他们随大流，而每个人都错了，他们就有一个很好的借口：所有人都是这么干的。布莱克-斯科尔斯方程非常适合于群体本能。事实上，20 世纪的几乎每一次金融危机都被群体本能所引爆。比如银行不再是一些投资于房地产，另一些投资于制造业，而是全部都涌入房地产。这会使市场过载，太多的资金追求太少的房产，整个事情就要乱套了。那么这时，大家都急于向巴西、俄罗斯，或是一个复兴的房地产市场贷款，或是集体失智押注互联网公司——三个年轻人挤在一个有计算机和调制解调器的房间里，价值达到了拥有真实产品、真实客户、真实工厂和办公室的大型制造商的十倍。那个概念破灭后，银行又全部涌入次级抵押贷款市场……

这不是假设。虽然全球银行业危机已经深深影响了普通人的生活，国家经济陷入困境，还是有迹象表明人们并没有吸取教训。互联网风潮正在重新形成，这次的目标是社交网站：Facebook的价值已达到1000亿美元，推特（名人向其忠实粉丝发送140个单词以内的“推文”的网站）价值80亿美元，尽管从来没有盈利。国际货币基金组织（IMF）也对交易所交易基金（ETF）发出强烈警告，这些基金是一种非常成功的投资于石油、黄金或小麦等大宗商品的方式，而不会实际购买任何商品。所有这些都在快速上涨，为养老基金和其他大型投资者提供了巨额利润，但IMF警告说，这些投资工具有“泡沫将要破灭的所有标志……让人想起证券化中市场危机前发生的事情”。ETF非常类似于引发信贷紧缩的衍生产品，但是用大宗商品而不是房地产来担保。资金蜂拥进入ETF已经推动了大宗商品价格大幅上涨，使其与实际需求完全脱节。第三世界的许多人现在无力购买主粮，因为发达国家的投机者正在对小麦进行大规模赌博。胡斯·穆巴拉克在埃及倒台在某种程度上是由面包价格的大幅上涨引发的。重大的危险在于，ETF正开始被重新包装成进一步的衍生产品，如让次级抵押贷款泡沫破灭的抵押债务债券和信用违约互换。如果商品泡沫破裂，我们还会看到崩溃重新出现：只需把“房地产”换成“大宗商品”。大宗商品价格波动得非常厉害，因此ETF是高风险投资——不是养老基金的上佳选择。因此，投资者再一次被鼓励采取更加复杂、风险更大的赌注，使用他们并不拥有的钱，来购买他们不想要和不能使用的东西，以追求投机利润——同时，想要那些东西的人却再也买不起了。

还记得堂岛大米交易所吗？

在这个日益复杂的世界里，旧的规则已不再适用，经济学并不是唯一发现自己视若珍宝的传统理论不再好用的领域。另一个这样的领域是研究森林或珊瑚礁等自然系统的生态学。事实上，经济学和生态学在许多方面都非常相似。一些相似之处是虚幻的：历史上，两个领域都经常使用另一领域来证明其模型的合理性，而不是将模型与现实世界进行比较。但有些相似之处是真实的：大量生物之间的相互作用，非常类似于大量股市交易者之间的互动。

这种相似性可以作为一个类比，但这样很危险，因为类比往往失灵。或者可以将其作为灵感来源，借鉴生态学中的建模技术，适当地修改后用于经济学。2011 年 1 月，安德鲁 · 霍尔丹和罗伯特 · 梅在《自然》杂志上提出了一些可能性。[4] 他们的论点佐证了本章前面的一些说法，并提出了改善金融体系稳定性的方法。

霍尔丹和梅研究了我尚未提到的金融危机的一个方面：衍生产品如何影响金融体系的稳定性。他们将正统经济学家的普遍观点（坚称市场会自动寻求稳定的均衡）与 20 世纪 60 年代的生态学中的类似观点（“自然平衡”趋向于保持生态系统的稳定）相比较。实际上，当时许多生态学家认为任何足够复杂的生态系统都会以这种方式稳定，而不稳定的行为，例如持续的振荡，暗示系统不够复杂。我们在第 16 章看到，这种判断是错误的。事实上，如今的理解恰恰相反。假设大量物种在生态系统中相互作用。随着生态相互作用的网络因物种间新建的联系而变得更加复杂，或是相互作用变得更强，存在一个尖锐的阈值：一旦超过该阈值，生态系统就不再稳定（混沌态在这里算作稳定；只要保持在特定的限度内，就可以发生波动）。这一发现促使生态学家寻找那些异常有利于稳定的特殊类型的相互作用网络。

生态学的这些发现有没有可能用在全球金融上呢？有一些非常贴近的类比，比如生态学中的食物或能量对应金融系统中的金钱。霍尔丹和梅意识到这种类比不应该直接使用，并说："在金融生态系统中，进化的力量往往会让最胖的，而不是最适合的生存下来。"他们决定，构建金融模型时不是去模仿生态模型，而是利用那些让我们更好地理解生态系统的一般建模原则。

他们开发了几种经济模型，并证明了对于每种模型，在适当的条件下，经济体系会变得不稳定。生态学家会以创造稳定性的方式来处理不稳定的生态系统。流行病学家也会对疾病流行做同样的事情。这就是为什么英国政府制定了一项政策来控制 2001 年的口蹄疫：对于任何呈阳性的农场，迅速扑杀附近农场的牛，并阻止全国各地的牛流动。因此，面对不稳定的金融体系，监管机构应该采取措施来稳定它。在某种程度上，监管机构现在正在做这件事。在最初的恐慌中，它们向银行投入了大量纳税人的钱，但施加的条件只能算是模糊的承诺，而这些承诺并未得到遵守。

然而，新的监管大体上并未解决真正的问题——金融系统本身设计欠佳。点点鼠标就能转移数十亿美元的设施，这可以更快地获利，但也可以让冲击传播得更快，并且会增加复杂性。这两者都是不稳定的。

未能对金融交易征税，让交易者在市场上更快地下更大的赌注，以利用越来越快的交易速度。这也往往会造成不稳定。工程师们知道，获得快速响应的方法是使用不稳定的系统：稳定性的定义就体现了对变化与生俱来的抵抗，而快速响应需要的则恰恰相反。因此，寻求更大的利润导致金融体系演变得越来越不稳定。

霍尔丹和梅再次建立了与生态系统的类比，提供了一些如何增强稳定性的例子。有些符合监管机构自己的直觉，例如要求银行持有更多资本来抵消冲击。还有些则不符合直觉：一个建议是监管机构不应该关注涉及个别银行的风险，而应关注与整个金融体系相关的风险。要求所有交易通过集中清算机构，可以降低衍生产品市场的复杂性。这样的体系必须极为稳健，得到所有主要国家的支持，但如果能够实现的话，传播的冲击在经过它时就会得到缓冲。

另一个建议是让交易方法和风险评估更为多样。一元化的生态系统是不稳定的，因为任何冲击都可能以同样的方式同时影响一切。当所有银行都使用相同的方法来评估风险时就会出现同样的问题：如果他们弄错了，那所有人都会在同一时间出错。金融危机之所以会发生，部分原因在于，所有主要银行都以同样的方式为其潜在负债提供资金，以同样的方式评估资产价值，并以同样的方式评估可能的风险。

最后的建议是模块化。人们认为，生态系统（通过演化）会组织成在某种程度上自成一体的模块，模块之间以相当简单的方式连接，以此稳定自身。模块化有助于防止冲击传播。这就是为什么世界各地的监管机构都在认真考虑拆分大银行，代之以一些较小的银行。美国著名经济学家、美国联邦储备系统前主席艾伦·格林斯潘（Alan Greenspan）谈到银行时说:“如果它们大到不能倒下，那就太大了。”

那么，金融危机应该归咎于一个方程吗?

方程是一种工具。就像任何工具一样，它必须由知道如何使用它的人用于正确的目的。布莱克-斯科尔斯方程可能导致了崩溃，但这完全是因为它被滥用。如果使用它导致了灾难性的损失，它的责任并不比交易员的计算机更大。对工具失效的指责，应该由那些负责使用的人来承担。如果金融行业实际需要的是更好的模型，特别是对模型局限性的充分理解，那么数学分析就有完全失效的危险。金融体系过于复杂，不能依赖人类的直觉和模糊的推理。它迫切需要*更多*而不是更少的数学。但它还需要学习如何明智地使用数学，而不是把它当作某种神奇的护身符。

注释

1. 看涨期权的价值是

$$C(s,t) = N(d_1)S - N(d_2)K\mathrm{e}^{-r(T-t)}$$

其中

$$d_1 = \frac{\log\left(\frac{S}{K}\right) + \left(r + \frac{\sigma^2}{2}\right)(T-t)}{\sigma\sqrt{T-t}}$$

$$d_2 = \frac{\log\left(\frac{S}{K}\right) + \left(r - \frac{\sigma^2}{2}\right)(T-t)}{\sigma\sqrt{T-t}}$$

相应看跌期权的价值是

$$P(s,t) = [N(d_1) - 1]S + [1 - N(d_2)]K\mathrm{e}^{-r(T-t)}$$

其中 $N(d_j), j = 1,2$ 是标准正态分布的累积分布函数，$T - t$ 是到期时间。

2. 严格来说，是“瑞典中央银行纪念阿尔弗雷德 · 诺贝尔经济学奖”。

3. M. Poovey. “Can numbers ensure honesty? Unrealistic expectations and the U.S. accounting scandal”, *Notices of the American Mathematical Society* 50 (2003) 27-35.

4. A. G. Haldane and R. M. May. “Systemic risk in banking ecosystems”, *Nature* 469 (2011) 351-355.

下一步去哪里？

当有人写下一个方程时，并不会在天空中响起一声炸雷，然后一切都变了模样。大多数方程几乎没有任何影响（我一直写下各种方程，相信我，我知道）。但要想改变世界，即使是最伟大、最有影响力的方程也需要帮助——高效的解法、富有想象力和有激情并能够利用方程结论的人，还有机器、资源、材料和金钱。在人类意识到这一点后，方程曾经多次为人类开辟了新的方向，并在我们探索它们时充当向导。

人类走到今天，所需要的远不只是17个方程。我在这里选择了一些最有影响力的方程，其中每个方程都需要许多其他的方程才能变得非常有用。但这17个方程中的每一个都完全值得写进本书，因为它在历史中发挥了关键作用。毕达哥拉斯带来了土地勘测的实用方法，并引导我们探寻新的土地。牛顿告诉我们行星如何运动，以及如何发送太空探测器来探测它们。麦克斯韦提供了一个至关重要的线索，带来了广播、电视和现代通信。香农则为这些通信的效率提出了不可逾越的限制。

方程带来的影响，往往与引起发明者/发现者兴趣的东西完全不同。谁能够在15世纪预测，在解决代数问题时偶然发现的一个令人困惑、看似不可能的数字，将与更令人困惑、更看似不可能的量子物理世界联系在一起（更不用说这个数字会打下基础，带来那些可以每秒解决上百万个代数问题，让我们马上被地球另一边的朋友看到和听到的神奇设备）？如果傅里叶知道，他研究热流的新方法将被内置到一组卡片大小的机器中，这些机器能够为它指向的任何东西绘制出非常精确和详细的图像——彩色，甚至是运动的图像，而成千上万张这样的图像可以塞进硬币大小的东西里，他又会作何反应呢？

方程会触发重大事件，而用英国前首相哈罗德·麦克米伦的话来说，这些重大事件是我们晚上睡不着觉的原因。当一个革命性的方程出现时，它会有自己的发展路径。结果可能是好的，也可能是坏的，即使最初的意图是好的——我的17个方程最初的意图都是好的。爱因斯坦的新物理学让我们对这个世界有了新的认识，但人们利用它做的事之一是制造核武器。虽然不像坊间传闻里讲的那么直接，但它仍然发挥了作用。布莱克-斯科尔斯方程创造了一个充满活力的金融部门，然后威胁要摧毁它。方程会带来什么完全在于我们的用法，世界可以变得更糟，也可以变得更好。

方程有很多种。有些是数学真理，是同义反复：想想纳皮尔的对数。但同义反复仍然可以为人类的思想和行为提供有力的帮助。有些是关于物理世界的陈述，在我们看来，这些方程本可能是另外的样子。这种方程告诉我们自然规律，解出它们则告诉我们这些规律有什么意义。有些方程同时具备两种特征：毕达哥拉斯方程是欧氏几何中的一个定理，但它也控制着测绘员和导航员所做的测量。有些方程比定义强不了多少——一旦定义了i和“信息”，它们就会告诉我们很多东西。

有些方程普遍成立。有些方程对世界的描述非常准确，却并不完美。有些方程不太准确，仅限于较为有限的领域，却提供了关键的见解。有些方程基本上是错误的，但它们可以作为跳板，带我们得到更好的东西。它们仍然可能产生巨大的影响。

有些方程甚至提出了哲学性的难题，这些难题关于我们生活的世界，以及我们在其中的位置。量子测量问题就是其中之一，薛定谔的不幸的猫让它变得更为戏剧化了。热力学第二定律提出了关于无序和时间之箭的深层问题。对于这两个方程而言，少考虑方程的内容，多考虑应用的背景，可以解决一些表面上的悖论。不是思考符号，而是思考边界条件。时间之箭不是关于熵的问题，它是关于我们考虑熵的背景的问题。

现有的方程可以获得新的意义。要寻求聚变能来作为核能和化石燃料的清洁替代品，需要了解形成等离子体的极热气体如何在磁场中移动。气体原子失去电子并带电。因此这是一个磁流体力学问题，需要结合现有的流体流动方程和电磁学方程。这种结合带来了新现象，告诉我们如何在产生聚变所需的温度下保持等离子体稳定。方程还是老面孔。

（或许）有一个方程最为重要，是物理学家和宇宙学家极度关注的：一种万物理论，在爱因斯坦的时代被称为统一场论。这是人们追寻已久的方程，统一了量子力学和相对论，爱因斯坦在晚年一直寻找却没有找到它。这两种理论都是成功的，但成功却发生在不同的领域：极小和极大。当二者重叠时，它们是不相容的。例如，量子力学是线性的，相对论则不是。人们想要的是：一个方程，解释了为什么两者都如此成功，但同时能完成两者的工作而没有逻辑上的不一致。“万物理论”有许多候选者，最著名的是超弦理论。它的一个特点是引入了额外的空间维度：六个，在某些版本中有七个。超弦在数学上是优雅的，但没有令人信服的证据表明它们是对大自然的描述。不管怎么说，要从超弦理论中获得定量的预测，所需的计算很难完成。

据我们所知，万物理论也许不存在。我们所有针对物理世界的方程可能都只是过于简化的模型，以我们能够理解的方式描述大自然有限的方面，却没有把握现实的深层结构。即使自然界真正遵守严格的规律，这些规律也可能无法表达为方程。

就算方程还可用，它们也不一定简单。它们可能非常复杂，我们甚至无法把它们写下来。从某种意义上说，人类基因组的30亿个DNA碱基对是人类方程的一部分。它们是一些可以插入更普遍的生物发育方程的参数。人类基因组勉强可以被打印在纸上，印出来差不多相当于本书2000册。它很容易被存储在计算机内存里。但它只是任何假设的人类方程中的很小一部分。

当方程变得复杂时，我们需要帮助。在通常的人类方法没法用，或因为方程太难解而不实用的情况下，计算机已经能从大数据集中提取方程。一种称为进化计算的新方法找出了重要的规律，具体来说，是关于守恒量（不变的量）的公式。由迈克尔·施密特和霍德·利普森编写的一个名为Eureqa的系统取得了一些成功。这样的软件可能有所帮助，也可能并不会发现真正重要的东西。

一些科学家，特别是有计算背景的科学家，认为现在是时候完全抛弃传统方程，尤其是常微分方程和偏微分方程等连续方程了。未来是离散的，一上来就是整数，方程应该让位于算法——计算事物的方法。我们应该运行算法，用数字化方式仿真世界，而不是求解方程。实际上，世界本身可能就是数字的。斯蒂芬·沃尔弗拉姆在其颇具争议的《新型科学》（*A New Kind of Science*）一书中提出了这一观点，这本书倡导使用一种称为元胞自动机的复杂系统。这是一组元胞，通常是小方块，每个元胞都以各种不同的状态存在。元胞根据固定规则与邻居相互作用。它们看起来有点儿像20世纪80年代的计算机游戏，彩色色块在屏幕上互相追逐。

沃尔弗拉姆提出了元胞自动机应该优于传统数学方程的几个原因。特别是，一些元胞自动机可以执行能由计算机进行的任何计算，最简单的是著名的规则110自动机。它可以求出π的数字，以数值方式求解三体方程，为看涨期权实现布莱克-斯科尔斯方程——随便什么都可以。用于求解方程的传统方法更受限制。我觉得这个论点并不非常令人信服，因为任何元胞自动机都可以通过传统的动力系统进行模拟。重要的不是一个数学系统是否可以模拟另一个数学系统，而是哪个系统能最有效地解决问题或提供见解。手工计算传统的π的级数，比用规则110自动机计算相同位数的π更快。

然而，我们可能很快就会发现基于离散数字结构和系统的新自然法则，这仍然完全是可能的。未来也许会由算法而非方程构成。但在那一天到来之前（如果会到来的话），我们对自然法则的最深刻见解依然以方程的形式来表达，我们应该学会理解并欣赏它们。方程有辉煌的履历。它们真的改变了世界，还将再次改变世界。

插图版权

以下插图经版权所有者许可复制。

图 1.9：Johan Hidding.

图 2.1、图 9.2：维基共享资源。根据 GNU 自由文档许可证的条款复制。

图 4.3、图 4.4、图 4.5：Wang Sang Koon, Martin Lo, Shane Ross and Jerrold Marsden.

图 6.11：Andrzej Stasiak.

图 10.1：宝马索伯一级方程式赛车队。

图 13.6：Willem Schaap.

图 16.2：Jef Huisman and Franz Weissing, *Nature* 402 (1999) 407-410.